中国机械工程学科教程配套系列教材

教育部高等学校机械类专业教学指导委员会规划教材

有限元法基础与Mathematica应用

任春雨 编著

清华大学出版社
北京

内容简介

本书系统阐述了有限元法的基本原理和计算机实现，在讲述中注重公式的推导与代码实现（Mathematica 软件），精选典型例题，详细介绍了解题思路和技巧。其主要内容有一维问题的矩阵法、弹性问题的微分提法及能量法、弹性问题的积分提法及加权余量法、一维问题单元与插值函数、二维平面问题、薄板弯曲问题、等参元与数值积分、动力学问题等。此外，还简要介绍了有限元软件 Abaqus，并应用该软件计算了典型例题。

本书可作为土木、船舶、机械等专业本科生或研究生学习有限元法的基础教程，也可供相关工程技术人员参考。

图书在版编目（CIP）数据

有限元法基础与 Mathematica 应用/任春雨编著．—北京：清华大学出版社，2023.5
中国机械工程学科教程配套系列教材　教育部高等学校机械类专业教学指导委员会规划教材
ISBN 978-7-302-63836-0

Ⅰ．①有…　Ⅱ．①任…　Ⅲ．①Mathematica 软件—应用—有限元法—高等学校—教材
Ⅳ．①O241.82

中国国家版本馆 CIP 数据核字(2023)第 100545 号

责任编辑：苗庆波
封面设计：常雪影
责任校对：赵丽敏
责任印制：丛怀宇

出版发行：清华大学出版社
网　　址：http://www.tup.com.cn，http://www.wqbook.com
地　　址：北京清华大学学研大厦 A 座　　**邮　　编**：100084
社 总 机：010-83470000　　**邮　　购**：010-62786544
投稿与读者服务：010-62776969，c-service@tup.tsinghua.edu.cn
质量反馈：010-62772015，zhiliang@tup.tsinghua.edu.cn
印 装 者：三河市天利华印刷装订有限公司
经　　销：全国新华书店
开　　本：185mm×260mm　　**印　　张**：11.75　　**字　　数**：286 千字
版　　次：2023 年 5 月第 1 版　　**印　　次**：2023 年 5 月第1 次印刷
定　　价：42.00 元

产品编号：097084-01

中国机械工程学科教程配套系列教材

教育部高等学校机械类专业教学指导委员会规划教材

编　委　会

丛书序言

PREFACE

我曾提出过高等工程教育边界再设计的想法，这个想法源于社会的反应。常听到工业界人士提出这样的话题：大学能否为他们进行人才的订单式培养。这种要求看似简单、直白，却反映了当前学校人才培养工作的一种尴尬：大学培养的人才还不是很适应企业的需求，或者说毕业生的知识结构还难以很快适应企业的工作。

当今世界，科技发展日新月异，业界需求千变万化。为了适应工业界和人才市场的这种需求，也即是适应科技发展的需求，工程教学应该适时地进行某些调整或变化。一个专业的知识体系、一门课程的教学内容都需要不断变化，此乃客观规律。我所主张的边界再设计即是这种调整或变化的体现。边界再设计的内涵之一即是课程体系及课程内容边界的再设计。

技术的快速进步，使得企业的工作内容有了很大变化。如从20世纪90年代以来，信息技术相继成为很多企业进一步发展的瓶颈，因此不少企业纷纷把信息化作为一项具有战略意义的工作。但是业界人士很快发现，在毕业生中很难找到这样的专门人才。计算机专业的学生并不熟悉企业信息化的内容、流程等，管理专业的学生不熟悉信息技术，工程专业的学生可能既不熟悉管理，也不熟悉信息技术。我们不难发现，制造业信息化其实就处在某些专业的边缘地带。那么对那些专业而言，其课程体系的边界是否要变？某些课程内容的边界是否有可能变？目前不少课程的内容不仅未跟上科学研究的发展，也未跟上技术的实际应用。极端情况甚至存在有些地方个别课程还在讲授已多年弃之不用的技术。若课程内容滞后于新技术的实际应用好多年，则是高等工程教育的落后甚至是悲哀。

课程体系的边界在哪里？某一门课程内容的边界又在哪里？这些实际上是业界或人才市场对高等工程教育提出的我们必须面对的问题。因此可以说，真正驱动工程教育边界再设计的是业界或人才市场，当然更重要的是大学如何主动响应业界的驱动。

当然，教育理想和社会需求是有矛盾的，对通才和专才的需求是有矛盾的。高等学校既不能丧失教育理想、丧失自己应有的价值观，又不能无视社会需求。明智的学校或教师都应该而且能够通过合适的边界再设计找到适合自己的平衡点。

我认为，长期以来，我们的高等教育其实是“以教师为中心”的。几乎所有的教育活动都是由教师设计或制定的。然而，更好的教育应该是“以学生为中心"的，即充分挖掘、启发学生的潜能。尽管教材的编写完全是由教师完成的，但是真正好的教材需要教师在编写时常怀"以学生为中心"的教育理念。如此，方得以产生真正的"精品教材"。

教育部高等学校机械设计制造及其自动化专业教学指导分委员会、中国机械工程学会与清华大学出版社合作编写、出版了《中国机械工程学科教程》，规划机械专业乃至相关课程的内容。但是"教程"绝不应该成为教师们编写教材的束缚。从适应科技和教育发展的需求而言，这项工作应该不是一时的，而是长期的，不是静止的，而是动态的。《中国机械工程学科教程》只是提供一个平台。我很高兴地看到，已经有多位教授努力地进行了探索，推出了新的、有创新思维的教材。希望有志于此的人们更多地利用这个平台，持续、有效地展开专业的、课程的边界再设计，使得我们的教学内容总能跟上技术的发展，使得我们培养的人才更能为社会所认可，为业界所欢迎。

是以为序。

2009 年 7 月

前　言
FOREWORD

本书是为学习有限元法而编写的，力图做到理论方法简明清晰，计算过程可编程实现，算例丰富且能够利用商业软件进行校核分析。

在内容安排上，本书同时包括了矩阵法及一般有限元法两个方面，前一部分的杆系和梁系矩阵法与材料力学和结构力学等课程联系紧密，方法直观，便于对有限单元离散建立初步的概念。船舶、航空航天、土木等专业的学生对于结构力学是熟悉的，也了解力法和位移法的基本原理，但对于复杂问题，解析计算将十分烦琐或者无法实现，此时利用矩阵法(或称矩阵位移法、直接刚度法)是恰当的。矩阵法是计算结构力学中讨论的主要内容，同时也被看作杆系结构的有限元法，只不过此时控制方程和有关矩阵的推导利用的是材料力学或结构力学的知识。后一部分讲述比较严谨的能量原理和伽辽金法，并重新讨论了杆系和梁系问题，可以与前面的内容对比，此外还介绍了平面问题、平板弯曲问题和动力学问题等有限元法的基础内容。这样的内容安排，便于学生对课程内容进行衔接，学习过程也是由浅入深，先易后难。

本书在有限元法基本原理的讲述中注意联系实际工程问题，此外还兼顾了有限元法的数学推导、程序实现和商业软件的应用。理论方法对学生是格外有益的，因为这使他们对有限元法发展背后的数学有了更深的理解，避免了仅熟悉使用商业软件的前后处理，而面对一个新的问题时，则不知道如何建立恰当的模型，也不知道如何检验结果的准确性和有效性。与此同时，在教学中适当融入数学编程工具及商业软件的内容也是很有必要的，其中数学编程软件可以使理论部分的公式推导变得直观高效，也可以对所学的方法进行便捷的编程实现；商业有限元软件操作方便、可用性强，它在帮助人们快速构建模型和解决问题时，还能将结果以生动的图形呈现出来，在教学中穿插这方面的内容也深受欢迎，因为这方面的内容可以促进学生学习和了解软件，同时也可以对理论学习中的例题进行对比和校验。在数学软件的选择方面，理想的软件应该具备符号运算能力、数值计算功能及丰富的图形绘制功能，为此，本教材选用 Mathematica 作为公式推导和编程语言，当然对于熟悉 Maple 或 MATLAB 等软件的读者也是容易阅读和改写相关代码的。Mathematica 特别适于符号运算及有限元法的编程，因为作为一种高级编程语言，它减轻了编程负担，从而使我们可以更关注于有限元法。在商业有限元软件方面，本书选用了 Abaqus 软件，Abaqus 是领先的有限元软件包之一，尽管该软件具有高质量的前后处理能力，但本书在处理问题时给出的是 Abaqus 关键字版本形式，这主要是便于读者更快地掌握 Abaqus 的计算过程及前处理的本质。本书所用的 Abaqus 计算文件可扫描下方二维码获得。

本书编写过程中参考了国内外许多文献，我们将它们一一列在参考文献中，在此一并表示感谢。此外，本书虽然确立了目标、明确了努力方向，但由于编者水平和经验不足，书中仍会有不妥和错误之处，敬请各位专家和读者批评指正。

编 者

2022 年 9 月

本书 inp 文件

目　录
CONTENTS

第 1 章

绪　　论

1.1　概　　述

随着计算机科学和技术的快速发展，有限元法作为工程师分析的有效工具，可以较容易地对复杂问题进行建模分析，帮助工程师们对于一些初始设计方案，在实物原型出现前开展仿真评估和优化改进工作。它涉及的领域包括汽车、船舶、飞机、建筑等，处理的物理问题包括结构的静力问题，以及振动与声学、热流、液体流、电通量、磁通量等问题。它在科学研究中应用广泛，发挥了重要作用。

要完成这些仿真计算，需要我们充分了解有限元法的基本理论、建模技巧及实用计算方法等。有限元法求解的基本过程为：将模型的复杂几何区域离散为具有简单几何形状的单元，也就是有限单元；将单元的材料属性和控制方程通过单元节点处的未知量进行描述，通过单元集成、外载荷和约束条件的处理，得到模型整体的方程组，求解方程组就可以得到该模型中场变量的近似结果。

本章将简要介绍有限元法的发展历史，以及本书的主要内容和特点，之后给出数学软件 Mathematica 及有限元软件 Abaqus 的相关介绍。

1.2　有限元法的历史背景

有限元法的基本思想最初产生于航空结构中的分析需求。1941 年，Hrennikoff 采用框架变形功方法求解了弹性问题；Courant 于 1943 年发表论文，尝试应用在三角形区域上定义的分片连续函数和最小位能原理相结合的方法求解扭转问题；Argyris 于 1954 年和 1955 年发表的关于能量原理和矩阵方法的论文，为有限元法的进一步发展奠定了基础。Turner 等人于 1956 年将刚架分析中的位移法推广到平面问题中，首次给出了用三角形单元求解平面问题的正确解答，而三角形单元的特征矩阵和结构的求解方程是由弹性理论的方程通过直接刚度法（也称矩阵法）得到的。1960 年，Clough 在进一步求解平面弹性问题时，第一次提出了“有限单元法”的名称。在 20 世纪 60 年代初，工程师们采用有限单元法近似求解应力分析、流体流动、传热等领域的问题。Zienkiewicz 等人的第一本关于有限元的书籍于 1967 年出版。20 世纪 60 年代末到 70 年代初，有限元分析应用于非线性和大变形问题中，Oden 的非线性著作 *Continua* 于 1972 年出版，此时加权余量法（主要是其中的伽辽金法）也被用于建立有限元方程，与直接法和变分法相比，其适用性更好，从而拓展了有限元法的应用领域。自 20 世纪 70 年代奠定了有限元法的数学基础后，其应用领域不断扩展，出现了多种新型单元，尤其是随着计算机的出现，有限元软件蓬勃发展，已成为解决工程问题的实用性工具。

1.3 本书的主要内容与特点

本书的重点是培养读者对线性有限元分析方法的清晰理解，考虑到有限元法所包括的矩阵法中涉及较多的数学推导和矩阵计算等，所以在介绍有限元法基本原理的同时，较早引入数学软件 Mathematica 辅助推导数学公式及实现有限元法编程，从而更好地实现方法原理的论述与例题的求解，另外还引入了商业有限元软件 Abaqus，便于读者体会和了解利用商业软件进行工程问题分析的建模过程，同时也对本书的部分例题进行了仿真校验。

1.4 Mathematica 8.0 介绍

Mathematica 是由 Wolfram 公司开发研制的一款用途广泛的科学计算软件，1998 年发布 1.0 版本，后经不断扩充和修改，于 2010 年 11 月推出了 Mathematica 8.0 版，其徽标如图 1.1 所示。本书以 Mathematica 8.0 为模板进行介绍。

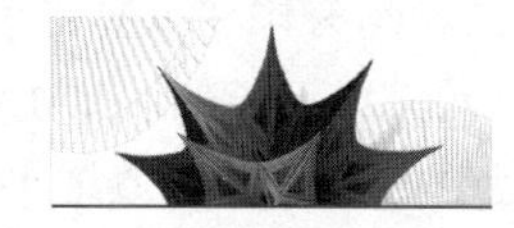

图 1.1 Mathematica 8.0 版本的徽标

Mathematica 是目前世界上应用最广泛的符号计算系统之一，具有符号运算、数值运算、数学图形绘制等多种功能。其主要特点有

(1) Mathematica 是人机对话式软件，使用者在软件的 Notebook 环境下输入命令后，系统可以立即进行处理，然后返回结果。用户不必关心中间的计算过程，其交互性能非常好。

(2) Mathematica 在进行数值计算时，会尽可能保持计算的精确度。它对整数运算的结果不受字段长的限制，而对实数运算结果则可以按使用者的需要给出足够多位的有效数字。

(3) Mathematica 的符号运算功能是非常突出的，符号计算过程是常量、变量、函数和计算公式到常量、变量、函数和计算公式的转换，即通常意义上的数学推导过程。当使用者输入一个表达式后，系统会在大量的对应法则中寻找最好的等价结果。

(4) Mathematica 不仅可以进行基本的运算，还可以进行图形处理，用 Mathematica 可以绘制出精美的二维和三维图形。Mathematica 也能对声音进行处理，它可以让一个函数产生一种声音，并且绘出表示该声音的波形。

(5) Mathematica 本身还是一门高级计算机语言，像其他计算机语言一样，可以编写 Mathematica 程序完成特定的任务。由于 Mathematica 的函数非常丰富，使得其程序编写更加容易。

Mathematica 的优点还在于它将各种功能有机地融合在一起,使用者可以非常轻松地在 Notebook 环境下完成数值计算、符号计算、图形绘制和程序设计等工作,如图 1.2 所示。

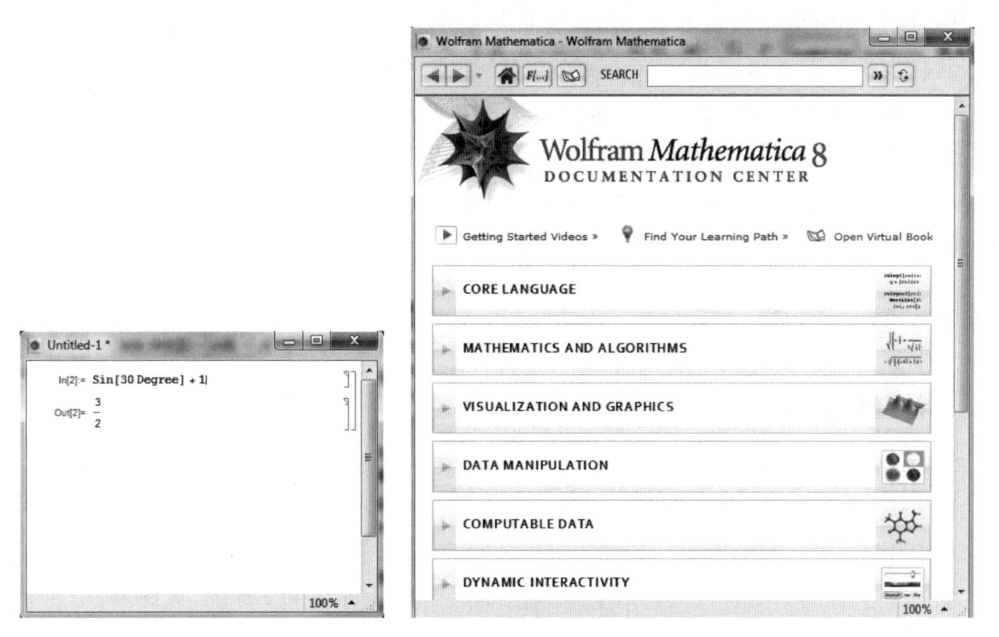

图 1.2　Mathematica 中的 Notebook 及帮助文档

1.4.1　界面

1. Mathematica 8.0 的启动、运行和退出

假设在 Windows 环境下已经安装好了 Mathematica 8.0,启动 Windows 后,在"开始"菜单的"程序"中单击 Mathematica 8.0,则在屏幕上显示 Mathematica 的 Notebook 窗口,系统暂时取名 Untitled-1,直到用户保存时重新命名为止。输入"1+1",然后按下 Shift+Enter 键(或者小键盘上的 Enter 键),这时系统开始计算并输出计算结果,并给输入和输出附上次序标识 In[1]和 Out[1],注意 In[1]是计算后才出现的;再输入第二个表达式,如 Plot[Sin[x],{x,0,2Pi}],按 Shift+Enter 键,绘出 $\sin x$ 在$[0,2\pi]$上的图形,则系统分别将其标识为 In[2]和 Out[2]。

注:Mathematica 的 Notebook 是一个集成环境,Enter 键的作用是输入换行,而 Shift+Enter 键则是向计算机发出计算指令。

Mathematica 第一次计算时因为要启动内核(kernel),所需时间长一些,也可以在 Mathematica 启动后第一次计算之前,手动启动内核,方法是用鼠标单击菜单:Evaluation→Kernel→Start Kernel→Local,这样第一次计算就很快了。在 Mathematica 工作过程中,可以随时退出内核,方法是选择菜单 Evaluation→Quit Kernel→Local。

Mathematica 中的单元(Cell)的概念很重要,Mathematica 的一个输入或输出即为一个 Cell。Mathematica 退出时按 Alt+F4 键或用鼠标单击窗口右上角的关闭按钮。

2. 帮助菜单的使用

任何时候都可以用鼠标单击 Help 菜单中的 Documentation Center 命令,打开帮助中心,查找需要的帮助或者选择 Virtual Book,里面有完整的 Mathematica 使用指南,单击菜单命令,可获得相关的帮助信息。Documentation Center 主要用来查找一些函数的使用方法,Virtual Book 则主要用来介绍 Mathematica 的主要功能,主要选项有 Introduction,Core Language,Mathematicas and Algorithms,Visualization and Graphics 等。读者可自行打开帮助菜单浏览 Mathematica 的各项功能,以便对 Mathematica 有一个整体的认识。

1.4.2 基本运算

1. 常量和变量

在运算过程中保持不变的量称为常量,常量也称为常数。Mathematica 提供许多常用的数学常数,如:Pi 表示圆周率,Degree 表示度数,Infinity 表示无穷大,E 表示自然对数的底,I 表示虚数单位。

为了便于计算、保存或引用在运算中的一些中间结果,常常需要引入变量,在 Mathematica 中变量名以英文字母开头,后跟字母或数字,变量名字符的长度不限。例如:hijk,A,x3 都是合法的变量名;而 2t 和 u v(u 和 v 之间有空格)不能作为变量名。英文字母大小写的意义不同,因此 A 和 a 表示两个不同的变量。在 Mathematica 中常量、函数都用大写字母开头的标识符来表示,为了避免混淆,变量名通常都以小写字母开头。对矩阵等变量,用户可以用大写字母,这样更符合数学表示的习惯。

在 Mathematica 中,变量即取即用,不需要先说明变量的类型再使用,而且变量不仅可以存放一个实数或复数,还可以存放一个多项式或复杂的图形等。

数值有类型,变量也有类型。通常在运算中不需要对变量进行类型说明,系统根据变量初值会做出正确的处理。在定义函数和程序设计中也允许对变量进行类型说明。

2. 算术运算

Mathematica 最基本的功能是进行算术运算,包括加、减、乘、除、乘方、阶乘等,运算顺序遵循数学习惯,先阶乘,后乘方,再乘除,最后加减,同级运算遵循从左到右的顺序。Mathematica 作为符号计算软件,和 C,Fortran 等语言对于数的处理有明显的不同,最大区别在于 Mathematica 引入了任意精度实数,并且可以精确表示出非常大的整数。Mathematica 的实数分为两类:一类是任意精度实数,如不带小数点的分数和无理数等;另一类是机器精度实数,主要指带小数点且小数位数小于或等于 16 的小数,如果小数位数大于 16,则 Mathematica 将其解释为任意精度实数。Mathematica 的机器精度实数相当于 C,Fortran 等高级语言中的双精度实数,在运算时会产生由于数据的舍入导致的浮点数误差,但运算速度较快。Mathematica 的任意精度实数运算类似于通常意义上的数学运算,计算准确,但要花费比较长的时间,机器精度数通过命令 SetAccuracy 可以转化为任意精度的实数。巧妙地运用 Mathematica 的任意精度实数和机器精度实数运算,有助于更好地理解数值算法。

3. Mathematica 中的函数

Mathematica 的所有功能均通过函数实现，Mathematica 的函数包含了通常意义上的数学函数和所有命令，例如三角函数、打印命令和绘图功能等。Mathematica 函数采用见名知义的方式命名，要求首字母和复合函数名的各个单次首字母大写，且函数中的变量放在方括号中，例如 Sin[x]和 Cos[x]分别表示正弦函数和余弦函数，ArcSin[x]和 ArcCos[x]分别表示反正弦函数和反余弦函数等。同样，我们不难猜出下面这些函数的数学意义，如 Abs[x]，Sqrt[x]，Exp[x]，Log[x]，Log[b,x]，Tan[x]，Cot[x]，ArcTan[x]，Sinh[x]，Cosh[x]，Tanh[x]，Coth[x]，ArcTanh[x]等。

1.4.3 符号计算功能

1. 求解代数方程和方程组

因为 Mathematica 把方程看作逻辑语句，对于数学方程式 $x^2-2x+1=0$，在 Mathematica 中应表示为“x^2－2x＋1＝＝0”。方程的解显示为未知量替换形式。例如，用 Solve 命令求方程 $x^2-3x+2=0$ 的根，显示为

```
Sol=Solve[x^2-3x+2==0,x]
{{x→1},{x→2}}                    (*输出结果为未知量替换形式*)
```

对于以上方程的解，若需在其他表达式中应用，则使用 Mathematica 的符号替换功能，即使用符号“/.”，例如，对于上面方程的解 Sol，有：

```
{x^2+4/.Sol[[1]],x^2+4/.Sol}           (*结果{5,{5,8}}*)
r=Solve[2-4x+x^5==0,x]                (*没有整数或分数形式的解,结果如下*)
{{x→Root[2-4#1+#1^5&,1]},{x→Root[2-4#1+#1^5&,2]},{x→Root[2-4#1+#1^5&,3]},
{x→Root[2-4#1+#1^5&,4]},{x→Root[2-4#1+#1^5&,5]}}
r//N                                  (*N函数后置形式,求小数形式的解*)
{{x→-1.51851},{x→0.508499},{x→1.2436},{x→-0.116792-1.43845i},{x→-0.116792+
1.43845i}}
```

或直接使用 NSolve 命令求方程的小数解，例如：

```
NSolve[2-4x+x^5==0,x]                 (*结果同上*)
```

使用 Solve 命令也可以求方程组的解，例如求解

$$\begin{cases}2x+y=0\\x+3y=3\end{cases} \quad 和 \quad \begin{cases}x^2+y^2=1\\x+3y=0\end{cases}$$

Mathematica 命令分别为

```
Solve[{2x+y==0,x+3y==3},{x,y}]        (*结果{{x→-(3/5),y→6/5}}*)
Solve[{x^2+y^2==1,x+3y==0},{x,y}]
{{x→-3/√10,y→1/√10},{x→3/√10,y→-1/√10}}
```

2. 微积分运算

Mathematica 的微积分运算包括求函数导数和求不定积分、定积分，下面对这些功能分别予以说明。

在 Mathematica 中，计算函数的导数命令为 D[f,x]，表示求函数 f 关于 x 的导数或偏导数，该命令的常用形式见表 1.1。

表 1.1 常用的求导函数形式

求导函数	功　　能
D[f,x]	计算 $f'(x)$ 或 $\frac{\partial f}{\partial x}$
D[f,x_1,x_2,…,x_n]	计算多重偏导数 $\frac{\partial}{\partial x_1}\frac{\partial}{\partial x_2}\cdots\frac{\partial}{\partial x_n}$
D[f,{x,n}]	计算高阶导数 $f^{(n)}(x)$

例 1.1 计算 $\sin x$，x^x 的一阶导数和 $\sin x\tan x$ 的二阶导数；计算 $\frac{\partial}{\partial x}\frac{\partial}{\partial y}z\sin(x^2y^3)$。

```
{D[Sin[x],x],D[x^x,x],D[Sin[x]Tan[x],{x,2}]}
{Cos[x],x^x(1+Log[x]),2Sec[x]-Sin[x]Tan[x]+2sec[x]tan[x]^2}
D[zSin[x^2*y^3],x,y]
6xy^2zCos[x^2y^3]-6x^3y^5zSin[x^2y^3]
```

在 Mathematica 中计算不定积分的命令为 Integrate[f,x]，当然也可以使用工具栏直接输入不定积分式计算函数的不定积分。对于一些手工计算相当复杂的不定积分，Mathematica 能轻易求得。注意，Mathematica 的输出结果中省略了积分常数。

例 1.2 计算积分 $\int 3ax^2\mathrm{d}x$，$\iint(3x^2+y)\mathrm{d}x\mathrm{d}y$，$\int\sqrt{\tan x}\,\mathrm{d}x$，$\int\frac{u\sqrt{1+u^2}}{2+11u^2}\mathrm{d}u$。

```
{Integrate[3ax^2,x],Integrate[3x^2+y,x,y]}
{ax^3,x^3y+(xy^2)/2}
ix=Integrate[Sqrt[Tan[x]],x]                (*积分函数复杂,略*)
D[ix,x]                                     (*对 ix 求一阶导数,结果更加复杂,略*)
Simplify[%]                                 (*对上述结果化简,得积分原函数√Tan[x] *)
Integrate[u Sqrt[1+u^2]/(2+11u^2),u]        (*请运算*)
```

Integrate 命令还可以计算函数的定积分，一般形式为 Integrate[f,{x,a,b}]，表示求解 $\int_a^b f(x)\mathrm{d}x$。

若 $f(x)$ 的原函数无法求出，则使用 NIntegrate[f,{x,a,b}]计算 $\int_a^b f(x)\mathrm{d}x$ 的数值积分。

例 1.3　计算积分 $\int_a^b (\cos^2 x + \sin^3 x)\mathrm{d}x$，$\int_0^{+\infty} \exp(-x^2)\mathrm{d}x$，$\int_0^{\pi} \sin\sin x\,\mathrm{d}x$。

```
Integrate[Cos[x]^2+Sin[x]^3,{x,0,1}]
  1/12(14-9Cos[1]+Cos[3]+3Sin[2])
Integrate[Exp[-x^2],{x,0,Infinity}]          (*结果为√π/2*)
Integrate[Sin[Sin[x]],{x,0,Pi}]
  πStruveH[0,1]                              (*积分结果为特殊函数*)
NIntegrate[Sin[Sin[x]],{x,0,Pi}]             (*计算数值积分*)
  1.78649
```

1.4.4　矩阵计算

1. 向量和矩阵的生成

在 Mathematica 中，向量和矩阵是一类特殊形式的表，向量是一维表，矩阵是每行元素个数相同的二维表，所以向量和矩阵可以使用以下方法生成。

方法一，直接按表的方式输入向量或矩阵，例如：

```
b={0,7,9,20}
  {0,7,9,20}
M={{2,5,-1},{0,-6,4},{4,7,1}}
  {{2,5,-1},{0,-6,4},{4,7,1}}
MatrixForm[M]                                (*将表显示为矩阵形式,略*)
```

注：在 Mathematica 中，向量不分行向量和列向量，Mathematica 自动根据向量所处环境将其解释为行向量或列向量。另外，矩阵 $\boldsymbol{M}$ 也可以通过单击"Palettes"菜单中的"Basic Math Assistant"矩阵工具栏选项按照传统方式输入，Ctrl+Enter 键表示增加行，"Ctrl,"键表示增加列。

方法二，使用 Table 和 Array 命令，这是生成矩阵最常用的命令。例如：

```
A=Table[x^(i+j),{i,0,2},{j,0,4}]             (*或*)
A=Array[x^(#1+#2-2)&,{3,5}]
{{1,x,x^2,x^3,x^4},{x,x^2,x^3,x^4,x^5},{x^2,x^3,x^4,x^5,x^6}}
MatrixForm[A]                                (*将二维表 A 显示为矩阵形式*)
```

结果为

$$\begin{bmatrix} 1 & x & x^2 & x^3 & x^4 \\ x & x^2 & x^3 & x^4 & x^5 \\ x^2 & x^3 & x^4 & x^5 & x^6 \end{bmatrix}$$

```
a=1;A=Table[If[i>=j,a++,0],{i,3},{j,3}];        (*If 判断语句*)
a=1;B=Table[If[i>=j,++a,0],{i,3},{j,3}];
{MatrixForm[A],MatrixForm[B]}
```

结果为

$$
\boldsymbol{A}=\begin{bmatrix}1 & 0 & 0\\2 & 3 & 0\\4 & 5 & 6\end{bmatrix},\quad \boldsymbol{B}=\begin{bmatrix}2 & 0 & 0\\3 & 4 & 0\\5 & 6 & 7\end{bmatrix}
$$

这里注意 a++和++a 的区别，它们的功能均是自加 1，但前者先使用，后加 1；++a 则是先加 1，再使用。

```
A=RandomInteger[{0,9},{4,5}]//MatrixForm
                                   (* 生成一个元素在 0~9 之间的 4 行 5 列随机整数矩阵 *)
```

注：MatrixForm[A]的功能是将表 A 显示为矩阵形式，此形式不能用于计算，所以，通常情况下，采用方法二中的使用方式，此时矩阵 $\boldsymbol{A}$ 仍为一个二维表。

方法三，应用特殊矩阵命令生成特殊矩阵，常用的命令有

IdentityMatrix[n]，表示 n 阶单位矩阵。

DiagonalMatrix[list]，表示对角线元素为表 list 中元素的对角矩阵。

ConstantArray[a,{m,n}]，表示元素均为 a 的 $m\times n$ 矩阵。

HilbertMatrix[n]，表示 n 阶希尔伯特矩阵。

Normal[SparseArray[{{i1,j1}→v1,{i2,j2}→v2,…},{m,n}]]，表示创建一个 $m\times n$ 稀疏矩阵，第{ik,jk}位置元素为 vk，k=1,2,…，其他位置元素为 0。

以上命令示例如下：

```
DiagonalMatrix[{1,2,3}]                        (* 生成对角矩阵 *)
  {{1,0,0},{0,2,0},{0,0,3}}
HilbertMatrix[2]//MatrixForm                   (* 二阶希尔伯特矩阵 *)
SparseArray[{{1,3}→a,{3,2}→b},{3,4}]
SparseArray[<2>,{3,4}]
Normal[SparseArray[{{1,3}→a,{3,2}→b},{3,4}]]
{{0,0,a,0},{0,0,0,0},{0,b,0,0}}
```

SparseArray 是一个非常有用的稀疏矩阵生成命令，其功能非常强大，请读者自行查找相应的帮助信息。

2. 向量和矩阵的运算

在 Mathematica 中有许多对向量和矩阵进行操作的命令，这些命令使得复杂的向量和矩阵运算变得十分简单，主要命令见表 1.2。

表 1.2 常用的向量和矩阵命令

向量和矩阵操作函数	说　　明
A+c	$\boldsymbol{A}$ 为矩阵，c 为标量，c 与 $\boldsymbol{A}$ 中每个元素相加
A+B	$\boldsymbol{A}$，$\boldsymbol{B}$ 为同类型矩阵或向量，$\boldsymbol{A}$ 与 $\boldsymbol{B}$ 的对应元素相加
c * A	$\boldsymbol{A}$ 为矩阵，c 为标量，c 与 $\boldsymbol{A}$ 中每个元素相乘
A. B	矩阵 $\boldsymbol{A}$ 和 $\boldsymbol{B}$ 相乘，要求 $\boldsymbol{A}$ 的列数等于 $\boldsymbol{B}$ 的行数
U. V	向量 $\boldsymbol{U}$ 和 $\boldsymbol{V}$ 的内积

续表

向量和矩阵操作函数	说　　明
Cross[a,b]或 a×b	向量 ***a***,***b*** 的矢量积
Outer[Times,U,V]	列向量 ***U*** 乘以行向量 ***V***
Normalize[v]	与***v*** 同方向的单位向量
Projection[u,v]	向量 ***u*** 正交投影到向量***v*** 上得到的向量
Det[A]	计算矩阵 **A** 的行列式
Transpose[A]	计算矩阵 **A** 的转置
Inverse[A]	计算矩阵 **A** 的逆矩阵
Tr[A]	计算矩阵 **A** 的迹
MatrixRank[A]	计算矩阵 **A** 的秩
MatrixPower[A,n]	计算矩阵 **A** 的 n 次方
Dimensions[A]	给出矩阵 **A** 的行、列数
Eigenvalues[A]	以表的形式给出矩阵 **A** 的全部特征值
Eigenvectors[A]	以表的形式给出矩阵 **A** 的全部特征向量
Eigensystem[A]	计算矩阵 **A** 所有的特征值和特征向量

1.4.5　程序设计

1. 函数定义

一个函数或一个命令即对应一个变换规则,例如,求和函数 Sum 和绘图命令 Plot 等都可看成一个变换规则。在 Mathematica 中,可以认为定义函数就是定义了一条规则,例如,对数学函数 $f(x)=2x-1$ 则用定义形式“f[x_]:=2x−1”,其中 f[x_]称为模式(pattern),出现在 f[x_]中的 x_是一类重要实体,它表示函数定义中的变量,可以看成高级语言函数定义的形式参数。x_可为实数、向量或矩阵。如果用“f[x]=expr”定义函数,那么这个规则仅对具体对象 x 才有意义。例如,f[x]=2x−1,只对符号 x 才有定义值。

在命令行中用“f[x_]=.”则表示清除函数 f[x_]的定义,用 Clear[f]表示清除所有以 f 为函数名的所有函数定义。例如:

```
Clear[f];x=6;{f[x]=x-2,f[3]}              (*结果为 4 和 f[3]*)
Clear[f];x=6; f[x_] := x-2;{f[x],f[3]}    (*结果为 4 和 1*)
```

2. 条件

在进行编程时,常用到条件语句,Mathematica 提供了多种设置方法,包括 If,Which 和 Switch 等,下面分别给出其语句结构:

```
If[逻辑表达式,表达式 1]
```

当逻辑表达式的值是真(True)时,计算表达式 1,表达式 1 的值就是整个 If 结构的值。

```
If[逻辑表达式,表达式 1,表达式 2]
```

当逻辑表达式的值是 True 时,计算表达式 1,并将表达式 1 的值作为整个结构的值;当逻辑表达式的值是 False 时,计算表达式 2,并将表达式 2 的值作为整个结构的值。

```
If[逻辑表达式,表达式 1,表达式 2,表达式 3]
```

当逻辑表达式的值是 True 时,转向计算表达式 1,当逻辑表达式的值是 False 时转向计算表达式 2,当逻辑表达式的值非 True 非 False 时,计算表达式 3,并将所计算表达式的值作为整个结构的值。

Which 语句结构为

```
Which[条件 1,表达式 1,条件 2,表达式 2,…]
Which[条件 1,表达式 1,条件 2,表达式 2,…,True,表达式]
```

依次计算条件 i,计算对应第一个条件为 True 的表达式的值,作为整个结构的值,如果所有条件的值都为 False,则不做任何运算,用 True 作为 Which 的最后一个条件时,用以处理其他情况,相当于 C 语言的 Switch 语句中的 default 的作用。

例如,计算

$$h(x)=\begin{cases}-x, & x<0\\ \sin(x), & 0\leqslant x<6\\ x/2, & 16\leqslant x<20\\ 0, & \text{其他}\end{cases}$$

使用 Which 语句表示为

```
h[x_] := Which[x<0,-x,x>=0&&x<6,Sin[x],x>=16&&x<20,x/2,True,0];
{h[-12],h[3],h[17],h[50]}          (* 结果为 {12,Sin[3],17/2,0} *)
```

Switch 语句结构为

```
Switch[表达式; 形式 1,结果 1,形式 2,结果 2,…]
```

表达式与每一个形式 i 比较,给出第一个匹配形式所对应的结果。

3. 循环

Mathematica 中共有三种描述循环的语句,它们是 Do,While 和 For,其中 Do 循环根据循环描述先计算循环次数,再做循环体,常用于有确定循环次数的循环结构。在 While 和 For 中,做一次条件确认后,计算一次循环体的表达式。类似于 C 语言中的 While 和 For 语句,在用逻辑表达式构造条件时,要注意避免空循环和死循环。

Do 语句的一般形式为 Do[循环体,循环范围]。

Do 语句有下列形式:

```
Do[expr,{i,imin,imax,di}]
```

循环变量 i 从 imin,到 imax,每次 i 增加 di,计算表达式 expr。

```
Do[expr, {i,imax}]
```

同上,当循环初值 i=1,步长 di=1 时,可省略不写。

```
Do[expr,{imax }]
```

计算 imax 次表达式 expr。

此外,While 循环语句的一般形式为 While[条件,循环体]。当条件为 True 时,则对循环体表达式求值,重复对条件判断和对循环体求值过程直到条件非真时停止;当条件的值非 True 非 False 时,循环结构不做任何工作。使用 While 结构,循环体中的表达式可能一次也不做,也可能永无止境地做下去。例如:

```
n=19; While[(n=Floor[n/2])!=0,Print[n]]
9
4
2
1
```

For 循环语句的一般形式为 For[初始值(step1),条件(step2),修正循环变量(step4),循环体(step3)],其中 step1 为定义初始值,包括循环变量等;step2 为判断条件,当为真时执行 step3,为非真时结束循环;step3 为执行循环体;step4 为修正循环变量。

For 语句的计算步骤为 step1,step2,step3,step4,step2,step3,step4 等,其中后三个步骤循环。例如:

```
For[i=1;t=x,i^2<10,i++,t=t^2+1;Print[t]]
1+x^2
1+(1+ x^2)^2
1+(1+(1+ x^2)^2)^2
```

4. 模块定义

通常 Mathematica 将用户在 In[x]直接所用的变量看作全局变量。例如,In[1]:=x=Pi/2,x 即为用户定义的一个全局变量。有时需要用 x 在两个不同的程序中表示两个不同的变量,在这种情况下可将 x 定义为一个局部变量,另外,有时需要用工作变量保存计算的中间结果,通常这类变量也定义为局部变量。局部变量可以在过程中设定为任意值,而不会影响过程外部的值。使用局部变量有利于过程的模块化,以及数据封装,在 Mathematica 中使用 Module 设置局部变量,在 Module 中可以定义若干局部变量,并能定义任何局部变量的初始值。它的一般形式为 Module[{局部变量表},expr],局部变量表中可说明 0 个或多个局部变量,说明变量时只列出变量名,无须对变量进行类型说明,局部变量名之间用逗号分隔，并可在说明时赋予初始值。Module 在运行前先完成局部变量的定义和初始化，再依次计算 Module 中复合表达式 expr，并以最后一个表达式的值作为 Module 结构的输出值。Mathematica 不输出以分号标识的表达式的计算结果，如果需要输出中间结果可使用 Print 函数。例如：

```
x=11;Module[{x},x="aa";Print[x]];Print[x]
aa
11
```

每次启动一个 Module 时，立即为每个局部变量创建一个新的符号（内部名字）表示，这些新符号是唯一的，它不会和其余变量发生冲突，有效地保护了模块内外每个变量的作用范围，下面的例子输出局部变量在内部的名称：

```
u = Module[{v = 11, w}, Print[v]; Print[w]; w = 22]; {u,v,w}
11
w$7184                                  (* 这是局部变量 w 的内部名称 *)
{22, v, w}                              (* 这里输出的 u,v 和 w 都是全局变量 *)
```

1.5 Abaqus 6.14 介绍

在工程设计与科学研究中，精通有限元软件非常重要，而对于基础理论的学习，商业软件也会给我们带来很多帮助。Abaqus 软件产生于 1978 年成立的美国 HKS 公司，2002 年 HKS 公司更名为 Abaqus 公司，2005 年 Abaqus 公司被法国达索公司收购（此后作为软件的 Abaqus 变为首字母大写），Abaqus 成为达索系统 SIMULIA 品牌下的仿真分析软件之一。Abaqus 是功能强大的有限元分析软件，特别是在非线性分析领域，它可以解决复杂的工程问题，应用领域广泛，包括结构、传热学、流体、声学、电学及多物理场的耦合问题，并且具备求解大规模问题的能力。

1.5.1 Abaqus 帮助文件

Abaqus 软件提供了一套十分详尽的在线帮助文档，无论是对初学者还是有一定经验的工程人员，它都是十分重要的参考资料。

在 Windows 操作系统的“程序”菜单中找到“Abaqus 6.14 Documentation”，单击其中的“HTML Documentation”之后可以看到 Abaqus 的帮助文件，常用的手册有①Getting Started with Abaqus，该手册是针对初学者的入门手册，指导用户如何应用 Abaqus/CAE 生成模型，使用 Abaqus/Standard 和 Abaqus/Explicit 进行分析，然后在 Abaqus/CAE 的 Visualization 模块中观察结果等。②Abaqus Analysis User's Guide，这是最常用的 Abaqus 手册，包含对 Abaqus 所有功能的完整描述，包括单元、材料模型、分析过程、输入格式等。③Abaqus/CAE User's Guide，该手册详细说明了如何运用 Abaqus/CAE 生成模型、提交分析和后处理。④Abaqus Keywords Reference Guide，该手册提供了对 Abaqus 中全部关键字的完整描述，包括对其参数和数据行的说明。⑤Abaqus Example Problems Guide，该手册包含了详细的 Abaqus 分析实例，用来演示线性和非线性分析的使用方法和结果，每个例题的说明中均包括对单元类型和网格密度的讨论。⑥Abaqus Benchmark Guide，该手册包含用来评估 Abaqus 性能的基准问题和标准分析，例如 NAFEMS 基准问题等，将分析结果与精确解或其他已发表的结果进行比较，这对学习各种单元和材料模型的性能会有很大帮助。⑦Abaqus Verification Guide，该手册评估 Abaqus 每一项特定功能的基本测试问题，例如分析过程、输出选项和多点约束等。

1.5.2　Abaqus 计算模块

有限元分析过程包括三个步骤，即前处理、计算求解和后处理。对于简单的模型而言，前处理和后处理显得不太重要，但随着问题规模的增大，二者就显得尤为重要了。

对于 Abaqus 而言，图 1.3 中给出了具体的流程：①在前处理阶段，需要定义物理问题的模型，并生成一个 Abaqus 计算用的输入文件，也就是 inp 文件，其详细介绍见 1.5.3 节。对于一个简单分析，可以直接用文本编辑器生成输入文件，而一般的做法则是使用 Abaqus/CAE 或其他前处理程序。由于本书的算例都是较简单的，单元与节点信息较少，所以可选择文本编辑器的方式进行输入文件的准备。②仿真计算阶段，需要选择 Abaqus/Standard 或 Abaqus/Explicit 求解输入文件中所定义的数值模型，它通常以后台方式运行，结构分析中的位移和应力等输出数据被保存在二进制文件中以便后处理使用。完成一个求解过程所需的时间取决于所分析问题的复杂程度和所使用计算机的运算能力。③后处理阶段，一旦完成了仿真计算并得到了位移、应力或其他基本变量后，就可以对计算结果进行查看和分析。通常可以利用 Abaqus/CAE 的可视化模块或其他后处理软件进行，可视化模块可以将读入的二进制输出数据库中的数据以多种方式显示，包括等值线图、动画、变形图和 X-Y 曲线图等。对于简单的问题，Abaqus 算例的结果查看也可以通过文本编辑器的方式进行。

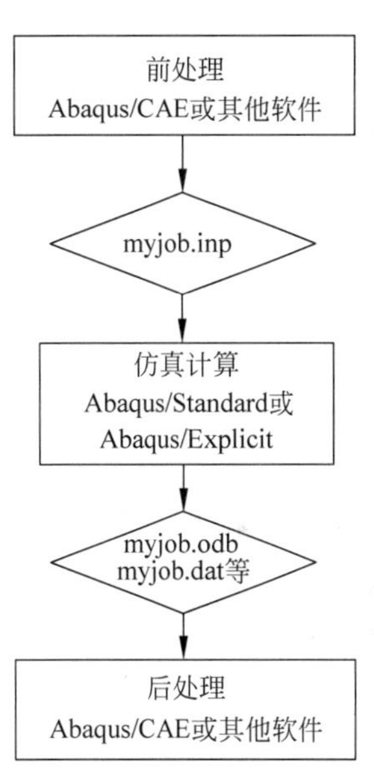

图 1.3　Abaqus 的计算流程

对上面提到的 Abaqus 的三个模块简要说明一下，其中，Abaqus/CAE 是 Abaqus 的交互式图形环境，功能强大，可以生成或导入结构的几何形状，并将其分解为便于网格划分的若干区域，然后对生成的几何体赋予物理和材料特性、载荷及边界条件等，它还具有对几何体划分网格的强大功能，并能够检验所得的分析模型的网格质量等。模型生成后，Abaqus/CAE 不仅可以提交、监视和控制分析作业，还可以用来显示得到的结果。Abaqus/Standard 和 Abaqus/Explicit 是软件的两个重要分析模块，Abaqus/Standard 是一个通用分析模块，它能够求解众多领域的线性和非线性问题，包括静力学、动力学、热学、电学、声学等问题。而 Abaqus/Explicit 是一个具有专门用途的分析模块，采用显式动力学有限元格式，适用于模拟短暂、瞬时的动态事件，如冲击和爆炸问题，此外它对处理接触这类高度非线性问题也非常有效，软件还包含其他一些模块，这里就不一一列举了，更多内容读者可以自行查阅帮助文件。

本书在前后处理方面力求简便，既能够对软件有所了解，可以得到一些算例的解答，又避免花费过多的时间在界面操作方面。当前随着用户界面的发展完善，大多数有限元软件可以作为“黑匣子”使用，许多用户在不了解有限元法的情况下使用，这样十分容易出现错误使用有限元软件的情况，从而导致模拟给出了错误的结果而不自知。初学者首先要集中于基础理论的学习，专注于对计算结果的理解。

1.5.3 Abaqus 中的 inp 文件

本书不使用 Abaqus/CAE，而是利用文本编辑器直接写出计算所需的输入文件，也就是 inp 文件，这就需要我们对 inp 文件有比较深入的了解。

1. inp 文件的作用

inp 文件是一种文本文件，它包含了对整个计算模型的完整描述，在前处理器（如 Abaqus/CAE）和求解器（Abaqus/Standard 或者 Abaqus/Explicit）之间建立了一个传递数据的桥梁。在很多情况下，使用 inp 文件不但可以方便地修改模型参数，控制分析过程，还可以完成一些 Abaqus/CAE 所不支持的功能。

2. inp 文件的生成方法

各种常用的前处理器大多支持以 inp 文件的格式来输出模型，如 Patran，Femap，Hypermesh 等。在 Abaqus/CAE 中，如果在 Job 功能模块中提交分析作业，或者单击 Job Manager 对话框中的 Write Input，就会在默认的工作目录下生成 inp 文件。可以使用文本编辑器打开 inp 文件，推荐使用 EditPlus 或 UltraEdit 打开，因为对于规模较大的模型，相应的 inp 文件也较大，如果使用系统自带的记事本打开，运行速度会较慢。

3. inp 文件的格式

inp 文件由一系列的数据块构成，每个数据块描述模型某部分的特定信息。一个数据块总是以带“ * ”号的关键字(keyword)开始，其后往往带有相应的参数，以及一个或多个数据行(dataline)，例如：

```
*ELEMENT, TYPE=CPS4, ELSET=My-Elem-Set
1,1,12,57,23
2,12,13,58,57
```

其含义是定义单元，单元类型为 CPS4，并生成了名为 My-Elem-Set 的单元集合。单元 1 由节点 1,12,57 和 23 构成，单元 2 由节点 12,13,58 和 57 构成。在 Abaqus 的“Abaqus Keywords Reference Guide”中可以查到每个关键词的用法。例如，查询上述 *ELEMENT

的用法，可以看到 TYPE 是必不可少的参数，而 ELSET 是可供选择的参数。一般来说，inp 文件格式遵循以下原则：

(1) 如果一行以"**"开始，则为注释行，其内容在分析过程中不起作用。

(2) 整个 inp 文件不应有空行，否则会在分析时出现异常错误。如果希望使用空行来隔开两部分内容，应在此行开头输入"**"，表明该行是注释行。

(3) 关键字、参数、集合、面的名称都不区分大小写(用户子程序中用到的集合或面除外)。

(4) inp 文件的每一行不能超过 256 个字符，有些关键字对此还有进一步的规定。如前文中介绍的 *ELEMENT 要求在每个数据行中包含的节点数不超过 15 个，最多 80 个字符；*ELSET 和 *NSET 要求每个数据行包含的数据不超过 16 个，如果超出 16 个，超过的部分会被忽略。

(5) 如果一行没有结束而需要换行时，需要在此行的结尾加上逗号，表明下一行是这一行的延续。

(6) 在关键字与各个参数之间，以及数据行中的各个数据之间都要用逗号分隔，如果一个数据行中只包含一个数据项，也要在结尾处加一个逗号。

(7) 对关键字、参数和数据行的书写，词与词之间的空格或制表符(按 Tab 键)不影响内容。

(8) 对于浮点数，下面 6 种表示方法都是有效的：5,5.0,5.,5.0E+0,.5E+1,50.E−1。

4. inp 文件的结构

一个完整的 inp 文件依次包含两部分内容，即模型数据(model data)与历程数据(history data)，如图 1.4 所示。模型数据包括了节点信息、单元信息、截面属性、材料特性、材料选项、其他模型信息等；历程数据包括分析步参数(如静力分析等)、载荷、边界条件和结果输出等。关键字 *STEP 是历程数据和模型数据的分界点，第一个 *STEP 之前的所有内容均属于模型数据，其后的所有内容则属于历程数据。

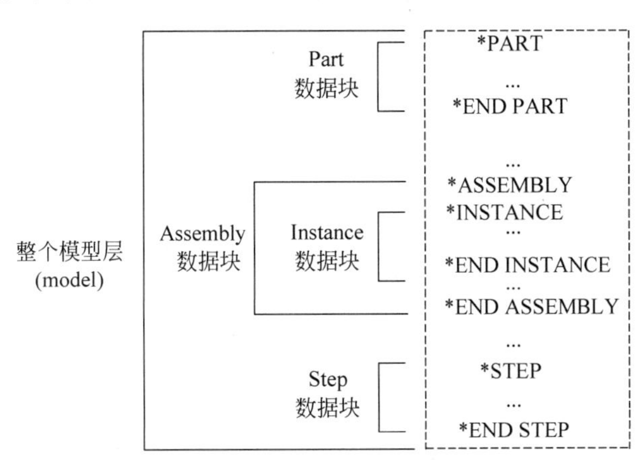

图 1.4　inp 文件的基本结构

下面给出一个典型的 inp 文件模板，它包含了主要的关键字及说明，但省去了具体的数据信息。

```
*Heading
** inp 文件总是以 *Heading 开头
*Preprint, echo=NO, model=NO, history=NO, contact=NO
** 使用关键词可以设置在.dat 文件中记录的内容,本实例按照 Abaqus 默认设置
*PART
** 如果部件对应的是非独立实体(网格在部件上划分),则 PART 数据块中将包含节点、单元、集合
和截面属性等数据;如果部件对应的是独立实体,则 PART 数据块只包括 *PART 和 *END PART
两行
*NODE
<节点编号>,<节点坐标 1>,<节点坐标 2>,<节点坐标 3>
** 在 inp 文件中不同部件可以由相同的节点或单元编号
*ELEMENT
*ELEMENT,TYPE=<单元类型>
<单元编号>,<节点 1 编号>,<节点 2 编号>,...
*NSET,NSET=<节点集合名称>,GENERATE
<起始节点编号>,<结束节点编号>,<节点编号增量>
*ELESET,ELSET=<单元集合名称>,GENERATE
<起始单元编号>,<结束单元编号>,<单元编号增量>
** 上面是 Set 集合的定义,以上表示节点或者单元编号是连续的
*NSET,NSET=<节点集合名称>
<节点编号 1>,<节点编号 2>,...,<节点编号 16>
*ELESET,ELSET=<单元集合名称>
<单元编号 1>,<单元编号 2>,...,<单元编号 16>
** 如果集合中的节点或者单元编号是不连续的,则使用上面的方法定义集合,注意每个数据行中的
节点或单元编号不得超过 16 个
*SOLID SECTION
*SOLID SECTION,ELSET=<单元集合名称>,MATERIAL=<材料名称>
*ASSEMBLY
*ASSEMBLY,NAME=<装配件名称>
...
*END ASSEMBLY
*INSTANCE
*INSTANCE,NAME=<实体名称>,PART=<部件名称>
...
*END INSTANCE
*NSET,NSET=<集合名称>,INTERNAL,INSTANCE=<实体名称>
<起始节点编号>,<结束节点编号>,<节点编号增量>
** 定义在 Assembly 数据块中的集合
*SURFACE
*SURFACE,TYPE=<面的类型(ELEMENT)>,NAME=<面的名称>
<构成此面的集合 1>,<名称 1>
...
** 定义了表面
*MATERIAL
*MATERIAL,NAME=<材料名称>
*ELASTIC
<弹性模量>,<泊松比>
** 线弹性材料按上面的形式定义
*BOUNDARY
```

```
<节点编号或节点集合>,<第一个自由度的编号>,<最后一个自由度的编号>,<位移值>
** 如果边界条件施加在初始分析步中,则相应的 BOUNDARY 数据块在 * STEP 之前;如果边界条件施加在后续分析步中,则相应的 BOUNDARY 数据块在 * STEP 之后
* STEP
* STEP, NAME=<分析步名称>
* STATIC
<初始增量步>,<分析步时间>,<最小增量步>,<最大增量步>
```

以上就是关于 inp 文件结构的简要介绍,仅涉及了基本的关键字,更多内容可以参阅帮助文档。关于边界条件举例说明一下,如 U1=UR2=UR3=0,则关键字可表示为

```
* BOUNDARY
<节点编号或节点集合>,1
<节点编号或节点集合>,5,6
```

这是因为在 Abaqus 序号中 1 表示自由度 U1,5,6 则表示自由度 5(UR2)到自由度 6(UR3)。

5. inp 文件的运行

在了解了 inp 文件的格式与结构后,配合帮助文档"Abaqus Keywords Reference Guide",就可以借助文本编辑软件对 inp 文件根据需要进行修改完善了。使用以下三种方法,可以将修改后的 inp 文件提交分析:

方法一,在 Abaqus/CAE 中为修改后的 inp 文件创建分析作业,从而运行此 inp 文件。具体方法是在 Abaqus/CAE 的 Job 功能模块中,单击"Job Manager"对话框中的"Create",在"Create Job"对话框中将"Source"设为"Input file",然后单击"Select",选中修改后的 inp 文件,单击"Continue",再单击"OK"。

方法二,将 inp 文件导入 Abaqus/CAE,从而创建一个新的模型。具体方法是在 Abaqus/CAE 的任何一个功能模块下,单击主菜单"File"→"Import"→"Model",选择要导入的 inp 文件。在窗口顶部环境栏的 Model 下拉列表中,就会出现与此 inp 文件同名的模型。由于 inp 文件中不包含模型的几何信息,因此导入 inp 文件所生成的模型也同样不包含几何信息。

方法三,使用 Abaqus 命令将 inp 文件提交分析,具体方法是(以 Abaqus 6.14-1 版本为例):在 Windows 操作系统中单击"开始"→"程序"→"Abaqus 6.14-1"→"Abaqus Command",然后在 Abaqus Command 窗口中输入命令 Abaqus job=< Inp 文件的名称>,如果 inp 文件不在此工作目录下,应首先使用 DOS 命令进入 inp 文件所在的路径。分析过程中生成的文件(例如 odb、dat 和 msg 文件)总是出现在 inp 文件所在的路径下。

为深入理解 inp 文件的格式,完成高效准确的编写,需要通过较多的算例才能实现,本书的 Abaqus 算例将在后面的章节结合理论介绍一并给出,当前读者可参见第 2 章中较为简单的二力杆的情况,见 2.7 节。需要注意的是,本书虽然只介绍了商业软件 Abaqus,但是其他软件的使用在很多方面有相似之处,此部分内容也可以借鉴。

习　题

1.1　使用 Mathematica 计算求解：

（1）函数的导数，包括：(a) $y=a^x \ln x$；(b) $y=\arctan\dfrac{1+x}{1-x}$；(c) $y=\sqrt[3]{1+\sqrt[3]{1+\sqrt[3]{x}}}$ 。

（2）常微分方程：$y'(x)=x+y(x)$，$y(0)=1$。

（3）矩阵的逆矩阵：$\begin{bmatrix} 1 & 2 & 3 \\ 2 & 1 & 2 \\ 1 & 3 & 3 \end{bmatrix}$。

1.2　试列举 Abaqus 中运行 inp 文件的几种方法。

第 2 章

矩阵法——杆问题

2.1 基本概念

电子计算机的出现,使求解大规模的线性方程组不再困难,在杆系结构分析中首先出现了矩阵位移法或矩阵法,之后杆系中的矩阵法被推广应用于连续介质中,在 20 世纪 60 年代,结构分析中出现了有限元法。连续介质有限元法与杆系结构矩阵法的基本原理是相近的,都是把一个结构离散为有限个单元的组合体,这些单元通过节点相连,由此,杆系结构矩阵法也可以包含在有限元法之内。对于杆系结构的离散,一般直接将结构中的杆、梁、柱等构件视为单元,对于连续体则还需要借助一定的算法将其划分为某种单元,例如将板壳结构分成许多三角形或四边形单元,以及将块体结构划分为四面体或六面体单元等。

由于矩阵法与结构力学等课程联系紧密,并且能够简明生动地阐释有限元法中的许多重要概念,所以本章与下章我们将按照矩阵位移法的思路进行分析,使读者能够自然过渡到有限元法上去,在后面我们再进一步从能量原理的角度进行这类结构单元的特性分析。杆系结构一般包括杆与梁,本章介绍的二力杆件单元,也称为桁架单元。

下面首先解释自由度的概念,然后描述主要坐标系和符号约定。

2.1.1 自由度

在本书中我们关注的是结构的弹性力学行为,这些行为通常由结构在外力作用下发生的位移来描述,此外构件中各点的相对位移(应变)及单位面积上的力(应力)也是需要求解的重要的量。

典型结构行为定义所需的位移分量如图 2.1 所示,在杆件构成的平面框架中,构件在荷载作用下发生拉伸或压缩,变形前以虚线表示,变形后以实线表示,每个铰点(也就是节点)的位移可以用两个平动位移分量来描述,即图中的 u 和 v。在后面的介绍中可以发现,一旦确定了所有铰点处的 u 和 v,整个结构的应力、应变和支反力都可以得到。对于空间桁架,每个铰点处的变形需要三个位移分量。在梁和刚架结构中,构件除了被拉伸或压缩外,还将发生弯曲或扭曲,图 2.1(b)给出了旋转位移分量 θ,它与平移分量一起,是完整定义平面框架中节点位移所必需的。图 2.1 所示的每个位移分量均是一个自由度,而每个节点具有的位移自由度个数就是自由度数。实际问题中自由度数不是唯一的,它是与实际结构被理想化的处理方式有关的,这一过程也需要人为的判断和经验。一般来说,对于特定的结构分析,都会有一个最小的自由度数,只有达到或者超过这些自由度才能得到一个可以接受的结果。

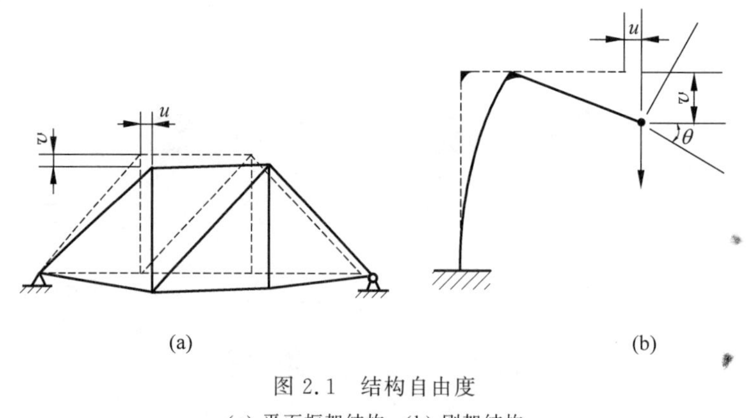

图 2.1 结构自由度
(a) 平面框架结构；(b) 刚架结构

2.1.2 坐标系及坐标变换

本书采用由符号 x、y 和 z 标识的右手正交直角坐标系，这些坐标轴在结构的整个变形过程中保持不变，另外，当力和位移分量与坐标轴的正向一致时取为正。此外，本书还假设结构变形很小，仅考虑其线弹性行为，也就是说材料特性在加载期间保持不变，并且结构的应力不会超过其弹性极限，而线性假设也意味着可以应用叠加原理，即一个结构对一个外部力系的响应等同于该结构对该力系中各外力单独施加后的响应之和。

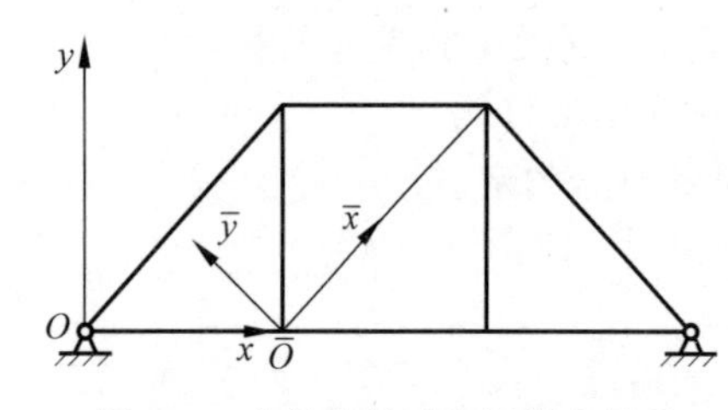

图 2.2 全局坐标系和局部坐标系

另外，节点处的位移与载荷一样，一般为矢量。力和位移矢量的分量表述与坐标系的定义相关，通常区分为全局坐标系和局部坐标系，如图 2.2 所示，对于一个杆系问题，通常需要建立一个统一的全局坐标系及多个局部坐标系，二者分别用 Oxy 和 $\bar{O}\bar{x}\bar{y}$ 表示。局部坐标系的坐标轴一般固定在相应的构件上，由于构件在结构内的方向通常不同，局部坐标轴显然也因构件而异，在对单个构件进行分析时，首先使用局部坐标表示，在完成单个构件的分析后需要对构件进行组装，此时需要把局部坐标系下的分析结果转换到全局坐标系下，从而得到在全局坐标系下的总体方程，再根据给定单元或结构在局部坐标系下的弹性性质，可以方便地构造出力和位移等在全局坐标系下的形式，这将在后面的坐标变换中详细介绍。

2.1.3 矩阵法的分析步骤

矩阵法是把一个杆系结构看成由有限个单元通过节点拼接的整体，在考虑位移约束和外载荷作用时，利用平衡方程求出节点处的位移。杆系矩阵法的具体计算步骤如下：

(1) 将杆系离散为杆单元与节点，同时给节点及单元编号。

(2) 建立杆单元的单元刚度矩阵，对于单个杆构件即单个杆单元(也称杆元)，分析节点位移与节点端点力之间的联系，也就是计算单元刚度矩阵，而节点端点力指的是仅由节点位移产生的力，也称为节点力。

（3）单元的装配。

（4）处理边界条件。

（5）求解总体刚度方程得到节点位移。

（6）根据节点位移计算杆单元的应变与应力等。

2.2　杆单元刚度矩阵

本节讨论二力杆单元问题，图2.3所示为平面直杆单元，单元力和位移分量满足刚度方程：

$$\bar{\boldsymbol{f}}^e = \bar{\boldsymbol{K}}^e \bar{\boldsymbol{u}}^e \tag{2.1}$$

其中，$\bar{\boldsymbol{f}}^e$ 和 $\bar{\boldsymbol{u}}^e$ 分别表示节点力和位移矢量，一般情况下，二者在每个单元内由4个分量组成，并规定沿坐标轴正向取正；$\bar{\boldsymbol{K}}^e$ 表示需要计算得到的单元刚度矩阵，这里为4×4的形式，另外，符号上方的横线表示这里使用的是局部坐标系，式(2.1)写成分量形式为

$$\begin{bmatrix} \bar{f}_{xi} \\ \bar{f}_{yi} \\ \bar{f}_{xj} \\ \bar{f}_{yj} \end{bmatrix} = \begin{bmatrix} \bar{K}_{xixi} & \bar{K}_{xiyi} & \bar{K}_{xixj} & \bar{K}_{xiyj} \\ \bar{K}_{yixi} & \bar{K}_{yiyi} & \bar{K}_{yixj} & \bar{K}_{yiyj} \\ \bar{K}_{xjxi} & \bar{K}_{xjyi} & \bar{K}_{xjxj} & \bar{K}_{xjyj} \\ \bar{K}_{yjxi} & \bar{K}_{yjyi} & \bar{K}_{yjxj} & \bar{K}_{yjyj} \end{bmatrix} \begin{bmatrix} \bar{u}_{xi} \\ \bar{u}_{yi} \\ \bar{u}_{xj} \\ \bar{u}_{yj} \end{bmatrix} \tag{2.2}$$

或者

$$\begin{bmatrix} \bar{f}_{xi} \\ \bar{f}_{xj} \end{bmatrix} = \begin{bmatrix} \bar{K}_{xixi} & \bar{K}_{xixj} \\ \bar{K}_{xjxi} & \bar{K}_{xjxj} \end{bmatrix} \begin{bmatrix} \bar{u}_{xi} \\ \bar{u}_{xj} \end{bmatrix} \tag{2.3}$$

另外需要说明的是，当不考虑 y 方向的分量时，单元节点力和位移矢量仅包含2个分量，对应的刚度矩阵也变为2×2的形式，其分量形式见式(2.3)。在本节的讨论中，我们将利用材料力学的有关知识去构造杆单元的刚度矩阵，可以从以下三个方面进行分析得到。

（1）将杆看作弹簧，之后利用杆件的参数计算等效弹簧的刚度系数。

根据杆件的长度 l、弹性模量 E 和横截面面积 A，将图2.3中的桁架构件视为等效刚度为 k_S 的线性弹簧，如图2.4所示。如果构件的性质沿其长度是一致的，根据材料力学中的杆理论可得

$$k_S = \frac{EA}{l} \tag{2.4}$$

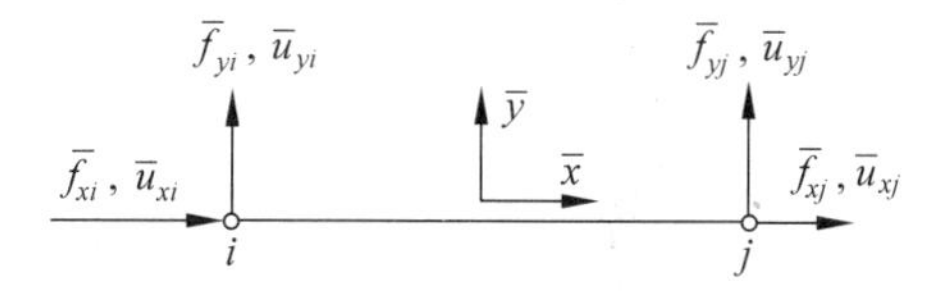

图2.3　二力杆单元示意图

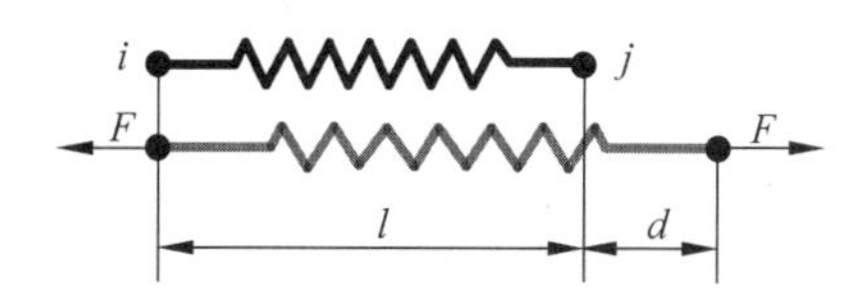

图2.4　杆单元对应的等效弹簧模型

因此,力和位移的关系可以表示为

$$F=k_{\mathrm{S}}d=\frac{EA}{l}d \tag{2.5}$$

式中,F 为杆单元所受的轴向力;d 为杆件的轴向变形。

杆件的轴向力和变形可以用节点力和节点位移表示,即

$$F=-\bar{f}_{xi}=\bar{f}_{xj},\quad d=\bar{u}_{xj}-\bar{u}_{xi} \tag{2.6}$$

结合式(2.5)和式(2.6)就可以得到节点力分量与位移分量的关系,例如,$\bar{f}_{xi}=-F=-\frac{EA}{l}(\bar{u}_{xj}-\bar{u}_{xi})=\frac{EA}{l}(\bar{u}_{xi}-\bar{u}_{xj})$。把全部结果整理后,可得到如下矩阵形式:

$$\bar{\boldsymbol{f}}=\begin{bmatrix}\bar{f}_{xi}\\\bar{f}_{yi}\\\bar{f}_{xj}\\\bar{f}_{yj}\end{bmatrix}=\frac{EA}{l}\begin{bmatrix}1&0&-1&0\\0&0&0&0\\-1&0&1&0\\0&0&0&0\end{bmatrix}\begin{bmatrix}\bar{u}_{xi}\\\bar{u}_{yi}\\\bar{u}_{xj}\\\bar{u}_{yj}\end{bmatrix}=\bar{\boldsymbol{K}}\bar{\boldsymbol{u}} \tag{2.7}$$

因此,单元刚度矩阵为

$$\bar{\boldsymbol{K}}=\frac{EA}{l}\begin{bmatrix}1&0&-1&0\\0&0&0&0\\-1&0&1&0\\0&0&0&0\end{bmatrix} \tag{2.8}$$

这就是在局部坐标系下的平面杆单元的刚度矩阵。

(2) 可以根据给定杆件在杆端的单位变形求解节点力,从而确定刚度矩阵。这里不考虑在 y 方向的自由度,所以杆单元各节点仅有一个自由度,单元共两个自由度,刚度矩阵则为 2×2 的,矩阵中的每一项称为单元刚度系数。

在图 2.5(b)中,在节点 i 处施加单位位移,另一个节点的位移保持不变,不难看出此时的节点力矢量等于刚度矩阵中的第 1 列,即 $\bar{\boldsymbol{f}}^{e}=[\bar{K}_{xixi}\quad \bar{K}_{xjxi}]^{\mathrm{T}}$。可以理解为,$\bar{f}_{xi}=\bar{K}_{xixi}$ 是产生单位变形所需的外力,而 $\bar{f}_{xj}=\bar{K}_{xjxi}$ 是支反力,因此,刚度矩阵中的第 1 列 $[\bar{K}_{xixi}\quad \bar{K}_{xjxi}]^{\mathrm{T}}$ 表示了一个平衡的力系,显然单元刚度矩阵的其他各列也可同样理解。此外,单元刚度矩阵的第 ij 处刚度系数的物理意义可以描述为:当单元的第 j 个节点位移为单位 1,而其他节点位移为 0 时,需要在第 i 个节点自由度上施加的节点力大小,而单元刚度系数越大,意味着产生单位变形所需的节点力也越大。在图 2.5(b)和(c)中,$\bar{f}_{xi}$ 和 $\bar{f}_{xj}$ 表示了其真实的作用方向,可以写出:

$$\bar{f}_{xi}=-F=-\frac{EA}{l}(\bar{u}_{xj}-\bar{u}_{xi})=\frac{EA}{l},\quad \bar{f}_{xj}=-\bar{f}_{xi}=-\frac{EA}{l} \tag{2.9}$$

因此,

$$\bar{K}_{xixi}=\frac{EA}{l},\quad \bar{K}_{xjxi}=-\frac{EA}{l} \tag{2.10}$$

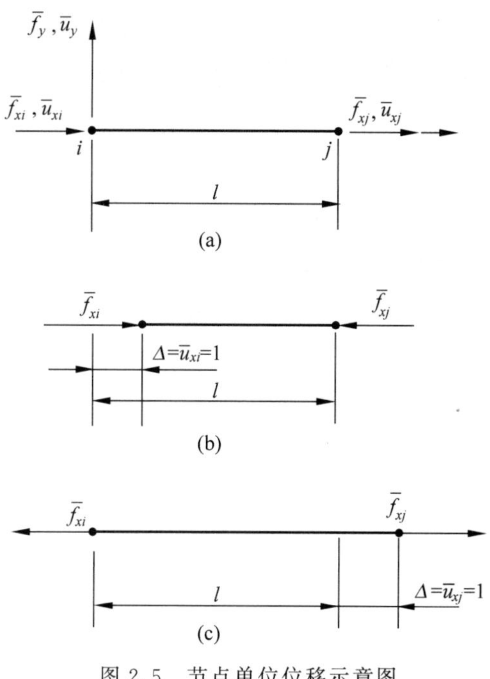

图 2.5　节点单位位移示意图

同理，根据图 2.5(c)，此时的节点力为

$$\bar{f}_{xi}=-F=-\frac{EA}{l}(\bar{u}_{xj}-\bar{u}_{xi})=-\frac{EA}{l},\quad \bar{f}_{xj}=-\bar{f}_{xi}=\frac{EA}{l} \tag{2.11}$$

因此，有

$$\bar{K}_{xixj}=-\frac{EA}{l},\quad \bar{K}_{xjxj}=\frac{EA}{l} \tag{2.12}$$

求得了各刚度系数，单元刚度矩阵自然就得到了，即

$$\bar{\boldsymbol{K}}=\frac{EA}{l}\begin{bmatrix}1 & -1\\ -1 & 1\end{bmatrix} \tag{2.13}$$

单元刚度方程将所有有效节点力与自由度相关联，并且刚度矩阵每列的各项之和为零。通过观察也可以发现，单元刚度矩阵是对称的，并且其主要元素恒为正，此外单元刚度矩阵还是奇异矩阵，因为从数学上讲，它的行列式为零。

(3) 还可以根据杆件的微分控制方程进行矩阵推导，这与上面的思路相近，只是这里根据杆件的微分控制方程进行求解分析。对于平面杆件，其控制方程为 $EAu_x''=0$，考虑到两种位移边界条件后，可以进行求解，边界条件为

$$u_x(0)=1,\quad u_x(l)=0;\quad u_x(l)=1,\quad u_x(0)=0 \tag{2.14}$$

在第一种情况中可以计算得到 $u_x(x)=\dfrac{l-x}{l}$，根据 $\varepsilon_x(x)=u_x'$，以及 $\sigma_x=E\varepsilon_x$，可以得到两个端面力，进而得到 $\bar{f}_{xi}=-F=A\sigma_x=\dfrac{EA}{l}$；在第二种情况中可以计算得到 $u_x(x)=\dfrac{x}{l}$，从而有 $\bar{f}_{xi}=-F=A\sigma_x=-\dfrac{EA}{l}$，这样就得到了与式(2.13)同样的结果了。

2.3 坐标变换

前面的单元矩阵都是在局部坐标系中得到的，在实际问题中，这些矩阵需要统一在全局坐标系之后方可进行组装，这就需要对前面推导的矩阵进行坐标变换，对于平面杆系问题，只需考虑节点力向量和位移向量的坐标转换即可。

根据图 2.6，可以很容易获得分量的转换关系，其中对于位移，我们用全局坐标系 Oxy 下的分量表示局部坐标 $\bar{O}\bar{x}\bar{y}$ 下的分量，可得到

$$\begin{cases} \bar{u}_{xi} = u_{xi}c + u_{yi}s, \quad \bar{u}_{yi} = -u_{xi}s + u_{yi}c \\ \bar{u}_{xj} = u_{xj}c + u_{yj}s, \quad \bar{u}_{yj} = -u_{xj}s + u_{yj}c \end{cases} \tag{2.15}$$

其中，$c=\cos\varphi$，$s=\sin\varphi$，φ 是局部坐标系和全局坐标系之间的夹角。将这些关系写成矩阵形式为

$$\bar{\boldsymbol{u}}^e = \boldsymbol{T}^e \boldsymbol{u}^e \tag{2.16}$$

$$\boldsymbol{T}^e = \begin{bmatrix} c & s & 0 & 0 \\ -s & c & 0 & 0 \\ 0 & 0 & c & s \\ 0 & 0 & -s & c \end{bmatrix} \tag{2.17}$$

其中，$\boldsymbol{T}^e$ 称为转换矩阵。

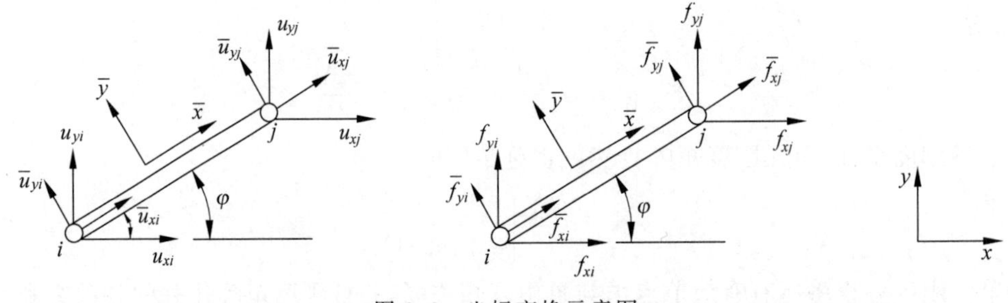

图 2.6 坐标变换示意图

对于节点力，我们用局部坐标系下的分量表示全局坐标系下的分量，将这些关系写成矩阵形式为

$$\begin{bmatrix} f_{xi} \\ f_{yi} \\ f_{xj} \\ f_{yj} \end{bmatrix} = \begin{bmatrix} c & -s & 0 & 0 \\ s & c & 0 & 0 \\ 0 & 0 & c & -s \\ 0 & 0 & s & c \end{bmatrix} \begin{bmatrix} \bar{f}_{xi} \\ \bar{f}_{yi} \\ \bar{f}_{xj} \\ \bar{f}_{yj} \end{bmatrix} \tag{2.18}$$

不难看出，此时 $\boldsymbol{f}^e = \boldsymbol{T}^{e\mathrm{T}} \bar{\boldsymbol{f}}^e$，其中 $\boldsymbol{T}^{e\mathrm{T}}$ 表示矩阵 $\boldsymbol{T}^e$ 的转置矩阵。把 $\bar{\boldsymbol{f}}^e = \bar{\boldsymbol{K}}^e \bar{\boldsymbol{u}}^e$ 和式(2.16)代入式(2.18)，从而不难得到总体坐标系下的单元刚度方程 $\boldsymbol{f}^e = \boldsymbol{K}^e \boldsymbol{u}^e$，其中 $\boldsymbol{K}^e = \boldsymbol{T}^{e\mathrm{T}} \bar{\boldsymbol{K}}^e \boldsymbol{T}^e$，具体展开则为

$$\boldsymbol{K}^{e}=\frac{EA}{l}\begin{bmatrix} c^{2} & sc & -c^{2} & -sc \\ sc & s^{2} & -sc & -s^{2} \\ -c^{2} & -sc & c^{2} & sc \\ -sc & -s^{2} & sc & s^{2} \end{bmatrix} \tag{2.19}$$

例 2.1　如图 2.7 所示的杆系结构，杆件之间铰接，其中水平构件长度 $l^{(1)}=10\mathrm{m}$，截面积 $A^{(1)}=2\mathrm{m}^{2}$，弹性模量 $E^{(1)}=50\mathrm{Pa}$；垂直构件 $l^{(2)}=10\mathrm{m}$，$A^{(2)}=1\mathrm{m}^{2}$，$E^{(2)}=50\mathrm{Pa}$；斜向构件 $l^{(3)}=10\sqrt{2}\,\mathrm{m}$，$A^{(3)}=2\sqrt{2}\,\mathrm{m}^{2}$，$E^{(3)}=100\mathrm{Pa}$，杆系顶端受外力，水平方向为 2N，垂直方向为 1N。杆系离散为三个平面杆单元，下面分别写出各杆单元在总体坐标系下的单元刚度矩阵。

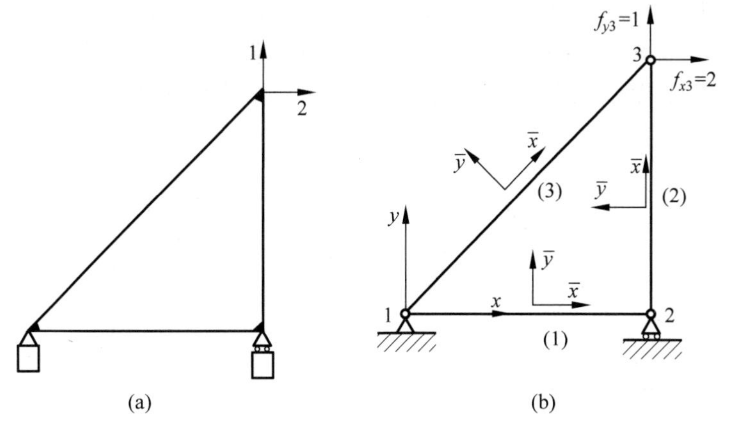

图 2.7　三单元杆系结构

(a) 物理模型；(b) 计算模型

解：根据图 2.7(a)中的物理模型建立计算模型，使用三个杆件单元进行离散，节点和单元编号如图 2.7(b)所示，其中还给出了总体坐标系，以及各杆单元的局部坐标系。由式(2.19)计算各杆单元的刚度矩阵，对于单元(1)，局部坐标系和整体坐标系的夹角为 0，单元(2)和单元(3)的坐标夹角分别为 90°和 45°。代入公式(2.19)后，可以得到各单元的刚度方程。

单元(1)：

$$\begin{bmatrix} f_{x1}^{(1)} \\ f_{y1}^{(1)} \\ f_{x2}^{(1)} \\ f_{y2}^{(1)} \end{bmatrix}=10\begin{bmatrix} 1 & 0 & -1 & 0 \\ 0 & 0 & 0 & 0 \\ -1 & 0 & 1 & 0 \\ 0 & 0 & 0 & 0 \end{bmatrix}\begin{bmatrix} u_{x1}^{(1)} \\ u_{y1}^{(1)} \\ u_{x2}^{(1)} \\ u_{y2}^{(1)} \end{bmatrix} \tag{2.20}$$

单元(2)：

$$\begin{bmatrix} f_{x2}^{(2)} \\ f_{y2}^{(2)} \\ f_{x3}^{(2)} \\ f_{y3}^{(2)} \end{bmatrix}=5\begin{bmatrix} 0 & 0 & 0 & 0 \\ 0 & 1 & 0 & -1 \\ 0 & 0 & 0 & 0 \\ 0 & -1 & 0 & 1 \end{bmatrix}\begin{bmatrix} u_{x2}^{(2)} \\ u_{y2}^{(2)} \\ u_{x3}^{(2)} \\ u_{y3}^{(2)} \end{bmatrix} \tag{2.21}$$

单元(3)：

$$\begin{bmatrix} f_{x1}^{(3)} \\ f_{y1}^{(3)} \\ f_{x3}^{(3)} \\ f_{y3}^{(3)} \end{bmatrix} = 20 \begin{bmatrix} 0.5 & 0.5 & -0.5 & -0.5 \\ 0.5 & 0.5 & -0.5 & -0.5 \\ -0.5 & -0.5 & 0.5 & 0.5 \\ -0.5 & -0.5 & 0.5 & 0.5 \end{bmatrix} \begin{bmatrix} u_{x1}^{(3)} \\ u_{y1}^{(3)} \\ u_{x3}^{(3)} \\ u_{y3}^{(3)} \end{bmatrix} \tag{2.22}$$

2.4 总体刚度矩阵

完成单元分析后，可以得到各单元在统一坐标系下的刚度矩阵，但此时各单元仍然是相互独立的，如图 2.8 所示，而实际情况中，这些单元应该是相互连接协调变形的，这就需要进一步将这些单元进行组装，直观上是将相互分离的节点恰当地连接在一起。

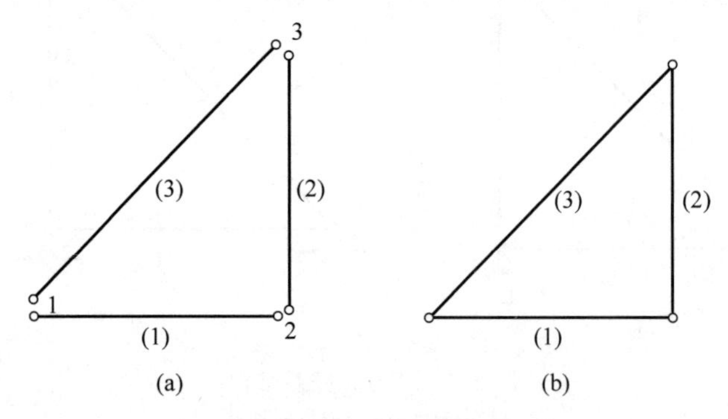

图 2.8 节点装配示意图

(a) 装配前；(b) 装配后

由单元矩阵集成为总体刚度矩阵时，需要满足两个条件：一是一致性，即所有单元在连接节点处的位移必须相同；二是平衡性，即所有单元在连接节点处的合力与作用于该处的外力必须平衡。下面可以应用这两个条件完成单元刚度矩阵的合成，在此之前，为了方便应用这些原则，需要对单元刚度矩阵进行扩容，使其与总体刚度矩阵的阶数相同。

我们仍以例 2.1 中的杆系为例说明总体刚度矩阵的推导，考虑到该问题中包含了 3 个节点，共 6 个自由度，对得到的 3 个杆单元的刚度矩阵扩容后可得到如下结果：

$$\begin{bmatrix} f_{x1}^{(1)} \\ f_{y1}^{(1)} \\ f_{x2}^{(1)} \\ f_{y2}^{(1)} \\ f_{x3}^{(1)} \\ f_{y3}^{(1)} \end{bmatrix} = 10 \begin{bmatrix} 1 & 0 & -1 & 0 & 0 & 0 \\ 0 & 0 & 0 & 0 & 0 & 0 \\ -1 & 0 & 1 & 0 & 0 & 0 \\ 0 & 0 & 0 & 0 & 0 & 0 \\ 0 & 0 & 0 & 0 & 0 & 0 \\ 0 & 0 & 0 & 0 & 0 & 0 \end{bmatrix} \begin{bmatrix} u_{x1}^{(1)} \\ u_{y1}^{(1)} \\ u_{x2}^{(1)} \\ u_{y2}^{(1)} \\ u_{x3}^{(1)} \\ u_{y3}^{(1)} \end{bmatrix} \tag{2.23}$$

$$\begin{bmatrix} f_{x1}^{(2)} \\ f_{y1}^{(2)} \\ f_{x2}^{(2)} \\ f_{y2}^{(2)} \\ f_{x3}^{(2)} \\ f_{y3}^{(2)} \end{bmatrix} = 5 \begin{bmatrix} 0 & 0 & 0 & 0 & 0 & 0 \\ 0 & 0 & 0 & 0 & 0 & 0 \\ 0 & 0 & 0 & 0 & 0 & 0 \\ 0 & 0 & 0 & 1 & 0 & -1 \\ 0 & 0 & 0 & 0 & 0 & 0 \\ 0 & 0 & 0 & -1 & 0 & 1 \end{bmatrix} \begin{bmatrix} u_{x1}^{(2)} \\ u_{y1}^{(2)} \\ u_{x2}^{(2)} \\ u_{y2}^{(2)} \\ u_{x3}^{(2)} \\ u_{y3}^{(2)} \end{bmatrix} \tag{2.24}$$

$$\begin{bmatrix} f_{x1}^{(3)} \\ f_{y1}^{(3)} \\ f_{x2}^{(3)} \\ f_{y2}^{(3)} \\ f_{x3}^{(3)} \\ f_{y3}^{(3)} \end{bmatrix} = 20 \begin{bmatrix} 0.5 & 0.5 & 0 & 0 & -0.5 & -0.5 \\ 0.5 & 0.5 & 0 & 0 & -0.5 & -0.5 \\ 0 & 0 & 0 & 0 & 0 & 0 \\ 0 & 0 & 0 & 0 & 0 & 0 \\ -0.5 & -0.5 & 0 & 0 & 0.5 & 0.5 \\ -0.5 & -0.5 & 0 & 0 & 0.5 & 0.5 \end{bmatrix} \begin{bmatrix} u_{x1}^{(3)} \\ u_{y1}^{(3)} \\ u_{x2}^{(3)} \\ u_{y2}^{(3)} \\ u_{x3}^{(3)} \\ u_{y3}^{(3)} \end{bmatrix} \tag{2.25}$$

对于各单元，考虑到位移一致性条件，上述三个矩阵方程中位移列阵元素中代表单元编号的上角标(e)可以消去，从而可以写成矢量形式为

$$\boldsymbol{f}^{(1)} = \boldsymbol{K}^{(1)}\boldsymbol{u},\quad \boldsymbol{f}^{(2)} = \boldsymbol{K}^{(2)}\boldsymbol{u},\quad \boldsymbol{f}^{(3)} = \boldsymbol{K}^{(3)}\boldsymbol{u} \tag{2.26}$$

其中，

$$\boldsymbol{u} = [u_{x1}\quad u_{y1}\quad u_{x2}\quad u_{y2}\quad u_{x3}\quad u_{y3}]^{\mathrm{T}} \tag{2.27}$$

进一步考虑在节点处的平衡性条件，以图 2.8 中的节点 3 为例，该节点与单元(2)和单元(3)相连，这两个单元在此处受到端点力作用，这可以看作节点 3 对单元的作用力，如图 2.9 所示。如果将节点 3 看作研究对象，显然它将受到两个单元的作用力，也就是端点力的反作用力，以及外部载荷，此处为 $\boldsymbol{f}_3$。这时根据节点平衡要求，可得 $\boldsymbol{f}_3 - \boldsymbol{f}_3^{(3)} - \boldsymbol{f}_3^{(2)} = \boldsymbol{0}$，显然这个式子可以写成 $\boldsymbol{f}_3 = \boldsymbol{f}_3^{(3)} + \boldsymbol{f}_3^{(2)} + \boldsymbol{f}_3^{(1)}$，其中 $\boldsymbol{f}_3^{(1)} = \boldsymbol{0}$；这个关系可以进一步推广到任意节点处，从而可以得到

$$\boldsymbol{f} = \boldsymbol{f}^{(1)} + \boldsymbol{f}^{(2)} + \boldsymbol{f}^{(3)} = (\boldsymbol{K}^{(1)} + \boldsymbol{K}^{(2)} + \boldsymbol{K}^{(3)})\boldsymbol{u} \tag{2.28}$$

总体刚度方程可以写为 $\boldsymbol{f} = \boldsymbol{K}\boldsymbol{u}$，可见总体刚度矩阵为

$$\boldsymbol{K} = \boldsymbol{K}^{(1)} + \boldsymbol{K}^{(2)} + \boldsymbol{K}^{(3)} \tag{2.29}$$

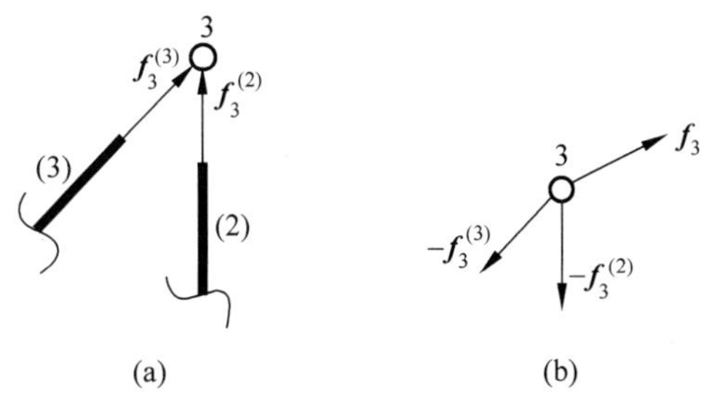

图 2.9　节点处力的平衡

(a) 装配前；(b) 装配后

从而可得例题中杆系结构的总体刚度方程为

$$\begin{bmatrix} f_{x1} \\ f_{y1} \\ f_{x2} \\ f_{y2} \\ f_{x3} \\ f_{y3} \end{bmatrix} = \begin{bmatrix} 20 & 10 & -10 & 0 & -10 & -10 \\ 10 & 10 & 0 & 0 & -10 & -10 \\ -10 & 0 & 10 & 0 & 0 & 0 \\ 0 & 0 & 0 & 5 & 0 & -5 \\ -10 & -10 & 0 & 0 & 10 & 10 \\ -10 & -10 & 0 & -5 & 10 & 15 \end{bmatrix} \begin{bmatrix} u_{x1} \\ u_{y1} \\ u_{x2} \\ u_{y2} \\ u_{x3} \\ u_{y3} \end{bmatrix} \tag{2.30}$$

其中的系数矩阵就是本例题的总体刚度矩阵。

2.5 边界条件与求解

得到了总体刚度方程后还不能直接求解，原因在于当前这些方程之间还是线性相关的，或者说总体刚度矩阵是奇异的，即矩阵行列式为 0。为了求解上述场变量，需要首先消除矩阵的奇异性，也就是需要给出足以约束系统刚体位移的几何边界条件，下面给出三种处理边界的常用方法。

2.5.1 代入消去法

在刚度方程 $\boldsymbol{Ku}=\boldsymbol{f}$ 中，将已知节点位移的自由度消去，可以得到一组修正方程，以此求解其他待定的节点位移，该方法也称为直接消去法，其原理就是按已知节点位移和待定位移重新组合方程

$$\begin{bmatrix} \boldsymbol{f}_1 \\ \boldsymbol{f}_2 \end{bmatrix} = \begin{bmatrix} \boldsymbol{K}_{11} & \boldsymbol{K}_{12} \\ \boldsymbol{K}_{21} & \boldsymbol{K}_{22} \end{bmatrix} \begin{bmatrix} \boldsymbol{u}_1 \\ \boldsymbol{u}_2 \end{bmatrix} \tag{2.31}$$

其中，$\boldsymbol{u}_1$ 为待定节点位移，$\boldsymbol{u}_2$ 为已知节点位移，刚度矩阵和载荷列阵也据此写成相应的分块矩阵形式。由刚度矩阵的对称性可知 $\boldsymbol{K}_{12}=\boldsymbol{K}_{21}{}^{\mathrm{T}}$，并且 $\boldsymbol{K}_{11}\boldsymbol{u}_1=\boldsymbol{f}_1-\boldsymbol{K}_{12}\boldsymbol{u}_2$，式(2.31)中 $\boldsymbol{f}_1$ 也是给定或可事先求得的，所以可完成 $\boldsymbol{u}_1$ 的求解。当给定的位移 $\boldsymbol{u}_2$ 为 $\boldsymbol{0}$ 时，对应的是位移齐次边界条件。

若总体节点位移为 n 个，其中有已知节点位移 m 个，则得到一组具有 $n-m$ 个待定节点位移的修正方程组，$\boldsymbol{K}_{11}$ 为 $n-m$ 阶方阵。修正方程组的意义是在原来 n 个方程中，只保留与待定(未知的)节点位移相应的 $n-m$ 个方程，并将方程中左端的已知位移和相应刚度系数的乘积(是已知值)移至方程右端作为载荷修正项。这种方法要重新组合方程，组成的新方程阶数降低了，但节点位移的原有顺序将发生改变，这会给编程带来一些麻烦。

2.5.2 对角元素改 1 法

当给定位移值都是 0 时，对系数矩阵 $\boldsymbol{K}$ 进行修改，在与 0 位移相对应的行列中将主对角元素改为 1，其他元素改为 0；同时也需对载荷列阵修改，将与 0 位移相对应的元素改为 0

即可。例如有 $u_j=0$，按式(2.32)对刚度系数矩阵的第 j 行，j 列及载荷列阵的第 j 个元素做出修改

$$
\begin{array}{cc}
 & \begin{matrix} 1 & 2 & \cdots & j & \cdots & \cdots & n \end{matrix} \\
\begin{matrix} 1 \\ 2 \\ \vdots \\ \vdots \\ j \\ \vdots \\ \vdots \\ n \end{matrix} &
\begin{bmatrix}
K_{11} & K_{12} & \cdots & 0 & \cdots & \cdots & K_{1n} \\
K_{21} & K_{22} & & 0 & & & K_{2n} \\
 & & & \vdots & & & \\
 & & & 0 & & & \\
0 & \cdots & 0 & 1 & 0 & \cdots & 0 \\
 & & & 0 & & & \\
 & & & \vdots & & & \\
K_{n1} & K_{n2} & \cdots & 0 & \cdots & \cdots & K_{nn}
\end{bmatrix}
\end{array}
\begin{bmatrix} u_1 \\ u_2 \\ \vdots \\ \vdots \\ u_j \\ \vdots \\ \vdots \\ u_n \end{bmatrix}
=
\begin{bmatrix} f_1 \\ f_2 \\ \vdots \\ \vdots \\ 0 \\ \vdots \\ \vdots \\ f_n \end{bmatrix}
\tag{2.32}
$$

这样修正后，不难看出方程组已满足 $u_j=0$ 的条件，此方法可对多个给定的0位移进行修正，全部修正后可求解，利用这种方法引入强制边界条件操作简单，且不改变原来方程的阶数和节点未知量的顺序编号，但这种方法只能用于给定零位移的情况。

2.5.3 对角元素乘大数法

当节点位移 $u_j=u_j^0$ 时，第 j 个方程可做如下修改，即对角元素 K_{jj} 乘以大数 w（w 可取 10^{10} 左右量级)，并将 f_j 用 $wK_{jj}u_j^0$ 取代，即

$$
\begin{array}{cc}
 & \begin{matrix} 1 & 2 & \cdots & j & \cdots & \cdots & n \end{matrix} \\
\begin{matrix} 1 \\ 2 \\ \vdots \\ \vdots \\ j \\ \vdots \\ \vdots \\ n \end{matrix} &
\begin{bmatrix}
K_{11} & K_{12} & \cdots & K_{1j} & \cdots & \cdots & K_{1n} \\
K_{21} & K_{22} & & K_{2j} & & & K_{2n} \\
 & & & \vdots & & & \\
 & & & & & & \\
K_{j1} & \cdots & & wK_{jj} & & \cdots & K_{jn} \\
 & & & & & & \\
 & & & \vdots & & & \\
K_{n1} & K_{n2} & \cdots & 0 & \cdots & \cdots & K_{nn}
\end{bmatrix}
\end{array}
\begin{bmatrix} u_1 \\ u_2 \\ \vdots \\ \vdots \\ u_j \\ \vdots \\ \vdots \\ u_n \end{bmatrix}
=
\begin{bmatrix} f_1 \\ f_2 \\ \vdots \\ \vdots \\ wK_{jj}u_j^0 \\ \vdots \\ \vdots \\ f_n \end{bmatrix}
\tag{2.33}
$$

根据修改后的第 j 个方程，可以看出由于 wK_{jj} 项较其他项要大得多，因此可近似得到 $wK_{jj}u_j$ 与 $wK_{jj}u_j^0$ 相等，从而满足给定的边界约束。这种方法与对角元素改1法类似，使用中不改变原来方程的阶数和节点未知量的顺序编号，且简单便于编程。此外，它对于零值和非零值边界条件同样适用，因此在有限元法中被广泛采用。

例 2.2 对于例2.1中的杆系结构，根据图2.10中给出的两种边界条件，计算节点位移与节点反力。

解：(1) 齐次边界情况

对于图2.10(a)中的情况，边界条件可以写为

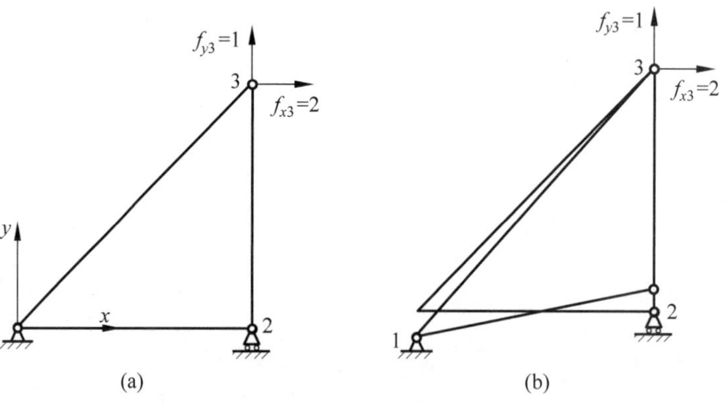

图 2.10　两种位移边界

(a) 齐次边界；(b) 非齐次边界

$$\text{位移边界},u_{x1}=u_{y1}=u_{y2}=0$$

$$\text{力边界},f_{x2}=0,\quad f_{x3}=2,\quad f_{y3}=1$$

对于这类边界条件，前面给出的三种方法都是适用的，首先利用代入法。对于齐次问题，删除已知位移对应的行与列之后，可得

$$\begin{bmatrix}10 & 0 & 0\\ 0 & 10 & 10\\ 0 & 10 & 15\end{bmatrix}\begin{bmatrix}\boldsymbol{u}_{x2}\\ \boldsymbol{u}_{x3}\\ \boldsymbol{u}_{y3}\end{bmatrix}=\begin{bmatrix}\boldsymbol{f}_{x2}\\ \boldsymbol{f}_{x3}\\ \boldsymbol{f}_{y3}\end{bmatrix}=\begin{bmatrix}0\\ 2\\ 1\end{bmatrix}$$

此时，可通过高斯消去法求解未知的节点位移。对于齐次问题，可以利用对角元素改 1 法，此时，系数矩阵中与零位移对应的行列中，主对角元素改为 1，其余为 0，得到

$$\begin{matrix} & \begin{matrix}1 & 2 & & 4 & & \end{matrix}\\ \begin{matrix}1\\2\\ \\4\\ \\ \end{matrix} & \begin{bmatrix}1 & 0 & 0 & 0 & 0 & 0\\ 0 & 1 & 0 & 0 & 0 & 0\\ 0 & 0 & 10 & 0 & 0 & 0\\ 0 & 0 & 0 & 1 & 0 & 0\\ 0 & 0 & 0 & 0 & 10 & 10\\ 0 & 0 & 0 & 0 & 10 & 15\end{bmatrix}\end{matrix}$$

载荷列向量中与零位移对应的元素改为 0，得到

$$\begin{matrix}1 & 2 & & 4 & & \\ \end{matrix}$$

$$\begin{bmatrix}0 & 0 & 0 & 0 & 2 & 1\end{bmatrix}^{\mathrm{T}}$$

同样地，通过高斯消去法求解未知的节点位移。同样可以利用乘大数法，此时，系数矩阵中与给定位移 $u_j=u_j^0$ 对应的行(列)中对角元素乘以大数 w，一般取为 10^{10}，得到

$$\begin{bmatrix}20\times10^{10} & 10 & -10 & 0 & -10 & -10\\ 10 & 10\times10^{10} & 0 & 0 & -10 & -10\\ -10 & 0 & 10 & 0 & 0 & 0\\ 0 & 0 & 0 & 5\times10^{10} & 0 & -5\\ -10 & -10 & 0 & 0 & 10 & 10\\ -10 & -10 & 0 & -5 & 10 & 15\end{bmatrix}$$

载荷列阵中与零位移对应的元素改为 $wK_{jj}u_j^0$，对于齐次位移边界情况，显然得到与对角元素改1法同样的结果：

$$[0 \quad 0 \quad 0 \quad 0 \quad 2 \quad 1]^{\mathrm{T}}$$

同样地，通过高斯消去法求解未知的节点位移。

(2) 非齐次边界

对于图2.10(b)中的情况，边界条件可以写为

位移边界，$u_{x1}=0,\quad u_{y1}=-0.5,\quad u_{y2}=0.4$

力边界，$f_{x2}=0,\quad f_{x3}=2,\quad f_{y3}=1$

首先利用代入法。对于非齐次问题，删除已知位移对应的行，但保留列，可得

$$\begin{bmatrix} -10 & 0 & 10 & 0 & 0 & 0 \\ -10 & -10 & 0 & 0 & 10 & 10 \\ -10 & -10 & 0 & -5 & 10 & 15 \end{bmatrix} \begin{bmatrix} 0 \\ -0.5 \\ u_{x2} \\ 0.4 \\ u_{x3} \\ u_{y3} \end{bmatrix} = \begin{bmatrix} 0 \\ 2 \\ 1 \end{bmatrix}$$

此时可以展开：

$$\begin{bmatrix} 10 & 0 & 0 \\ 0 & 10 & 10 \\ 0 & 10 & 15 \end{bmatrix} \begin{bmatrix} u_{x2} \\ u_{x3} \\ u_{y3} \end{bmatrix} = \begin{bmatrix} 0 \\ 2 \\ 1 \end{bmatrix} - \begin{bmatrix} (-10)\times 0+0\times(-0.5)+0\times 0.4 \\ (-10)\times 0+(-10)\times(-0.5)+0\times 0.4 \\ (-10)\times 0+(-10)\times(-0.5)+(-5)\times 0.4 \end{bmatrix} = \begin{bmatrix} 0 \\ -3 \\ -2 \end{bmatrix}$$

这样，就不难求解未知位移了，对角元素改1法在此处不适用。但可以利用乘大数法，在这种情况下，修改后的总体刚度矩阵与上面齐次边界情况相同，即

$$\begin{bmatrix} 20\times 10^{10} & 10 & -10 & 0 & -10 & -10 \\ 10 & 10\times 10^{10} & 0 & 0 & -10 & -10 \\ -10 & 0 & 10 & 0 & 0 & 0 \\ 0 & 0 & 0 & 5\times 10^{10} & 0 & -5 \\ -10 & -10 & 0 & 0 & 10 & 10 \\ -10 & -10 & 0 & -5 & 10 & 15 \end{bmatrix}$$

此时载荷列阵则变为

$$[10^{10}\times 20\times 0 \quad 10^{10}\times 10\times(-0.5) \quad 0 \quad 10^{10}\times 5\times 0.4 \quad 2 \quad 1]^{\mathrm{T}}$$

2.6 Mathematica 计算程序

下面将讨论上述方法的 Mathematica 编程实现问题。有限元法编程包括以下步骤：数据准备和输入；计算单元矩阵；在全局坐标系中组装各单元刚度矩阵和节点力矢量；施加边界条件，如给定的位移，这通常与全局矩阵组装同时进行；求解节点未知数的全局方程组；计算其他变量，如变形产生的应力和应变；输出和绘制所需的各类结果。本书中的算例规模较小，编程的重点在于单元刚度矩阵和总体刚度矩阵部分，而数据准备和方程组求解

等方面不作为重点，对此感兴趣的读者可以参阅其他专门介绍有限元法编程方面的书籍。

2.6.1 局部坐标系下的单元刚度矩阵

为得到总体刚度矩阵，首先需要建立局部坐标系下的单元刚度矩阵，以及变换矩阵。对于每个单元，从 1～n，在局部坐标系下建立单元刚度矩阵，之后通过适当变换将其转化为全局坐标系下的单元刚度矩阵，然后再组装成整体刚度矩阵。仍然以前面的三杆系问题为例，介绍编程的具体实现，杆单元全局坐标系下的单元刚度子程序为 KeTruss，其输入变量为杆单元的节点坐标和杆件材料参数，输出结果为局部坐标系下的单元刚度矩阵 Ke，具体代码为

```
KeTruss[{{x1_,y1_},{x2_,y2_}},{Em_,A_}] := Module[
  {c,s,dx=x2-x1,dy=y2-y1,L,Ke},
    L=Sqrt[dx^2+dy^2]; c=dx/L; s=dy/L;
    Ke=(Em*A/L)* {{ c^2, c*s,-c^2,-c*s},
                  { c*s, s^2,-s*c,-s^2},
                  {-c^2,-s*c, c^2, s*c},
                  {-s*c,-s^2, s*c, s^2}};
    Return[Ke]
];
```

下面给出单元刚度子程序的调用，这里给出的是例 2.1 中三杆系中的单元(1)的计算，其中输入 cell 为

```
Ke=KeTruss[{{0,0},{10,10}},{100,2*Sqrt[2]}];
Print["Numerical Elem Stiff Matrix:"]; Print[Ke//MatrixForm];
Ke= KeTruss[{{0,0},{L,L}},{Em,A}];
Ke=Simplify[Ke,L>0];
Print["Symbolic Elem Stiff Matrix:"]; Print[Ke//MatrixForm];
```

上述代码执行后，其输出 cell 为

Numerical Elem Stiff Matrix:

$$\begin{pmatrix} 10 & 10 & -10 & -10 \\ 10 & 10 & -10 & -10 \\ -10 & -10 & 10 & 10 \\ -10 & -10 & 10 & 10 \end{pmatrix}$$

Symbolic Elem Stiff Matrix:

$$\begin{pmatrix} \frac{\mathrm{AEm}}{2\sqrt{2}\,\mathrm{L}} & \frac{\mathrm{AEm}}{2\sqrt{2}\,\mathrm{L}} & -\frac{\mathrm{AEm}}{2\sqrt{2}\,\mathrm{L}} & -\frac{\mathrm{AEm}}{2\sqrt{2}\,\mathrm{L}} \\ \frac{\mathrm{AEm}}{2\sqrt{2}\,\mathrm{L}} & \frac{\mathrm{AEm}}{2\sqrt{2}\,\mathrm{L}} & -\frac{\mathrm{AEm}}{2\sqrt{2}\,\mathrm{L}} & -\frac{\mathrm{AEm}}{2\sqrt{2}\,\mathrm{L}} \\ -\frac{\mathrm{AEm}}{2\sqrt{2}\,\mathrm{L}} & -\frac{\mathrm{AEm}}{2\sqrt{2}\,\mathrm{L}} & \frac{\mathrm{AEm}}{2\sqrt{2}\,\mathrm{L}} & \frac{\mathrm{AEm}}{2\sqrt{2}\,\mathrm{L}} \\ -\frac{\mathrm{AEm}}{2\sqrt{2}\,\mathrm{L}} & -\frac{\mathrm{AEm}}{2\sqrt{2}\,\mathrm{L}} & \frac{\mathrm{AEm}}{2\sqrt{2}\,\mathrm{L}} & \frac{\mathrm{AEm}}{2\sqrt{2}\,\mathrm{L}} \end{pmatrix}$$

2.6.2 总体刚度集成

总体刚度矩阵是通过一个双循环方式完成的，总体刚度矩阵集成的子程序为 KgTruss，输入参数包括待组装的单刚矩阵、待组装单元的自由度列表 eftab，以及组装前的总体刚度矩阵，输出参数为组装后的总体刚度矩阵，代码为

```
KgTruss[Ke_,eftab_,Kin_] := Module[{i,j,ii,jj,K=Kin},
    For [i=1, i<=4, i++, ii=eftab[[i]];
        For [j=i, j<=4, j++, jj=eftab[[j]];
            K[[jj,ii]]=K[[ii,jj]]+=Ke[[i,j]]
        ]
    ]; Return[K]
];
```

下面的代码给出了调用子程序 KgTruss 的例子，这里给出的是例 2.1 中单元(1)的组装情况，其中输入 cell 如下：

```
K=Table[0,{6},{6}];
Print["Initialized master stiffness matrix:"];
Print[K//MatrixForm]
Ke=KeTruss[{{0,0},{10,10}},{100,2*Sqrt[2]}];
Print["Member stiffness matrix:"]; Print[Ke//MatrixForm];
K=KgTruss[Ke,{1,2,5,6},K];
Print["Master stiffness after member merge:"];
Print[K//MatrixForm];
```

上述代码执行后，其输出 cell 为

Initialized master stiffness matrix:

$$\begin{pmatrix} 0 & 0 & 0 & 0 & 0 & 0 \\ 0 & 0 & 0 & 0 & 0 & 0 \\ 0 & 0 & 0 & 0 & 0 & 0 \\ 0 & 0 & 0 & 0 & 0 & 0 \\ 0 & 0 & 0 & 0 & 0 & 0 \\ 0 & 0 & 0 & 0 & 0 & 0 \end{pmatrix}$$

Member stiffness matrix:

$$\begin{pmatrix} 10 & 10 & -10 & -10 \\ 10 & 10 & -10 & -10 \\ -10 & -10 & 10 & 10 \\ -10 & -10 & 10 & 10 \end{pmatrix}$$

Master stiffness after member merge:

$$\begin{pmatrix} 10 & 10 & 0 & 0 & -10 & -10 \\ 10 & 10 & 0 & 0 & -10 & -10 \\ 0 & 0 & 0 & 0 & 0 & 0 \\ 0 & 0 & 0 & 0 & 0 & 0 \\ -10 & -10 & 0 & 0 & 10 & 10 \\ -10 & -10 & 0 & 0 & 10 & 10 \end{pmatrix}$$

2.6.3 边界条件的引入

这里以对角元素改 1 法为例，介绍其实现代码，根据 2.5.2 节对角元素改 1 法的思路，将合成后的刚度矩阵和载荷列阵进行修改，边界条件处理子程序为 BCTruss，输入参数为待修正的自由度列表 pdof，待修正的总体刚度矩阵与载荷列阵，输出结果为修正后的总体刚度矩阵与载荷列阵，表示为 Kmod 和 fmod，具体代码为

```
BCTruss[pdof_, K_, f_] := Module[
    {i, j, k, nk = Length[K], np = Length[pdof], Kmod = K, fmod = f},
        For [k = 1, k <= np, k++, i = pdof[[k]]; fmod[[i]] = 0;
            For [j = 1, j <= nk, j++, Kmod[[i, j]] = Kmod[[j, i]] = 0];
            Kmod[[i, i]] = 1];
    Return[{Kmod, fmod}]
  ];
```

当我们完成了上面三个步骤后，就可以进行线性方程组的求解了，为了操作简便，可以利用 Mathematica 内置的 LinearSolve 函数完成，本问题中可以表示为 LinearSolve[Kmod, fmod]，此外也可以先对刚度矩阵求逆后再左乘载荷，从而完成位移的求解。

例 2.3 利用 Mathematica 子程序，完成对例 2.1 的求解。

解：根据 2.6 节中的各子程序，结合例 2.1 中的几何和材料参数，可以给出计算该问题的输入 cell：

```
f = {0, 0, 0, 0, 2, 1};
K = Table[0, {6}, {6}];
Ke = KeTruss[{{0, 0}, {10, 0}}, {100, 1}];
K = KgTruss[Ke, {1, 2, 3, 4}, K];
Ke = KeTruss[{{10, 0}, {10, 10}}, {100, 1/2}];
K = KgTruss[Ke, {3, 4, 5, 6}, K];
Ke = KeTruss[{{0, 0}, {10, 10}}, {100, 2 * Sqrt[2]}];
K = KgTruss[Ke, {1, 2, 5, 6}, K];
{Kmod, fmod} = BCTruss[{1, 2, 4}, K, f];
u = Simplify[Inverse[Kmod] . fmod]
```

上述代码执行后的输出 cell 为

```
{0, 0, 0, 0, 2/5, -(1/5)}
```

根据计算得到的节点位移，还可以进一步计算节点力及各杆件的应力和应变等，读者可以尝试自行编程完成，补充说明的是，Mathematica 中的矢量和矩阵都被视为表，默认格式为大括号，只有在要求矩阵格式时，才表示为中括号。本书除程序输出外，矢量和矩阵统一用中括号。

2.7 Abaqus 的输入文件与输出刚度矩阵

在第 1 章中简要介绍了 Abaqus 的要点，特别是其 inp 文件的相关内容，下面将给出针对例 2.1 的 Abaqus 分析所需的 inp 文件，该文件除完成基本分析外，还包含了用于单元刚

度矩阵及总体刚度矩阵输出的关键字，从而可以实现单元刚度矩阵、总体刚度矩阵及载荷列阵的输出，这些输出文件可以利用文本编辑器进行查看和编辑，其 inp 文件如下：

```
*Heading
Job-Ch2-1 Model name: Model-1
*Node
      1,           0.,           0.
      2,          10.,           0.
      3,          10.,          10.
*Element, type=T2D2
1, 2, 1
2, 3, 2
3, 1, 3
*Elset, elset=Set-E3
3,
*Elset, elset=Set-E1
1,
*Elset, elset=Set-E2
2,
*Elset, elset=Set-All, generate
1,  3,  1
** Section: A3
*Solid Section, elset=Set-E3, material=Material-1
2.828,
** Section: A2
*Solid Section, elset=Set-E2, material=Material-1
1.,
** Section: A1
*Solid Section, elset=Set-E1, material=Material-1
2.,
*Nset, nset=Set-N1
1,
*Nset, nset=Set-N3
3,
*Nset, nset=Set-N2
2,
** MATERIALS
*Material, name=Material-1
*Elastic
50., 0.3
** ----------------------------------------------------------------
** STEP: Step-1
*Step, name=Step-1, nlgeom=NO
*Static
1., 1., 1e-05, 1.
*Boundary
Set-N1, 1, 1
Set-N1, 2, 2
*Boundary
```

```
Set-N2, 2, 2
 * * Name: Load-f    Type: Concentrated force
 * Cload
Set-N3, 1, 2.
Set-N3, 2, 1.
 * * OUTPUT REQUESTS
 * NODE PRINT, NSET=Set-N3
RF, U
 * File Format, Ascii
 * Element Matrix Output, Elset=Set-All, File Name=abc, Frequency=50, Output File= User
Defined, Stiffness=Yes
 * End Step
 * Step
 * MATRIX GENERATE, STIFFNESS, Load
 * * MATRIX OUTPUT, STIFFNESS, load, FORMAT=MATRIX INPUT
 * MATRIX OUTPUT, STIFFNESS, load, FORMAT=COORDINATE
 * Cload
Set-N3, 1, 2.
Set-N3, 2, 1.
 * End Step
```

在上面的 inp 文件中，可以看出该算例采用的单元类型为 T2D2，共 3 个单元，同时包括 2 个分析步，在第 1 个分析步中，主要有 * Static，用于指定静力学分析，还有 * Element Matrix Output，这是要求输出指定单元分组中各单元的单元刚度矩阵，这些单元刚度矩阵的输出文件名为 abc. mtx，第 2 个分析步的作用则是要求输出整体刚度矩阵，这里包括整体刚度矩阵和载荷列阵等，输出文件名为 Job1_STIF2. mtx 和 Job1_LOAD2. mtx（假设这里的 inp 文件名为 Job1. inp），其中 abc. mtx 文件内容为

```
**
**  ELEMENT NUMBER            1 STEP NUMBER         1 INCREMENT NUMBER         1
**  ELEMENT TYPE   T2D2
* USER ELEMENT, NODES=            2, LINEAR
**  ELEMENT NODES
**             2,           1
           1,           2
* MATRIX, TYPE=STIFFNESS
   10.000000000000      ,
   0.0000000000000      ,  0.0000000000000
  -10.000000000000      ,  0.0000000000000      ,  10.000000000000
   0.0000000000000      ,  0.0000000000000      ,  0.0000000000000      ,  0.0000000000000
**
**  ELEMENT NUMBER         2 STEP NUMBER      1 INCREMENT NUMBER      1
**  ELEMENT TYPE   T2D2
* USER ELEMENT, NODES=      2, LINEAR
**  ELEMENT NODES
**             3,           2
           1,           2
```

```
* MATRIX, TYPE=STIFFNESS
 0.0000000000000     ,
 0.0000000000000     ,  5.0000000000000
 0.0000000000000     ,  0.0000000000000     ,  0.0000000000000
 0.0000000000000     , -5.0000000000000     ,  0.0000000000000     ,  5.0000000000000
**
** ELEMENT NUMBER            3 STEP NUMBER            1 INCREMENT NUMBER         1
** ELEMENT TYPE   T2D2
* USER ELEMENT, NODES=             2, LINEAR
** ELEMENT NODES
**             1,             3
             1,             2
* MATRIX, TYPE=STIFFNESS
 4.9992449429889     ,
 4.9992449429889     ,  4.9992449429889
-4.9992449429889     , -4.9992449429889     ,  4.9992449429889
-4.9992449429889     , -4.9992449429889     ,  4.9992449429889     ,  4.9992449429889
```

总体刚度矩阵文件 Job1_STIF2. mtx 为

```
1 1   1.000000000000000e+36
1 2   4.999244942988891e+00
2 1   4.999244942988891e+00
1 3  -1.000000000000000e+01
3 1  -1.000000000000000e+01
1 5  -4.999244942988891e+00
5 1  -4.999244942988891e+00
1 6  -4.999244942988891e+00
6 1  -4.999244942988891e+00
2 2   1.000000000000000e+36
2 5  -4.999244942988891e+00
5 2  -4.999244942988891e+00
2 6  -4.999244942988891e+00
6 2  -4.999244942988891e+00
3 3   1.000000000000000e+01
4 4   1.000000000000000e+36
4 6  -5.000000000000000e+00
6 4  -5.000000000000000e+00
5 5   4.999244942988891e+00
5 6   4.999244942988891e+00
6 5   4.999244942988891e+00
6 6   9.999244942988891e+00
```

此外，Job1_LOAD2. mtx 为

```
** Assembled nodal loads
* CLOAD, REAL
5  2.000000000000000e+00
6  1.000000000000000e+00
```

习　题

2.1　对于习题 2.1 图中的杆单元，计算其在全局坐标 x-y 下的刚度矩阵。

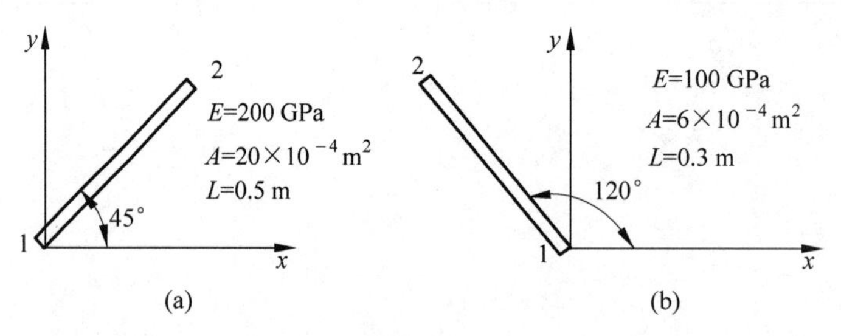

习题 2.1 图

2.2　对于习题 2.2 图中的杆单元，全局位移已经确定为 $u_1=10$ mm，$v_1=0.0$，$u_2=5$ mm，$v_2=15$ mm。确定杆每一端的局部 x 位移，其中 $E=90$ GPa，$A=3.0\times10^{-4}$ m^2，$l=1.5$ m。

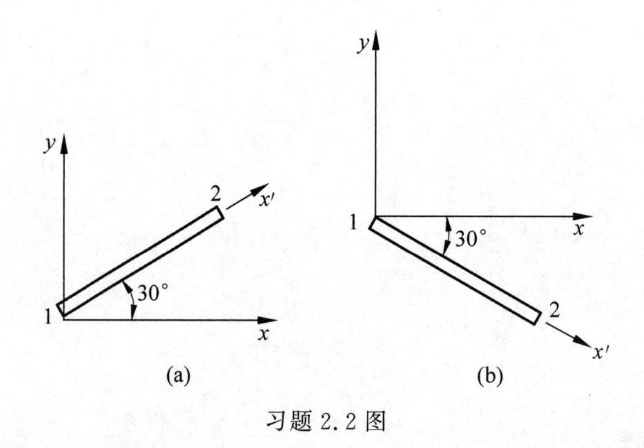

习题 2.2 图

2.3　对于习题 2.3 图中的平面桁架结构，利用矩阵法计算节点的位移，以及各单元的应力，其中 $E=7.5$ GPa，$A=30\times10^{-4}$ m^2，$l=2.5$ m。

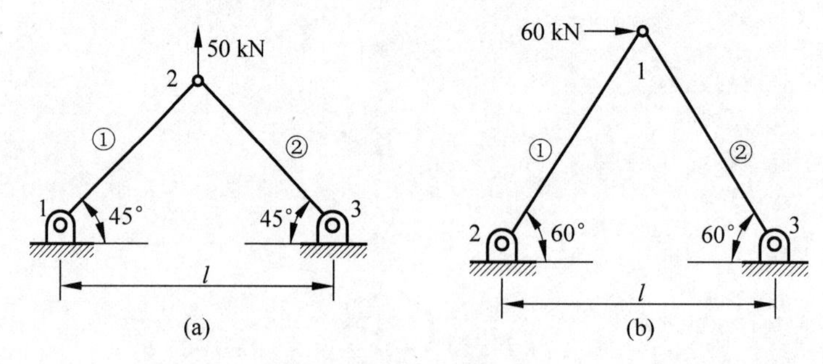

习题 2.3 图

2.4　对于习题 2.4 图中的薄钢板，厚度取为单位值，弹性模量为 200 GPa，密度为 7800 kg/m^3，结构除了自重外，中点还受到了一个集中力 $P=20$ N。利用两个单元建立模型，如习题 2.4 图(b)所示，试写出：单元刚度矩阵与单元体力列阵；集成总体刚度矩阵及载荷列阵；引入位移边界，求解刚度方程；求出单元的应力与支座的支反力。

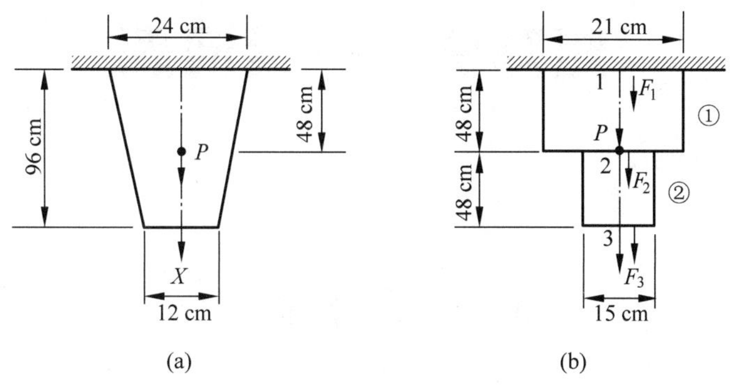

习题 2.4 图

2.5　对于习题 2.5 图中在节点 1 处用弹簧支撑的平面桁架，计算节点位移和各单元的应力，其中 $E=210$ GPa，$A=5.0\times10^{-4}$ m^2。

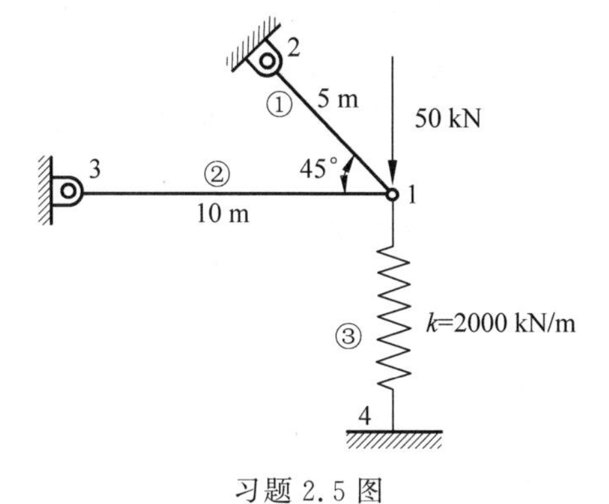

习题 2.5 图

第3章

矩阵法——梁问题

3.1 基本概念

梁是用于支撑横向荷载的细长杆件。建筑物和桥梁中使用的长水平构件，以及支座间的轴都是梁的一些示例，而飞机、船舶结构中的横梁和肋骨等还构成了梁单元系统，称为刚架结构。本章我们继续按照矩阵位移法的思路进行梁单元分析，根据其变形特点，梁问题中的位移自由度主要为横向位移和转动，对应的节点力则为横向剪力及截面弯矩。下面我们首先讨论局部坐标系下的梁单元刚度方程，之后讨论作用于梁单元的分布载荷的处理问题，同时还给出了梁问题中的坐标变换，这种变换对于处理二维刚架问题是必要的。

3.2 梁单元刚度矩阵

在本章的讨论中，我们利用结构力学的知识构造梁单元的刚度矩阵。如图3.1所示，对于所讨论的 xy 平面的梁弯曲问题，其正方向的规定为，挠度以 y 轴正向为正，转角以 x 轴到 y 轴的转动为正；取单元长度为 l，抗拉刚度为 EA，抗弯刚度为 EI。对于平面一般梁单元而言，杆端共有三个位移，对应三个杆端力，对于两节点单元，则共有六个位移分量，六个杆端力分量；当不考虑沿轴向的变形时，此时每个节点仅包含两个位移分量或两个自由度，即挠度 v 及转角 θ，另外，剪力由 V 表示，弯矩由 M 表示。

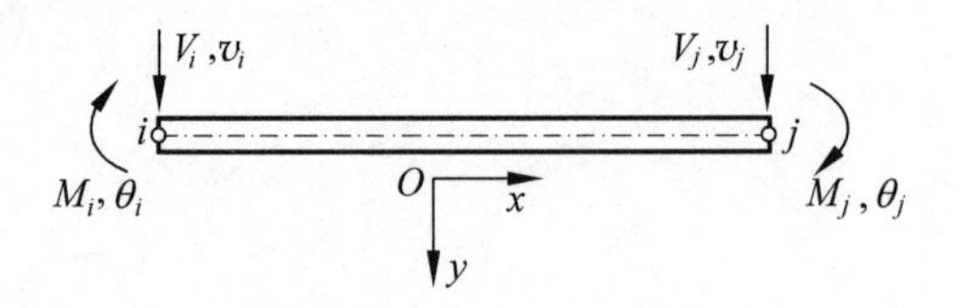

图 3.1 梁单元示意图

在本章的讨论中，为书写简便，局部坐标系中的符号不再使用小横杠，此时单元的刚度方程为 $\boldsymbol{f}^e=\boldsymbol{K}^e\boldsymbol{u}^e$，其分量形式可以写为

$$\begin{bmatrix} V_i \\ M_i \\ V_j \\ M_j \end{bmatrix} = \begin{bmatrix} K_{11} & K_{12} & K_{13} & K_{14} \\ K_{21} & K_{22} & K_{23} & K_{24} \\ K_{31} & K_{32} & K_{33} & K_{34} \\ K_{41} & K_{42} & K_{43} & K_{44} \end{bmatrix} \begin{bmatrix} v_i \\ \theta_i \\ v_j \\ \theta_j \end{bmatrix} \tag{3.1}$$

为求得联系位移与杆端力的刚度矩阵 $\boldsymbol{K}^e$ 中的各刚度系数，我们可以采用第 2 章杆问题中所使用的类似方法，即根据给定梁端的单位变形求解节点力，从而确定刚度矩阵，也就是叠加原理的应用。从式(3.1)中不难看出，当 $v_i=1$ 时求得的各杆端力对应于刚度矩阵中的第一列，同理分别令其他位移大小为单位 1 时可以求得剩余各列的刚度矩阵要素。由单位位移计算杆端力，可以利用梁弯曲的微分方程，或者根据结构力学课程中初参数法的有关知识。

首先考虑基于微分控制方程的求解，考虑到弯曲梁的控制方程为

$$EIv^{\mathrm{IV}}=q \tag{3.2}$$

这是关于挠度 v 的四阶常微分方程，对于给定单位挠度或单位转角计算节点力，实际上就是求解四种不同边界条件下的微分方程。在图 3.2 中(c)～(f)的边界条件分别为

$$\begin{cases} v(0)=1, & v'(0)=0, & v(l)=0, & v'(l)=0 \\ v(0)=0, & v'(0)=1, & v(l)=0, & v'(l)=0 \\ v(0)=0, & v'(0)=0, & v(l)=1, & v'(l)=0 \\ v(0)=0, & v'(0)=0, & v(l)=0, & v'(l)=1 \end{cases} \tag{3.3}$$

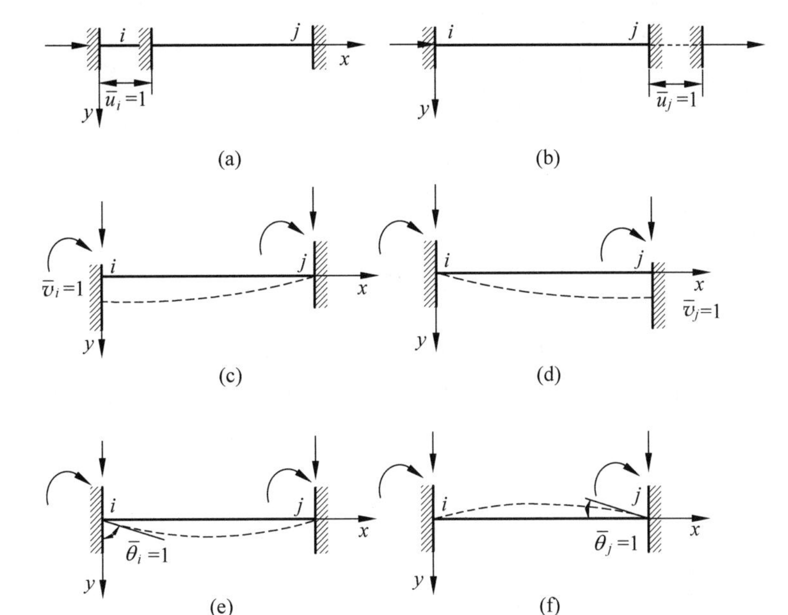

图 3.2　梁单元单位位移示意图

对于微分方程和微分方程组的求解，可以利用 Mathematica 软件完成，其中 v' 表示挠度的一阶导数，也就是转角。在计算得到挠度函数之后，可以进一步计算梁单元两端的节点力，根据结构力学中剪力、弯矩与挠度的直接关系：

$$M_i=-EIv_i'',\quad V_i=EIv_i''',\quad M_j=EIv_j'',\quad V_j=-EIv_j''' \tag{3.4}$$

微分方程求解可使用 Mathematica 完成，下面给出对应于第一种边界条件，即图 3.2(c)的代码：

```
vsol=DSolve[{EI y''''[x]==0,y[0]==1,y'[0]==0,y[L]==0,y'[L]==0},y,x]
Vi=EI y'''[0]/.vsol[[1]];
```

```
Mi=-EI y''[0]/.vsol[[1]];
Vj=-EI y'''[L]/.vsol[[1]];
Mj=EI y''[L]/.vsol[[1]];
Print["{Vi,Mi,Vj,Mj}(1)=",{Vi,Mi,Vj,Mj}]
```

其中第一行利用了 Mathematica 软件的 DSolve 命令求解挠度，当完成了挠度函数的求解后，在后面的四行中分别进行了剪力与弯矩的计算，最后一行按矢量的形式输出计算结果，代码执行后的输出结果为

$$\{Vi, Mi, Vj, Mj\}^{(1)} = \left\{\frac{12EI}{l^3}, \frac{6EI}{l^2}, -\frac{12EI}{l^3}, \frac{6EI}{l^2}\right\}$$

以上四个要素对应着公式(3.1)中的第一列，类似地不难得到其余三列：

$$\{Vi, Mi, Vj, Mj\}^{(2)} = \left\{-\frac{12EI}{l^3}, -\frac{6EI}{l^2}, \frac{12EI}{l^3}, -\frac{6EI}{l^2}\right\}$$
$$\{Vi, Mi, Vj, Mj\}^{(3)} = \left\{\frac{6EI}{l^2}, \frac{4EI}{l}, -\frac{6EI}{l^2}, \frac{2EI}{l}\right\}$$
$$\{Vi, Mi, Vj, Mj\}^{(4)} = \left\{\frac{6EI}{l^2}, \frac{2EI}{l}, -\frac{6EI}{l^2}, \frac{4EI}{l}\right\}$$

除利用上述方法外，还可以采用初参数法计算。根据初参数法，在无载荷的情况下微分方程的挠度可以写成

$$\boldsymbol{v} = \boldsymbol{v}_0 + \boldsymbol{\theta}_0 \boldsymbol{x} + \frac{\boldsymbol{M}_0 \boldsymbol{x}^2}{2\boldsymbol{EI}} + \frac{\boldsymbol{N}_0 \boldsymbol{x}^3}{6\boldsymbol{EI}} \tag{3.5}$$

其中包含了四个待定系数，即$\boldsymbol{v}_0$，$\boldsymbol{\theta}_0$，$\boldsymbol{M}_0$，$\boldsymbol{N}_0$，考虑式(3.3)中的边界条件可以确定这些系数，进而得到挠度函数的形式。同样可以利用 Mathematica 实现，下面给出了对应于第一种边界条件的求解命令

```
v1[x_] := v0+θ0 * x+(m0 * x^2)/(2EI)+(n0 * x^3)/(6EI);
vBC={v1[0]==1,v1'[0]==0,v1[L]==0,v1'[L]==0};
vVar={v0,m0,θ0,n0};
vsol=Solve[vBC,vVar];
Print[vsol];
Print[v1[x]/.vsol];
```

这里第四行利用了 Mathematica 的 Solve 函数进行微分方程组的求解，求得四个待定系数后，最后输出了此时的挠曲线多项式，输出结果为

$$\left\{\left\{v0 \to 1, m0 \to -\frac{6EI}{L^2}, \theta0 \to 0, n0 \to \frac{12EI}{L^3}\right\}\right\}$$
$$\left\{1 - \frac{3x^2}{L^2} + \frac{2x^3}{L^3}\right\}$$

在此基础上根据式(3.4)可以进行合力计算，从而得到与前面相同的结果。将各列的结

果合成在一起，可以得到不考虑轴向变形的梁单元刚度方程：

$$\begin{bmatrix} V_i \\ M_i \\ V_j \\ M_j \end{bmatrix} = \begin{bmatrix} \frac{12EI_{ij}}{l_{ij}^3} & \frac{6EI_{ij}}{l_{ij}^2} & -\frac{12EI_{ij}}{l_{ij}^3} & \frac{6EI_{ij}}{l_{ij}^2} \\ \frac{6EI_{ij}}{l_{ij}^2} & \frac{4EI_{ij}}{l_{ij}} & -\frac{6EI_{ij}}{l_{ij}^2} & \frac{2EI_{ij}}{l_{ij}} \\ -\frac{12EI_{ij}}{l_{ij}^3} & -\frac{6EI_{ij}}{l_{ij}^2} & \frac{12EI_{ij}}{l_{ij}^3} & -\frac{6EI_{ij}}{l_{ij}^2} \\ \frac{6EI_{ij}}{l_{ij}^2} & \frac{2EI_{ij}}{l_{ij}} & -\frac{6EI_{ij}}{l_{ij}^2} & \frac{4EI_{ij}}{l_{ij}} \end{bmatrix} \begin{bmatrix} v_i \\ \theta_i \\ v_j \\ \theta_j \end{bmatrix} \tag{3.6}$$

如果结合第 2 章二力杆单元的结果，运用图 3.2 中的(a)和(b)，基于叠加原理还可以得到考虑轴向变形的梁单元刚度方程，可以表示为

$$\begin{bmatrix} f_i \\ V_i \\ M_i \\ f_j \\ V_j \\ M_j \end{bmatrix} = \begin{bmatrix} \frac{EA}{l_{ij}} & 0 & 0 & -\frac{EA}{l_{ij}} & 0 & 0 \\ 0 & \frac{12EI_{ij}}{l_{ij}^3} & \frac{6EI_{ij}}{l_{ij}^2} & 0 & -\frac{12EI_{ij}}{l_{ij}^3} & \frac{6EI_{ij}}{l_{ij}^2} \\ 0 & \frac{6EI_{ij}}{l_{ij}^2} & \frac{4EI_{ij}}{l_{ij}} & 0 & -\frac{6EI_{ij}}{l_{ij}^2} & \frac{2EI_{ij}}{l_{ij}} \\ -\frac{EA}{l_{ij}} & 0 & 0 & \frac{EA}{l_{ij}} & 0 & 0 \\ 0 & -\frac{12EI_{ij}}{l_{ij}^3} & -\frac{6EI_{ij}}{l_{ij}^2} & 0 & \frac{12EI_{ij}}{l_{ij}^3} & -\frac{6EI_{ij}}{l_{ij}^2} \\ 0 & \frac{6EI_{ij}}{l_{ij}^2} & \frac{2EI_{ij}}{l_{ij}} & 0 & -\frac{6EI_{ij}}{l_{ij}^2} & \frac{4EI_{ij}}{l_{ij}} \end{bmatrix} \begin{bmatrix} u_i \\ v_i \\ \theta_i \\ u_j \\ v_j \\ \theta_j \end{bmatrix} \tag{3.7}$$

此时轴向位移与节点力分量仍然用 u 和 f 表示。此外，如果不考虑横向变形与轴向变形的情况，此时刚度矩阵可以简化为

$$\begin{bmatrix} M_i \\ M_j \end{bmatrix} = \begin{bmatrix} \frac{4EI}{l_{ij}} & \frac{2EI}{l_{ij}} \\ \frac{2EI}{l_{ij}} & \frac{4EI}{l_{ij}} \end{bmatrix} \begin{bmatrix} \theta_i \\ \theta_j \end{bmatrix} \tag{3.8}$$

这种形式可用于不可移动节点刚架的问题中，此时节点的自由度仅限于转动，不过需要指出的是，此时的节点力除弯矩外，还包含剪力，在后面的例题中会进一步说明这一点。

3.3　总体刚度矩阵的分块集成

得到了单元刚度矩阵后，矩阵法求解的其他方面与杆问题十分类似，包括单元刚度矩阵的集成、边界条件的处理及线性方程组求解等。在总体刚度矩阵的推导中，这里介绍采用分块矩阵进行对号入座的生成方法。为建立总体结构刚度方程式的需要，单元刚度矩阵可以

写为四个子矩阵形式,改写后的刚度方程为

$$\begin{bmatrix} \boldsymbol{f}_i^e \\ \boldsymbol{f}_j^e \end{bmatrix} = \begin{bmatrix} \boldsymbol{K}_{ii}^e & \boldsymbol{K}_{ij}^e \\ \boldsymbol{K}_{ji}^e & \boldsymbol{K}_{jj}^e \end{bmatrix} \begin{bmatrix} \boldsymbol{u}_i^e \\ \boldsymbol{u}_j^e \end{bmatrix} \tag{3.9}$$

其中,$\boldsymbol{f}_i^e$,$\boldsymbol{f}_j^e$ 分别表示单位 e 在 i 和 j 点处的节点力矢量,e 常写为(1),(2),…,(n)。$\boldsymbol{u}_i^e$,$\boldsymbol{u}_j^e$ 分别表示 i 和 j 点处的位移矢量;$\boldsymbol{K}_{ii}^e$,$\boldsymbol{K}_{ij}^e$,$\boldsymbol{K}_{ji}^e$ 和 $\boldsymbol{K}_{jj}^e$ 为子矩阵,子矩阵下标的两个数字决定了其在总体刚度矩阵中的位置,其中第一个下标 i 为其行号,j 为列号,不同单元的子矩阵如果具有相同的下标则进行相加,表示单元在此时共用节点。下面我们结合算例进行单元刚度矩阵与总体刚度矩阵等问题的练习,首先给出一个受到集中力作用的连续梁的问题。

例 3.1 计算图 3.3 中的双跨梁的端点力,梁两端为刚性固定,中间支座为弹性支座,并在弹性支座上受到集中力 P 作用。已知:$l=2.5\ \text{m}$,$I=1200\ \text{cm}^4$,$P=80\ \text{kN}$,中间支座的刚性系数 $K_2=11.71EI/l^3=1799\ \text{kN/m}$。

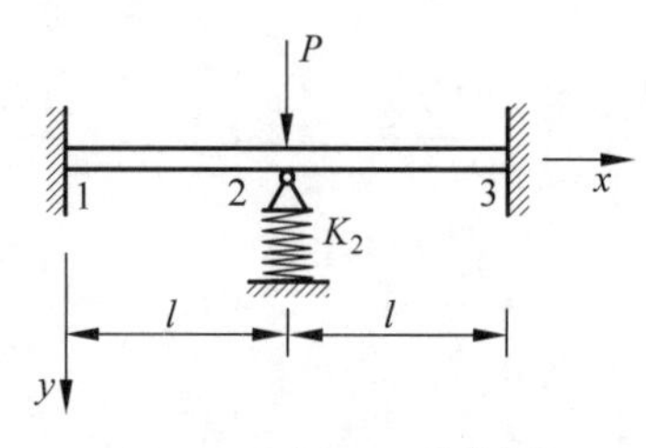

图 3.3 例 3.1示意图

解:将此双跨梁离散为 2 个梁单元、3 个节点。此 2 个梁单元的刚度矩阵可按式(3.6)写为

$$\boldsymbol{K}^{(1)}=\boldsymbol{K}^{(2)}=\frac{EI}{l}\begin{bmatrix} \frac{12}{l^2} & \frac{6}{l} & -\frac{12}{l^2} & \frac{6}{l} \\ \frac{6}{l} & 4 & -\frac{6}{l} & 2 \\ -\frac{12}{l^2} & -\frac{6}{l} & \frac{12}{l^2} & -\frac{6}{l} \\ \frac{6}{l} & 2 & -\frac{6}{l} & 4 \end{bmatrix}$$

此时单元刚度矩阵可以表示为分块矩阵的形式:

$$\boldsymbol{K}^{(1)}=\begin{bmatrix} \boldsymbol{K}_{11}^{(1)} & \boldsymbol{K}_{12}^{(1)} \\ \boldsymbol{K}_{21}^{(1)} & \boldsymbol{K}_{22}^{(1)} \end{bmatrix}, \quad \boldsymbol{K}^{(2)}=\begin{bmatrix} \boldsymbol{K}_{22}^{(2)} & \boldsymbol{K}_{23}^{(2)} \\ \boldsymbol{K}_{32}^{(2)} & \boldsymbol{K}_{33}^{(2)} \end{bmatrix}$$

根据分块矩阵,可写出总体刚度矩阵:

$$\boldsymbol{K}=\begin{bmatrix} \boldsymbol{K}_{11}^{(1)} & \boldsymbol{K}_{12}^{(1)} & \\ \boldsymbol{K}_{21}^{(1)} & \boldsymbol{K}_{22}^{(1)}+\boldsymbol{K}_{22}^{(2)} & \boldsymbol{K}_{23}^{(2)} \\ & \boldsymbol{K}_{32}^{(2)} & \boldsymbol{K}_{33}^{(2)} \end{bmatrix}$$

写出矩阵各要素后,总体刚度方程为

$$
\frac{EI}{l}\begin{bmatrix}
\frac{12}{l^2} & \frac{6}{l} & -\frac{12}{l^2} & \frac{6}{l} & 0 & 0 \\
\frac{6}{l} & 4 & -\frac{6}{l} & 2 & 0 & 0 \\
-\frac{12}{l^2} & -\frac{6}{l} & \frac{24}{l^2} & 0 & -\frac{12}{l^2} & \frac{6}{l} \\
\frac{6}{l} & 2 & 0 & 8 & -\frac{6}{l} & 2 \\
0 & 0 & -\frac{12}{l^2} & -\frac{6}{l} & \frac{12}{l^2} & -\frac{6}{l} \\
0 & 0 & \frac{6}{l} & 2 & -\frac{6}{l} & 4
\end{bmatrix}
\begin{bmatrix} v_1 \\ \theta_1 \\ v_2 \\ \theta_2 \\ v_3 \\ \theta_3 \end{bmatrix}
=
\begin{bmatrix} V_1 \\ M_1 \\ V_2 \\ M_2 \\ V_3 \\ M_3 \end{bmatrix}
$$

下面考虑位移边界条件，根据两端固支边界得 $v_1=\theta_1=v_3=\theta_3=0$，又由对称关系可知 $\theta_2=0$，所以根据代入消去法，可在刚度方程中划去第 1，2，4，5，6 行和列，同时考虑到此时 $V_2=P-K_2v_2$，所以可得如下关系：

$$\left(\frac{24EI}{l^3}+K_2\right)v_2=P$$

代入数值后，

$$\frac{EI}{l^3}(24+11.71)v_2=P$$

由此解得

$$v_2=0.028\,\frac{Pl^3}{EI}=1.46\ \text{cm}$$

再利用单元刚度矩阵，可得梁单元 1 和梁单元 2 的端点力为

$$
\begin{bmatrix} V_1^{(1)} \\ M_1^{(1)} \\ V_2^{(1)} \\ M_2^{(1)} \end{bmatrix}
=\frac{EI}{l}\begin{bmatrix}
\frac{12}{l^2} & \frac{6}{l} & -\frac{12}{l^2} & \frac{6}{l} \\
\frac{6}{l} & 4 & -\frac{6}{l} & 2 \\
-\frac{12}{l^2} & -\frac{6}{l} & \frac{12}{l^2} & -\frac{6}{l} \\
\frac{6}{l} & 2 & -\frac{6}{l} & 4
\end{bmatrix}
\begin{bmatrix} 0 \\ 0 \\ v_2 \\ 0 \end{bmatrix}
=P\begin{bmatrix} -0.336 \\ -0.168l \\ 0.336 \\ -0.168l \end{bmatrix}
$$

而梁单元 2 和梁单元 3 中的端点力与梁单元 1 和梁单元 2 的端点力对称，也容易得到。

3.4　等效节点力

在前面矩阵法的讨论中，只限于载荷作用于节点上的情况，但在实际问题中，载荷经常直接或间接地作用于非节点位置，因此，有必要讨论将非节点载荷转化为节点载荷，也就是计算等效节点力的问题。对于梁单元而言，等效节点力的计算可以通过结构力学中位移法

的固端载荷得到。所谓固端载荷,指的是两端刚性固定的单跨梁在外载荷作用下固定端发生的弯矩和剪力,这通常可通过单跨梁的弯曲要素表(表 3.1)查得。对于每个节点,作用其上的等效节点力可以看作固端载荷的反作用力,因此查表得到固端载荷后,再进一步考虑载荷的方向性(就是根据矩阵法中的符号规定,具体判断外载荷的正负),就可以得到等效节点力了。

表 3.1　两种分布载荷的固端力

载荷形式与弯矩图＋剪力图	固定端弯矩	支座反力	符号规定
Q, l, x	$M_1=M_2=\dfrac{Ql}{12}$	$R_1=R_2=\dfrac{Q}{2}$	力法
Q, l, x	$M_1=\dfrac{Ql}{15}$ $M_2=\dfrac{Ql}{10}$	$R_1=\dfrac{3Q}{10}$ $R_2=\dfrac{7Q}{10}$	力法

如图 3.4 所示,结构由 2 个单元离散,其中梁单元 1 和梁单元 2 的固端载荷大小为 $M_1=M_2=Ql/12$,$V_1=V_2=Q/2$,而载荷在节点 1 处的方向都为正,即弯矩为顺时针,剪力与 y 轴同向;在节点 2 处,剪力仍然与 y 轴同向,为正,而弯矩为逆时针,为负。所以如图 3.4(b)中所示,可得单元(1)的等效节点力,同理,可以得到单元(2)的等效节点力,也在图 3.4(b)中给出,综合各单元中的节点力之后,可以得到节点 1 的等效节点力为$\{Q/2,Ql/12\}$,节点 2 的等效节点力为$\{Q/2,-Ql/12\}+\{Q/2,Ql/12\}$,即$\{Q,0\}$,节点 3 的等效节点力为$\{Q/2,-Ql/12\}$。

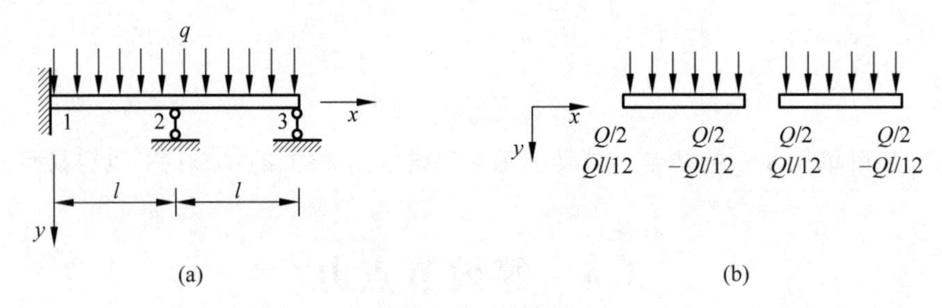

图 3.4　梁单元分布载荷及等效节点力

例 3.2　计算图 3.4(a)中受均布载荷作用的双跨梁的端点力,其中每跨长度为 l,弹性模量为 E,截面惯性矩为 I。

解:将结构离散为 2 个梁单元,共 3 个节点。由于此问题中的单元形式与例 3.1 中的双跨梁相同，可利用例 3.1 中的结果直接写出如下的总体刚度矩阵：

$$\boldsymbol{K}=\frac{EI}{l}\begin{bmatrix}\frac{12}{l^2} & \frac{6}{l} & -\frac{12}{l^2} & \frac{6}{l} & & \\ \frac{6}{l} & 4 & -\frac{6}{l} & 2 & & \\ -\frac{12}{l^2} & -\frac{6}{l} & -\frac{24}{l^2} & 0 & -\frac{12}{l^2} & \frac{6}{l} \\ \frac{6}{l} & 2 & 0 & 8 & -\frac{6}{l} & 2 \\ & & -\frac{12}{l^2} & -\frac{6}{l} & \frac{12}{l^2} & -\frac{6}{l} \\ & & \frac{6}{l} & 2 & -\frac{6}{l} & 4\end{bmatrix}$$

本例中结构受到均匀分布载荷作用，可利用前面的分析方法得到各节点处的等效节点力，节点力列阵为

$$\boldsymbol{f}=\begin{bmatrix}\frac{Q}{2} & \frac{Ql}{12} & Q & 0 & \frac{Q}{2} & -\frac{Ql}{12}\end{bmatrix}^{\mathrm{T}}$$

其中 $Q=ql$，当进一步指定节点 1 处的支反力为 R_1 和 M_{R1}，节点 2 处的支反力为 R_2，节点 3 处的支反力为 R_3 之后，可得此双跨梁的总体刚度方程为

$$\frac{EI}{l}\begin{bmatrix}\frac{12}{l^2} & \frac{6}{l} & -\frac{12}{l^2} & \frac{6}{l} & & \\ \frac{6}{l} & 4 & -\frac{6}{l} & 2 & & \\ -\frac{12}{l^2} & -\frac{6}{l} & \frac{24}{l^2} & 0 & -\frac{12}{l^2} & \frac{6}{l} \\ \frac{6}{l} & 2 & 0 & 8 & -\frac{6}{l} & 2 \\ & & -\frac{12}{l^2} & -\frac{6}{l} & \frac{12}{l^2} & -\frac{6}{l} \\ & & \frac{6}{l} & 2 & -\frac{6}{l} & 4\end{bmatrix}\begin{bmatrix}v_1 \\ \theta_{z1} \\ v_2 \\ \theta_{z2} \\ v_3 \\ \theta_{z3}\end{bmatrix}=\begin{bmatrix}\frac{1}{2}Q+R_1 \\ \frac{1}{12}Ql+M_{R1} \\ Q+R_2 \\ 0 \\ \frac{1}{2}Q+R_3 \\ -\frac{1}{12}Ql\end{bmatrix}$$

现进行位移约束处理，因 $v_1=\theta_{z1}=v_2=v_3=0$，故消去上式中第 1,2,3,5 行和列，可以得到

$$\frac{EI}{l}\begin{bmatrix}8 & 2 \\ 2 & 4\end{bmatrix}\begin{bmatrix}\theta_{z2} \\ \theta_{z3}\end{bmatrix}=\begin{bmatrix}0 \\ -\frac{1}{12}Ql\end{bmatrix}$$

解此方程组得

$$\begin{bmatrix}\theta_{z2} \\ \theta_{z3}\end{bmatrix}=\frac{Ql^2}{EI}\begin{bmatrix}\frac{1}{168} \\ -\frac{1}{42}\end{bmatrix}$$

于是各梁单元的端点力可计算如下：

$$\begin{bmatrix} V_1 \\ M_1 \\ V_2 \\ M_2 \end{bmatrix}^{(1)} = \frac{EI}{l}\begin{bmatrix} \frac{12}{l^2} & \frac{6}{l} & -\frac{12}{l^2} & \frac{6}{l} \\ \frac{6}{l} & 4 & -\frac{6}{l} & 2 \\ -\frac{12}{l^2} & -\frac{6}{l} & \frac{12}{l^2} & -\frac{6}{l} \\ \frac{6}{l} & 2 & -\frac{6}{l} & 4 \end{bmatrix}\begin{bmatrix} 0 \\ 0 \\ 0 \\ \theta_{z2} \end{bmatrix} + \begin{bmatrix} -\frac{1}{2}Q \\ -\frac{1}{12}Ql \\ -\frac{1}{2}Q \\ \frac{1}{12}Ql \end{bmatrix} = Q\begin{bmatrix} -\frac{13}{28} \\ -\frac{1}{14}l \\ -\frac{15}{28} \\ \frac{3}{28}l \end{bmatrix}$$

$$\begin{bmatrix} V_2 \\ M_2 \\ V_3 \\ M_3 \end{bmatrix}^{(2)} = \frac{EI}{l}\begin{bmatrix} \frac{12}{l^2} & \frac{6}{l} & -\frac{12}{l^2} & \frac{6}{l} \\ \frac{6}{l} & 4 & -\frac{6}{l} & 2 \\ -\frac{12}{l^2} & -\frac{6}{l} & \frac{12}{l^2} & -\frac{6}{l} \\ \frac{6}{l} & 2 & -\frac{6}{l} & 4 \end{bmatrix}\begin{bmatrix} 0 \\ \theta_{z2} \\ 0 \\ \theta_{z3} \end{bmatrix} + \begin{bmatrix} -\frac{1}{2}Q \\ -\frac{1}{12}Ql \\ -\frac{1}{2}Q \\ \frac{1}{12}Ql \end{bmatrix} = Q\begin{bmatrix} -\frac{17}{28} \\ -\frac{3}{28}l \\ -\frac{11}{28} \\ 0 \end{bmatrix}$$

3.5 坐标变换

在 3.2 节得到的单元刚度矩阵是对应于局部坐标系的，在 $\boldsymbol{f}^e=\boldsymbol{K}^e\boldsymbol{d}^e$ 中，力与位移是沿局部坐标系的坐标轴正向规定的。对于连续梁，因各梁单元在同一直线上，可认为坐标系是一致的，无须做变换，但是对于刚架结构，因为各梁单元可以不在同一直线上，故得到的 $\boldsymbol{f}^e$ 及 $\boldsymbol{d}^e$ 需经过坐标转换，统一到总体坐标系统后才能相加。

3.5.1 力与位移转换关系

参看图 3.5，设 $\bar{O}\bar{x}\bar{y}\bar{z}$ 为梁单元局部坐标系，$Oxyz$ 为总体坐标系。对于二维问题，仅需考虑平面内的力和位移的坐标转换，为此考虑图中的坐标 $\bar{O}\bar{x}\bar{y}\bar{z}$ 和 $Oxyz$，它们之间相差一个角度 α，此 α 以坐标轴 Ox 顺时针转到坐标轴 $\bar{O}\bar{x}$ 时为正，即 α 的矢量与 z 轴正向一致时为正。由于 $\bar{O}\bar{z}$ 与 Oz 方向一致，故在推导平面内的坐标转换时可将 $\bar{O}$ 与 O 考虑重合。

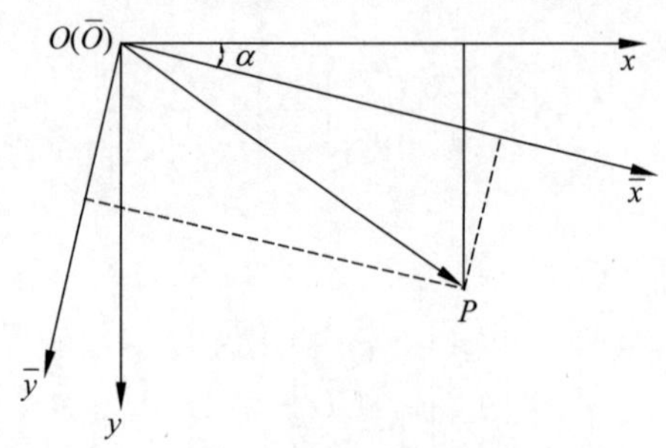

图 3.5 平面内的局部坐标系与全局坐标系

对于杆单元，在第 2 章中已有讨论，其中节点力的转换可写为

$$\begin{bmatrix} f_{xi} \\ f_{yi} \\ f_{xj} \\ f_{yj} \end{bmatrix} = \begin{bmatrix} \cos\alpha & -\sin\alpha & & \\ \sin\alpha & \cos\alpha & \multicolumn{2}{c}{\mathbf{0}} \\ \multicolumn{2}{c}{\mathbf{0}} & \cos\alpha & -\sin\alpha \\ & & \sin\alpha & \cos\alpha \end{bmatrix} \begin{bmatrix} \bar{f}_{xi} \\ \bar{f}_{yi} \\ \bar{f}_{xj} \\ \bar{f}_{yj} \end{bmatrix} \tag{3.10}$$

对于平面梁单元，考虑到转动变换过程中弯矩不变，此时可写为

$$\begin{bmatrix} V_i \\ M_i \\ V_j \\ M_j \end{bmatrix} = \begin{bmatrix} \cos\alpha & 0 & & \\ 0 & 1 & \multicolumn{2}{c}{\mathbf{0}} \\ \multicolumn{2}{c}{\mathbf{0}} & \cos\alpha & 0 \\ & & 0 & 1 \end{bmatrix} \begin{bmatrix} \bar{V}_i \\ \bar{M}_i \\ \bar{V}_j \\ \bar{M}_j \end{bmatrix} \tag{3.11}$$

注意，这里的 V_i 与 f_{yi}，V_j 与 f_{yj} 变换是相同的。而对于复杂梁单元，就是上述两种情况的叠加，可得

$$\begin{bmatrix} f_{xi} \\ V_i \\ M_i \\ f_{xj} \\ V_j \\ M_j \end{bmatrix} = \begin{bmatrix} \cos\alpha & -\sin\alpha & 0 & & & \\ \sin\alpha & \cos\alpha & 0 & & \mathbf{0} & \\ 0 & 0 & 1 & & & \\ & & & \cos\alpha & -\sin\alpha & 0 \\ & \mathbf{0} & & \sin\alpha & \cos\alpha & 0 \\ & & & 0 & 0 & 1 \end{bmatrix} \begin{bmatrix} \bar{f}_{xi} \\ \bar{V}_i \\ \bar{M}_i \\ \bar{f}_{xj} \\ \bar{V}_j \\ \bar{M}_j \end{bmatrix} \tag{3.12}$$

节点位移的坐标转换与节点力的情况相同，因此有

$$\boldsymbol{f} = \boldsymbol{T}\bar{\boldsymbol{f}}, \quad \boldsymbol{d} = \boldsymbol{T}\bar{\boldsymbol{d}} \tag{3.13}$$

式中，$\boldsymbol{T}$ 为坐标转换矩阵，即

$$\boldsymbol{T} = \begin{bmatrix} \boldsymbol{t} & \mathbf{0} \\ \mathbf{0} & \boldsymbol{t} \end{bmatrix} \tag{3.14}$$

其中三种情况下的 $\boldsymbol{t}$ 分别为

$$\boldsymbol{t} = \begin{bmatrix} \cos\alpha & -\sin\alpha \\ \sin\alpha & \cos\alpha \end{bmatrix}$$

$$\boldsymbol{t} = \begin{bmatrix} \cos\alpha & 0 \\ 0 & 1 \end{bmatrix}$$

$$\boldsymbol{t} = \begin{bmatrix} \cos\alpha & -\sin\alpha & 0 \\ \sin\alpha & \cos\alpha & 0 \\ 0 & 0 & 1 \end{bmatrix}$$

3.5.2 刚度矩阵的坐标转换

有了上述力与位移的坐标转换关系后，即可导出梁单元刚度矩阵的坐标转换关系。因为在局部坐标系中有

$$\bar{\boldsymbol{f}}=\bar{\boldsymbol{K}}^{e}\bar{\boldsymbol{d}} \tag{3.15}$$

利用式(3.13)和式(3.15)的关系，可得

$$\boldsymbol{f}=\boldsymbol{T}\bar{\boldsymbol{f}}=\boldsymbol{T}\bar{\boldsymbol{K}}^{e}\bar{\boldsymbol{d}}=\boldsymbol{T}\bar{\boldsymbol{K}}^{e}\boldsymbol{T}^{-1}\boldsymbol{d} \tag{3.16}$$

因此有

$$\boldsymbol{f}=\boldsymbol{K}^{e}\boldsymbol{d} \tag{3.17}$$

其中，

$$\boldsymbol{K}^{e}=\boldsymbol{T}\bar{\boldsymbol{K}}^{e}\boldsymbol{T}^{-1} \tag{3.18}$$

此为梁单元刚度矩阵的坐标转换关系。不难证明$\boldsymbol{T}^{\mathrm{T}}\boldsymbol{T}=\boldsymbol{I}$，此处 $\boldsymbol{I}$ 为单位矩阵，所以有$\boldsymbol{T}^{-1}=\boldsymbol{T}^{\mathrm{T}}$，因此式(3.18)可改写为

$$\boldsymbol{K}^{e}=\boldsymbol{T}\bar{\boldsymbol{K}}^{e}\boldsymbol{T}^{\mathrm{T}} \tag{3.19}$$

其中，

$$\boldsymbol{T}^{\mathrm{T}}=\begin{bmatrix}\boldsymbol{t}^{\mathrm{T}} & 0\\ 0 & \boldsymbol{t}^{\mathrm{T}}\end{bmatrix}$$

并且有梁单元刚度矩阵的子矩阵坐标转换关系为

$$\boldsymbol{K}_{ij}=\boldsymbol{t}\bar{\boldsymbol{K}}_{ij}\boldsymbol{t}^{\mathrm{T}} \tag{3.20}$$

把各梁单元的刚度矩阵全部转换到总体坐标系后，在建立结构总体刚度矩阵时就可以像之前一样将刚度矩阵的子矩阵按其下标对号入座求得。

至此，用矩阵法计算结构的全过程可归结如下：

(1) 将结构离散为梁单元(或杆单元)，建立单元局部坐标系与总体坐标系。

(2) 建立局部坐标系中的单元刚度矩阵 $\bar{\boldsymbol{K}}^{e}$。

(3) 通过坐标转换得到总体坐标系中的单元刚度矩阵 $\boldsymbol{K}^{e}$。

(4) 建立总体坐标系中的总体刚度矩阵 $\boldsymbol{K}$。

(5) 计算节点载荷列阵 $\boldsymbol{f}$。

(6) 引入位移约束，修正刚度方程。

(7) 求解节点方程组，得到节点位移。

(8) 计算总体坐标系中的单元端点力，以及各单元的内力与形变等。

例 3.3 计算图 3.6 中的肋骨刚架的等效节点力。已知，其几何参数：$l_{12}=l_{34}=6.6\ \mathrm{m}$，$l_{23}=3.0\ \mathrm{m}=l_0$，$l_{35}=8.1\ \mathrm{m}$，$I_{12}=6.8I_0$，$I_{23}=6655\ \mathrm{cm}^4=I_0$，$I_{34}=1.29I_0$，$I_{35}=3.8I_0$；载荷参数：$q_1=2q_0$，$q_3=22.07\ \mathrm{kN/m}=q_0$，$q_5=3.7q_0$。

解：(1) 将此刚架离散为 4 个梁单元，共 5 个节点，并建立各单元的局部坐标及总体坐标系，如图 3.6 所示，图中梁单元 2 和梁单元 4 的局部坐标与总体坐标一致。

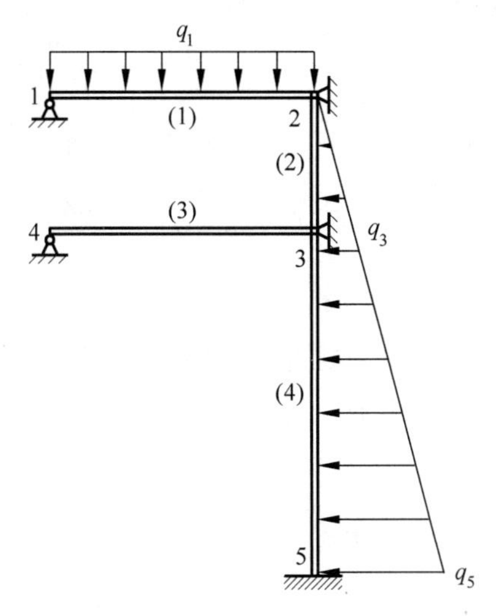

图 3.6　例 3.3 示意图

(2) 计算各单元的刚度矩阵，按照平面梁单元刚度矩阵公式(3.6)计算。

对单元 1，由 $I_{12}=6.8I_0$，$l_{12}=2.2l_0$，可得

$$\bar{\boldsymbol{K}}^{(1)}=\frac{EI_0}{l_0^2}\begin{bmatrix}\dfrac{7.67}{l_0} & 8.43 & -\dfrac{7.67}{l_0} & 8.43\\ 8.43 & 12.36l_0 & 8.43 & 6.18l_0\\ -\dfrac{7.67}{l_0} & -8.43 & \dfrac{7.67}{l_0} & -8.43\\ 8.43 & 6.18l_0 & -8.43 & 12.36l_0\end{bmatrix}$$

对单元 2，由 $I_{23}=I_0$，$l_{23}=l_0$，可得

$$\bar{\boldsymbol{K}}^{(2)}=\frac{EI_0}{l_0^2}\begin{bmatrix}\dfrac{12}{l_0} & 6 & -\dfrac{12}{l_0} & 6\\ 6 & 4l_0 & -6 & 2l_0\\ -\dfrac{12}{l_0} & -6 & \dfrac{12}{l_0} & -6\\ 6 & 2l_0 & -6 & 4l_0\end{bmatrix}$$

对单元 3，由 $I_{34}=1.29I_0$，$l_{34}=2.2l_0$，可得

$$\bar{\boldsymbol{K}}^{(3)}=\frac{EI_0}{l_0^2}\begin{bmatrix}\dfrac{1.46}{l_0} & 1.6 & -\dfrac{1.46}{l_0} & 1.6\\ 1.6 & 2.35l_0 & -1.6 & 1.17l_0\\ -\dfrac{1.46}{l_0} & -1.6 & \dfrac{1.46}{l_0} & -1.6\\ 1.6 & 1.17l_0 & -1.6 & 2.35l_0\end{bmatrix}$$

对单元 4,由 $I_{35}=3.8I_0$,$l_{35}=2.7l_0$,可得

$$\bar{\boldsymbol{K}}^{(4)}=\frac{EI_0}{l_0^2}\begin{bmatrix}\frac{2.32}{l_0} & 3.13 & -\frac{2.32}{l_0} & 3.13\\ 3.13 & 5.63l_0 & -3.13 & 2.81l_0\\ -\frac{2.32}{l_0} & -3.13 & \frac{2.32}{l_0} & -3.13\\ 3.13 & 2.81l_0 & -3.13 & 5.63l_0\end{bmatrix}$$

(3) 对于梁单元 1 和梁单元 3,需要进行坐标转换,此时局部坐标与总体坐标夹角 $\alpha=270°$,故由坐标转换矩阵公式(3.14)得

$$\boldsymbol{T}=\begin{bmatrix}0 & 0 & & \\ 0 & 1 & & \\ & & 0 & 0\\ & & 0 & 1\end{bmatrix}$$

因此,

$$\boldsymbol{K}^{(1)}=\boldsymbol{T}\bar{\boldsymbol{K}}^{(1)}\boldsymbol{T}^{\mathrm{T}}=\frac{EI_0}{l_0^2}\begin{bmatrix}0 & 0 & 0 & 0\\ 0 & 12.36l_0 & 0 & 6.18l_0\\ 0 & 0 & 0 & 0\\ 0 & 6.18l_0 & 0 & 12.36l_0\end{bmatrix}$$

$$\boldsymbol{K}^{(3)}=\boldsymbol{T}\bar{\boldsymbol{K}}^{(3)}\boldsymbol{T}^{\mathrm{T}}=\frac{EI_0}{l_0^2}\begin{bmatrix}0 & 0 & 0 & 0\\ 0 & 2.35l_0 & 0 & 1.17l_0\\ 0 & 0 & 0 & 0\\ 0 & 1.17l_0 & 0 & 2.35l_0\end{bmatrix}$$

另外,$\boldsymbol{K}^{(2)}=\bar{\boldsymbol{K}}^{(2)}$,$\boldsymbol{K}^{(4)}=\bar{\boldsymbol{K}}^{(4)}$。

(4) 形成刚架结构的总体刚度矩阵。将各单元刚度矩阵的子矩阵组成总体刚度矩阵如下:

$$\begin{bmatrix}\boldsymbol{K}_{11}^{(1)} & \boldsymbol{K}_{12}^{(1)} & & & \\ \boldsymbol{K}_{21}^{(1)} & \boldsymbol{K}_{22}^{(1)}+\boldsymbol{K}_{22}^{(2)} & \boldsymbol{K}_{23}^{(2)} & & \\ & \boldsymbol{K}_{32}^{(2)} & \boldsymbol{K}_{33}^{(2)}+\boldsymbol{K}_{33}^{(3)}+\boldsymbol{K}_{33}^{(4)} & \boldsymbol{K}_{34}^{(3)} & \boldsymbol{K}_{35}^{(4)}\\ & & \boldsymbol{K}_{43}^{(3)} & \boldsymbol{K}_{44}^{(3)} & \\ & & \boldsymbol{K}_{53}^{(4)} & & \boldsymbol{K}_{55}^{(4)}\end{bmatrix}$$

(5) 等效节点力计算

对单元 1,固端力为 $\bar{M}_{12}=-\bar{M}_{21}=-0.807q_0l_0^2$,$\bar{V}_{12}=\bar{V}_{21}=-1.1q_0l_0$,此处 $\bar{M}_{12}$,$\bar{M}_{21}$,$\bar{V}_{12}$,$\bar{V}_{21}$ 等均为对单元局部坐标的固端力(下同),正方向规定依据矩阵法(或位移法),故得等效节点力为

$$\bar{f}^{(1)}=\begin{bmatrix}1.1\\0.807l_0\\1.1\\-0.807l_0\end{bmatrix}q_0l_0$$

经坐标转换后，得

$$\boldsymbol{T}\bar{f}^{(1)}=\begin{bmatrix}0\\0.807l_0\\0\\-0.807l_0\end{bmatrix}q_0l_0$$

对单元 2，固端力 $\bar{M}_{23}=-0.033q_0l_0^2$，$\bar{M}_{32}=0.05q_0l_0^2$ 和 $\bar{V}_{23}=-0.15q_0l_0$，$\bar{V}_{32}=-0.35q_0l_0$，故等效节点力为

$$\bar{f}^{(2)}=\begin{bmatrix}0.15\\0.033l_0\\0.35\\-0.05l_0\end{bmatrix}q_0l_0$$

对单元 4，固端力为 $\bar{M}_{35}=-1.262q_0l_0^2$，$\bar{M}_{53}=1.590q_0l_0^2$，$\bar{V}_{35}=-2.444q_0l_0$，$\bar{V}_{53}=-3.902q_0l_0$，故等效节点力为

$$\bar{f}^{(4)}=\begin{bmatrix}2.444\\1.262l_0\\3.902\\-1.590l_0\end{bmatrix}q_0l_0$$

(6) 刚架的节点平衡方程式与约束处理，本例中因各节点处平动位移为 0，并且 $\theta_5=0$，故位移约束处理后的节点平衡方程为

$$\frac{EI_0}{l}\begin{bmatrix}12.36 & 6.18 & 0 & 0\\6.18 & 16.36 & 2 & 0\\0 & 2 & 11.93 & 1.17\\0 & 0 & 1.17 & 2.35\end{bmatrix}\begin{bmatrix}\theta_1\\\theta_2\\\theta_3\\\theta_4\end{bmatrix}=\begin{bmatrix}0.807\\-0.774\\1.212\\0\end{bmatrix}q_0l_0^2$$

(7) 将 $q_0=22.07$ kN/m，$l_0=3$ m，$I_0=6655$ cm^4，$E=20.6\times10^6$ N/cm^2 代入上式计算得

$$\begin{bmatrix}\theta_1\\\theta_2\\\theta_3\\\theta_4\end{bmatrix}=\begin{bmatrix}0.00509\\-0.0046\\0.00536\\-0.00268\end{bmatrix}$$

(8) 局部坐标系中的支反力同时包含了形变力与固端力(单位为 N 和 N·m)，计算如下：

对单元 1，有

$$\begin{bmatrix}\bar{V}_1\\ \bar{M}_1\\ \bar{V}_2\\ \bar{M}_2\end{bmatrix}=\bar{\boldsymbol{K}}^{(1)}\begin{bmatrix}0\\ \theta_1\\ 0\\ 0\end{bmatrix}+\begin{bmatrix}\bar{V}_{12}\\ \bar{M}_{12}\\ \bar{V}_{21}\\ \bar{M}_{21}\end{bmatrix}=\begin{bmatrix}-79234.1\\ 131988\\ -212090\\ 306436\end{bmatrix}$$

对单元 2，有

$$\begin{bmatrix}\bar{V}_2\\ \bar{M}_2\\ \bar{V}_3\\ \bar{M}_3\end{bmatrix}=\bar{\boldsymbol{K}}^{(2)}\begin{bmatrix}0\\ \theta_2\\ 0\\ \theta_3\end{bmatrix}+\begin{bmatrix}\bar{V}_{23}\\ \bar{M}_{23}\\ \bar{V}_{32}\\ \bar{M}_{32}\end{bmatrix}=\begin{bmatrix}-2871.86\\ -42224.5\\ -30233.1\\ 66780.2\end{bmatrix}$$

对单元 3，有

$$\begin{bmatrix}\bar{V}_4\\ \bar{M}_4\\ \bar{V}_3\\ \bar{M}_3\end{bmatrix}=\bar{\boldsymbol{K}}^{(3)}\begin{bmatrix}0\\ \theta_4\\ 0\\ \theta_3\end{bmatrix}=\begin{bmatrix}6635.11\\ 0\\ -6635.11\\ 43791.7\end{bmatrix}$$

对单元 4，有

$$\begin{bmatrix}\bar{V}_3\\ \bar{M}_3\\ \bar{V}_5\\ \bar{M}_5\end{bmatrix}=\bar{\boldsymbol{K}}^{(4)}\begin{bmatrix}0\\ \theta_3\\ 0\\ \theta_5\end{bmatrix}+\begin{bmatrix}\bar{V}_{35}\\ \bar{M}_{35}\\ \bar{V}_{53}\\ \bar{M}_{53}\end{bmatrix}=\begin{bmatrix}-135864\\ -110524\\ -284305\\ 385895\end{bmatrix}$$

3.6 Mathematica 程序设计

在第 2 章我们介绍了杆系问题简单的有限元代码，类似地，下面可以给出对于梁系的基础代码，主要包括三个子程序，分别是 KeBeam，KgBeam 及 BCBeam。当我们考虑二维的两节点梁单元时，每个节点包含两个自由度，此时的总体刚度矩阵集成及边界条件引入子程序与前面是一样的，这里不再重复给出，可参见第 2 章，其中 KgBeam 对应于 2.6.2 节中的 KgTruss，BCBeam 对应于 2.6.3 节中的 BCTruss。下面给出 KeBeam 子程序：

```
KeBeam[{Em_, I_, L_}] := Module[
    {KeBeam},
      KeBeam = (Em * I/L) * {{12/L^2, 6/L, -12/L^2, 6/L},
```

```
        {6/L, 4, -6/L, 2},
        {-12/L^2, -6/L, 12/L^2, -6/L},
        {6/L, 2, -6/L, 4}};
          Return[KeBeam]
];
```

例 3.4　对于例 3.1,利用 Mathematica 编写程序完成计算。

解:计算程序输入 cell:

```
K=Table[0,{6},{6}];
Ke1=KeBeam[{Em,I0,L0}];
K=KgBeam[Ke1,{1,2,3,4},K]; (*梁单元 1 和梁单元 2*)
Ke2=KeBeam[{Em,I0,L0}];
K=KgBeam[Ke2,{3,4,5,6},K]; (*梁单元 2 和梁单元 3*)
f=Array[fi,{6}];
{Kmod,fmod}=BCBeam[{1,2,4,5,6},K,f];
Kmod=Kmod+DiagonalMatrix[{0,0,K2,0,0,0}];
Print["Master stiffness modified for displacement B.C.:"];
Print[Kmod//MatrixForm];
Print["Force vector modified for displacement B.C.:"];
Print[fmod];
```

输出 cell:

Master stiffness modified for displacement B.C.:

$$\begin{bmatrix} 1 & 0 & 0 & 0 & 0 & 0 \\ 0 & 1 & 0 & 0 & 0 & 0 \\ 0 & 0 & K2+\dfrac{24EI}{l^3} & 0 & 0 & 0 \\ 0 & 0 & 0 & 1 & 0 & 0 \\ 0 & 0 & 0 & 0 & 1 & 0 \\ 0 & 0 & 0 & 0 & 0 & 1 \end{bmatrix}$$

Force vector modified for displacement B.C.:

{0,0,fi[3],0,0,0}

在前面的基础上,进一步给定具体数值,输入 cell 如下:

```
fi[3] = 80000; K2 = 11.71 Em*I0/L0^3; I0 = 1200 10^-8; Em =
2.0 10^11; L0 = 2.5;
{eu1, ev1, eu2, ev2, eu3, ev3} =
LinearSolve[Kmod, fmod](*完成变形量的计算*)
Ke1.{eu1, ev1, eu2, ev2}(*梁单元 1 的端点支反力*)
Ke2.{eu2, ev2, eu3, ev3}(*梁单元 2 的端点支反力*)
```

输出 cell 为

```
{0., 0., 0.0145851, 0., 0., 0.}
{-26883.2, -33604., 26883.2, -33604.}
{26883.2, 33604., -26883.2, 33604.}
```

例 3.5 对于例 3.3,利用 Mathematica 编写程序完成计算。

解:计算程序输入 cell:

```
K=Table[0,{10},{10}];
Ke1=KeBeam[{Em,6.8*I0,2.2*L0}];
K=KgBeam[Ke1,{1,2,3,4},K]; (*梁单元 1 和梁单元 2*)
Ke2=KeBeam[{Em,I0,L0}];
K=KgBeam[Ke2,{3,4,5,6},K]; (*梁单元 2 和梁单元 3*)
Ke3=KeBeam[{Em,1.29*I0,2.2*L0}];
K=KgBeam[Ke3,{7,8,5,6},K]; (*梁单元 4 和梁单元 3*)
Ke4=KeBeam[{Em,3.8*I0,2.7*L0}];
K=KgBeam[Ke4,{5,6,9,10},K]; (*梁单元 3 和梁单元 5*)
Print["Master stiffness modified for displacement B.C.:"];
Print[K//MatrixForm];
q0=22.07*10^3;
f=Array[fi,{10}];
f[[1]]=R1;f[[2]]=0;f[[3]]=R2;f[[4]]=0;f[[5]]=R3;f[[6]]=0;f[[7]]=R4;f[[8]]=0;
f[[9]]=R5;f[[10]]=MR5;
P={0,0.807*L0,0+0.15,-0.807*L0+0.033*L0,0.35+2.444,-0.05*L0+1.262*L0,0,
0,3.902,-1.59*L0} *q0*L0;
f=f+P;Print["Force vector:"];Print[f];
{Kmod,fmod}=BCBeam[{1,3,5,7,9,10},K,f];
u=Simplify[Inverse[Kmod].fmod];
u/.{L0->3,I0->6635*10^(-8),Em->210*10^9}
Print["reactions of each beam: 1-2,2-3,4-3,3-5"]
VM1={-2.2,-0.807*L0,-2.2,0.807*L0}*q0* L0;
(Ke1.{0, 0.00509, 0, 0}+VM1)/.{L0->3,I0->6635 10^(-8),Em->210 10^9}
VM2={-0.15,-0.033 L0,-0.35,0.05 L0} q0 L0;
(Ke2.{0, -0.0046, 0, 0.00536}+VM2)/.{L0->3,I0->6635 10^(-8),Em->210 10^9}
(Ke3.{0, -0.00268, 0, 0.00536})/.{L0->3,I0->6635 10^(-8),Em->210 10^9}
VM4={-2.444,-1.262 L0,-3.902,1.59 L0} q0 L0;
(Ke4.{0,0.00536,0,0}+VM4)/.{L0->3,I0->6635 10^(-8),Em->210 10^9}
```

输出 cell 为

Master stiffness modified for displacement B.C.:

$$
\begin{pmatrix}
\frac{7.66341\ \text{Em I0}}{\text{L0}^3} & \frac{8.42975\ \text{Em I0}}{\text{L0}^2} & -\frac{7.66341\ \text{Em I0}}{\text{L0}^3} & \frac{8.42975\ \text{Em I0}}{\text{L0}^2} & 0 & 0 & 0 & 0 & 0 & 0 \\
\frac{8.42975\ \text{Em I0}}{\text{L0}^2} & \frac{12.3636\ \text{Em I0}}{\text{L0}} & -\frac{8.42975\ \text{Em I0}}{\text{L0}^2} & \frac{6.18182\ \text{Em I0}}{\text{L0}} & 0 & 0 & 0 & 0 & 0 & 0 \\
-\frac{7.66341\ \text{Em I0}}{\text{L0}^3} & -\frac{8.42975\ \text{Em I0}}{\text{L0}^2} & \frac{19.6634\ \text{Em I0}}{\text{L0}^3} & -\frac{2.42975\ \text{Em I0}}{\text{L0}^2} & -\frac{12\ \text{Em I0}}{\text{L0}^3} & \frac{6\ \text{Em I0}}{\text{L0}^2} & 0 & 0 & 0 & 0 \\
\frac{8.42975\ \text{Em I0}}{\text{L0}^2} & \frac{6.18182\ \text{Em I0}}{\text{L0}} & -\frac{2.42975\ \text{Em I0}}{\text{L0}^2} & \frac{16.3636\ \text{Em I0}}{\text{L0}} & -\frac{6\ \text{Em I0}}{\text{L0}^2} & \frac{2\ \text{Em I0}}{\text{L0}} & 0 & 0 & 0 & 0 \\
0 & 0 & -\frac{12\ \text{Em I0}}{\text{L0}^3} & -\frac{6\ \text{Em I0}}{\text{L0}^2} & \frac{15.7705\ \text{Em I0}}{\text{L0}^3} & -\frac{4.4716\ \text{Em I0}}{\text{L0}^2} & -\frac{1.45379\ \text{Em I0}}{\text{L0}^3} & -\frac{1.59917\ \text{Em I0}}{\text{L0}^2} & -\frac{2.31672\ \text{Em I0}}{\text{L0}^3} & \frac{3.12757\ \text{Em I0}}{\text{L0}^2} \\
0 & 0 & \frac{6\ \text{Em I0}}{\text{L0}^2} & \frac{2\ \text{Em I0}}{\text{L0}} & -\frac{4.4716\ \text{Em I0}}{\text{L0}^2} & \frac{11.9751\ \text{Em I0}}{\text{L0}} & \frac{1.59917\ \text{Em I0}}{\text{L0}^2} & \frac{1.17273\ \text{Em I0}}{\text{L0}} & -\frac{3.12757\ \text{Em I10}}{\text{L0}^2} & \frac{2.81481\ \text{Em I0}}{\text{L0}} \\
0 & 0 & 0 & 0 & -\frac{1.45379\ \text{Em I0}}{\text{L0}^3} & \frac{1.59917\ \text{Em I0}}{\text{L0}^2} & \frac{1.45379\ \text{Em I0}}{\text{L0}^3} & \frac{1.59917\ \text{Em I0}}{\text{L0}^2} & 0 & 0 \\
0 & 0 & 0 & 0 & -\frac{1.59917\ \text{Em I0}}{\text{L0}^2} & \frac{1.17273\ \text{Em I0}}{\text{L0}} & \frac{1.59917\ \text{Em I0}}{\text{L0}^2} & \frac{2.34545\ \text{Em I0}}{\text{L0}} & 0 & 0 \\
0 & 0 & 0 & 0 & -\frac{2.31672\ \text{Em I0}}{\text{L0}^3} & -\frac{3.12757\ \text{Em I0}}{\text{L0}^2} & 0 & 0 & \frac{2.31672\ \text{Em I0}}{\text{L0}^3} & -\frac{3.12757\ \text{Em I0}}{\text{L0}^2} \\
0 & 0 & 0 & 0 & \frac{3.12757\ \text{Em I0}}{\text{L0}^2} & \frac{2.81481\ \text{Em I0}}{\text{L0}} & 0 & 0 & -\frac{3.12757\ \text{Em I0}}{\text{L0}^2} & \frac{5.62963\ \text{Em I0}}{\text{L0}}
\end{pmatrix}
$$

Force vector:

[0.+R1,17810.5 L0^2,3310.5 L0+R2,−17082.2 L0^2,61663.6 L0+R3,26748.8 L0^2,0.+R4,0.,86117.1 L0+R5,−35091.3 L0^2+MR5}

{0.,0.0050923,0.,−0.00460166,0.,0.00535939,0.,−0.00267969,0.,0.}

reactions of each beam: 1-2,2-3,4-3,3-5

{−79234.1,131988.,−212090.,306436.}

{−2871.86,−42224.5,−30233.1,66780.2}

{6635.11,0.,−6635.11,43791.7}

{−135864.,−110524.,−284305.,385895.}

3.7 Abaqus 二维梁分析

对于例 3.1,可以进一步利用 Abaqus 计算分析,单元选用 B23,该单位为二维 Euler 梁单元,有效自由度的编号为 1,2,6,它们分别表示平面内的两个平动及一个转动。此外,这里还用到了一个弹簧单元,在 Abaqus 中是利用 * Element 与 * Spring 关键字对其进行定义的,下面给出了本问题所用的 inp 文件:

```
*Heading
Job-Ch3-B23 Model name: Model-1
*Node
      1,          0.,          0.
      2,         2.5,          0.
      3,          5.,          0.
*Element, type=B23
1, 1, 2
2, 2, 3
*Elset, elset=Set-All
 1, 2
*Nset, nset=Set-BC
 1, 3
** Section: Section-1  Profile: Profile-1
*Beam Section, elset=Set-All, material=Material-1, temperature=GRADIENTS, section=RECT
0.10955, 0.10955
0.,0.,-1.
*Spring, elset=Springs/Dashpots-1-spring
2
1.799e+06
*Element, type=Spring1, elset=Springs/Dashpots-1-spring
3, 2
** MATERIALS
*Material, name=Material-1
*Elastic
2e+11, 0.3
** STEP: Step-1
*Step, name=Step-1, nlgeom=NO
*Static
1., 1., 1e-05, 1.
** BOUNDARY CONDITIONS
** Name: BC-1 Type: Displacement/Rotation
*Boundary
Set-BC, 1, 1
Set-BC, 2, 2
Set-BC, 6, 6
** LOADS
** Name: Load-1    Type: Concentrated force
*Cload
```

```
2, 1, 0.
2, 2, -80000.
** OUTPUT REQUESTS
*Restart, write, frequency=0
** FIELD OUTPUT: F-Output-1
*Output, field, variable=PRESELECT
** HISTORY OUTPUT: H-Output-1
*Output, history, variable=PRESELECT
*NODE PRINT
RF, U
*End Step
*Step
```

习　　题

3.1　计算习题 3.1 图单跨梁在线性分布载荷作用下的挠度与支反力，此处弯曲刚度为常数。

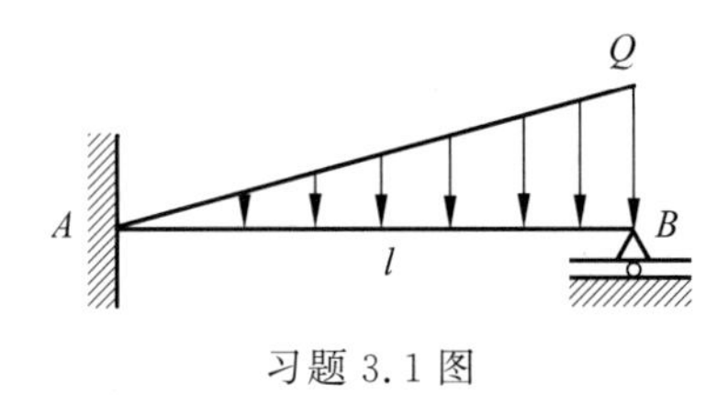

习题 3.1 图

3.2　计算习题 3.2 图中双跨梁的变形与支反力。

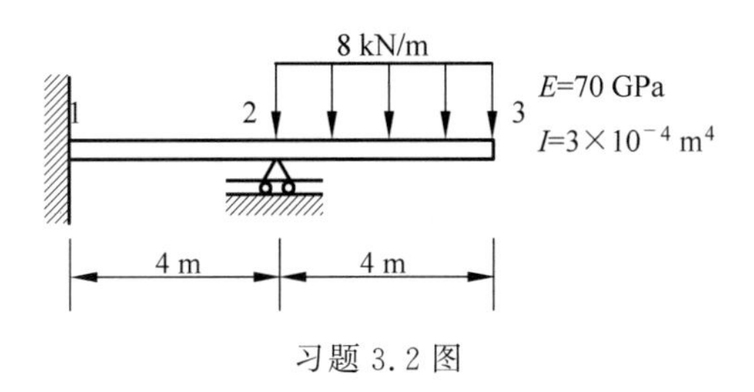

习题 3.2 图

3.3　计算习题 3.3 图中双跨梁的变形与支反力，可以利用对称性条件简化计算。

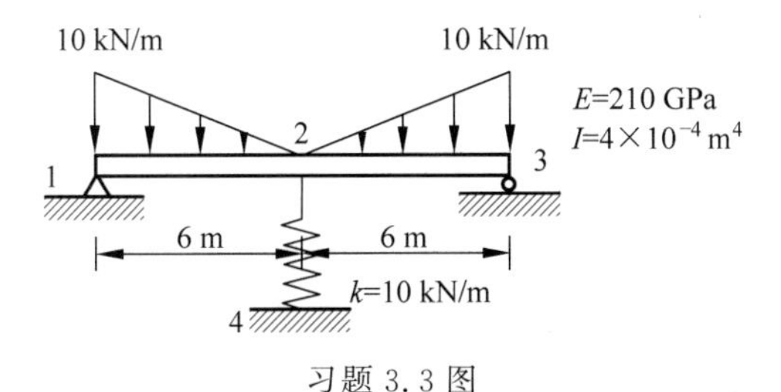

习题 3.3 图

3.4　习题 3.4 图中的两个梁单元参数 $E=210\ \mathrm{GPa}$，$A=6.25\times10^{-3}\ \mathrm{m}^2$，$I=1.95\times10^{-4}\ \mathrm{m}^4$，试计算节点 2 处的位移与转动，节点 1 和节点 3 处的支反力，两个单元的内力。

3.5　习题 3.5 图中的三个梁单元参数 $E=210\ \mathrm{GPa}$，$A=6.25\times10^{-3}\ \mathrm{m}^2$，$I=7.8\times10^{-5}\ \mathrm{m}^4$，试计算各节点处的位移与转动，支反力，各单元的内力。

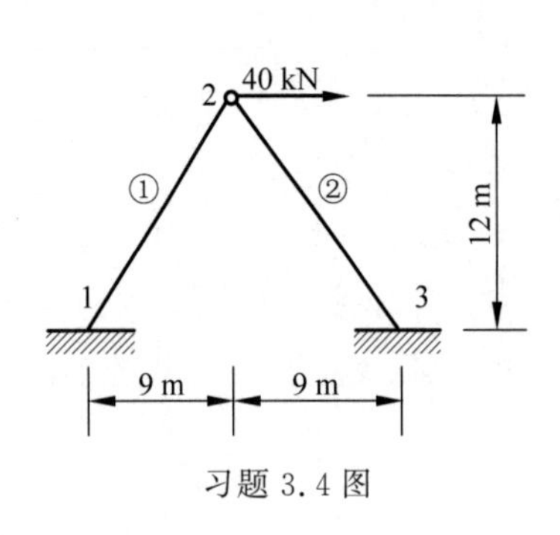

习题 3.4 图

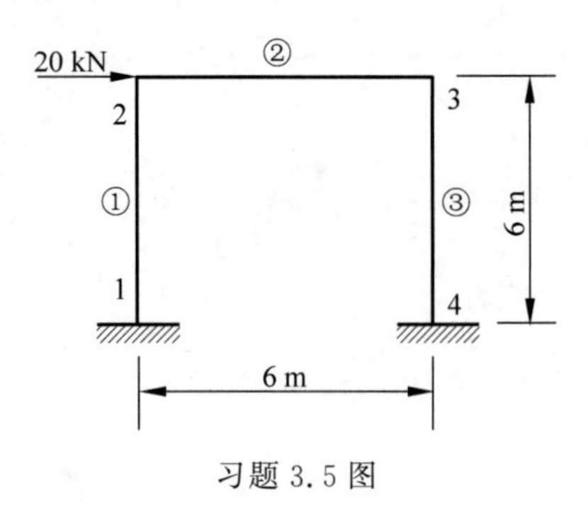

习题 3.5 图

第4章

杆 单 元

4.1 引 言

本章将利用最小势能原理重新推导杆单元方程，使读者熟悉利用势能方法建立刚度矩阵和方程的基本步骤，利用该方法可以建立更复杂的单元，例如平面应力单元及三维应力单元等。此外，本章还介绍了加权余量法，并基于其中的伽辽金法推导了杆单元方程。为完成新的推导，下面首先介绍形函数的概念，着重给出应用于杆单元的插值形函数。

4.2 形 函 数

形函数是定义于单元内的连续插值函数，根据节点处的位移计算结果，通过形函数可以得到单元内其余各点的位移，当模型中的单元数量增加时，这种计算的精度随之提高。考虑一维问题，如图4.1所示，记x_1为节点1的坐标，x_2为节点2的坐标，此时杆中任一点处的位移可以表示为

$$u = N_1 u_1 + N_2 u_2 \tag{4.1}$$

其中，N_1和N_2分别为节点1和节点2处的插值函数，它们是位移x的函数，如果考虑位移呈线性变化时，则二者为坐标x的一次函数。由于此时u_1和u_2是任意的，所以在x_1处，N_1为1，在x_2处，N_1为0，根据这一条件，不难计算得到N_1和N_2：

$$N_1 = \frac{x_2 - x}{x_2 - x_1}, \quad N_2 = \frac{x - x_1}{x_2 - x_1} \tag{4.2}$$

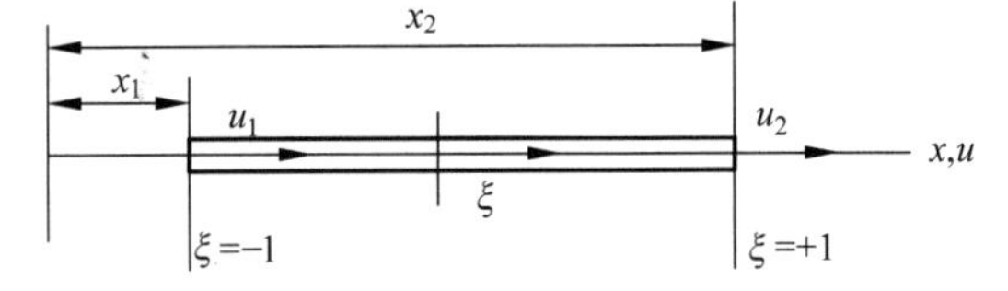

图4.1 坐标系x和坐标系ξ中的两节点杆单元

在此基础上，可以定义一个自然坐标系ξ，使其在杆两端取值分别为−1和1，从而有

$$\xi = \frac{2}{x_2 - x_1}(x - x_1) - 1 \tag{4.3}$$

可得

$$x=\frac{1}{2}(x_2-x_1)\xi+\frac{1}{2}(x_2+x_1) \tag{4.4}$$

不难验证，在节点 1 处，$\xi=-1$；在节点 2 处，$\xi=1$，也可以根据这个坐标系重新写出位移场插值形函数：

$$N_1(\xi)=\frac{1-\xi}{2},\quad N_2(\xi)=\frac{1+\xi}{2} \tag{4.5}$$

由于当 $\xi=-1$ 时 $N_1=1$，当 $\xi=1$ 时 $N_1=0$，且 N_1 在两点之间是一条直线，所以可以得到形函数 N_1 的图形，如图 4.2(a)所示。同理，可得 N_2 的图形，如图 4.2(b)所示。

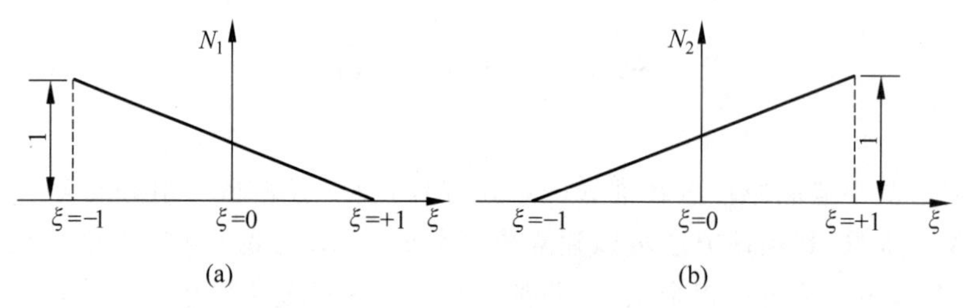

图 4.2 形函数曲线

(a) N_1；(b) N_2

一旦确定了形函数，单元内的位移场 u(此处为 x 方向的位移 u_x，为书写简便这里省去下标)就可以基于式(4.1)用节点位移 u_1 和 u_2 给出了，如图 4.3 所示。

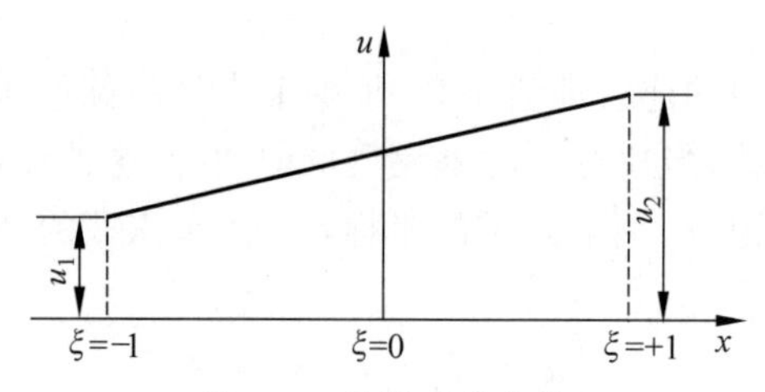

图 4.3 线性插值曲线

式(4.1)写成矩阵形式为

$$u=\boldsymbol{N}\boldsymbol{u} \tag{4.6}$$

其中，

$$\boldsymbol{N}=[N_1\quad N_2],\quad \boldsymbol{u}=\begin{bmatrix}u_1\\u_2\end{bmatrix}$$

容易验证，在节点 1 处 $u=u_1$，在节点 2 处 $u=u_2$，且 u 是连续变化的。对于式(4.4)中的坐标转换关系，也可以用 N_1 和 N_2 来表示，则有

$$x=N_1(\xi)x_1+N_2(\xi)x_2 \tag{4.7}$$

式(4.7)可以看作对单元几何形状的一种变换。比较式(4.1)和式(4.7)，可以发现位移 u 和坐标 x 都使用相同数目的节点和形函数 N_1 和 N_2 在单元内进行插值，此时这种变换称为等参变换。

虽然上面采用的是线性形函数，但也可以使用其他高阶的形函数。关于插值函数 $N_i(x)$的构造，可直接采用熟知的拉格朗日(Lagrange)插值得到。对于 n 个节点的一维单

元，$N_i(x)$可采用$n-1$次拉格朗日插值多项式$l_i^{(n-1)}(x)$，即

$$N_i(x)=l_i^{(n-1)}(x)=\prod_{j=1,j\neq i}^{n}\frac{x-x_j}{x_i-x_j}$$
$$=\frac{(x-x_1)(x-x_2)\cdots(x-x_{i-1})(x-x_{i+1})\cdots(x-x_n)}{(x_i-x_1)(x_i-x_2)\cdots(x_i-x_{i-1})(x_i-x_{i+1})\cdots(x_i-x_n)},\quad i=1,2,\cdots,n \tag{4.8}$$

$l_i^{(n-1)}(x)$的上标$(n-1)$表示拉格朗日多项式的次数，$\prod$表示二项式在j范围内($j=1,2,\cdots,i-1,\cdots,n$)的乘积，$n$是单元的节点数，$x_1,x_2,\cdots,x_n$是$n$个节点的坐标。可以检验，由于拉格朗日多项式包含着常数项和一次项，因此它也是满足插值函数完备性要求的。

如$n=2$，函数u的插值表示如下：

$$u=\sum_{i=1}^{2}l_i^{(1)}(x)u_i \tag{4.9}$$

其中，

$$l_1^{(1)}(x)=\frac{x-x_2}{x_1-x_2},\quad l_2^{(1)}(x)=\frac{x-x_1}{x_2-x_1} \tag{4.10}$$

如令$x_1=0,x_2=l$，则$l_1^{(1)}(x)=1-x/l$，$l_2^{(1)}(x)=x/l$。同样地，这里可以引入自然坐标，从而得到自然坐标系下的位移插值函数。现引入无量纲的局部坐标：

$$\xi=\frac{x-x_1}{x_n-x_1}=\frac{x-x_1}{l},\quad 0\leqslant\xi\leqslant 1 \tag{4.11}$$

其中，l代表单元长度，此时ξ的区间为$[0,1]$。利用式(4.11)定义的局部坐标ξ，式(4.8)可表示为

$$l_i^{(n-1)}(\xi)=\prod_{j=1,j\neq i}^{n}\frac{\xi-\xi_j}{\xi_i-\xi_j} \tag{4.12}$$

当$n=2$，且$\xi_1=0,\xi_2=1$时，则有

$$l_1^{(1)}=\frac{\xi-\xi_2}{\xi_1-\xi_2}=1-\xi,\quad l_2^{(1)}=\frac{\xi-\xi_1}{\xi_2-\xi_1}=\xi \tag{4.13}$$

当$n=3,\xi_1=0,\xi_2=1/2,\xi_3=1$时，则有

$$\begin{cases} l_1^{(2)}=\dfrac{(\xi-\xi_2)(\xi-\xi_3)}{(\xi_1-\xi_2)(\xi_1-\xi_3)}=2\left(\xi-\dfrac{1}{2}\right)(\xi-1) \\ l_2^{(2)}=\dfrac{(\xi-\xi_1)(\xi-\xi_3)}{(\xi_2-\xi_1)(\xi_2-\xi_3)}=-4\xi(\xi-1) \\ l_3^{(2)}=\dfrac{(\xi-\xi_1)(\xi-\xi_2)}{(\xi_3-\xi_1)(\xi_3-\xi_2)}=2\xi\left(\xi-\dfrac{1}{2}\right) \end{cases} \tag{4.14}$$

如果无量纲坐标采用另一种形式：

$$\xi=2\,\frac{x-x_c}{x_n-x_1}=\frac{2x-(x_1+x_n)}{x_n-x_1} \tag{4.15}$$

其中，$x_c=(x_1+x_n)/2$是单元中心的坐标，此时ξ的区间为$[-1,1]$。利用式(4.15)定义的局部坐标系，则对于$n=2$，有

$$l_1^{(1)}=\frac{1}{2}(1-\xi),\quad l_2^{(1)}=\frac{1}{2}(1+\xi) \tag{4.16}$$

对于 $n=3$，有

$$l_1^{(2)}=\frac{1}{2}\xi(\xi-1),\quad l_2^{(2)}=1-\xi^2,\quad l_3^{(2)}=\frac{1}{2}\xi(\xi+1) \tag{4.17}$$

上述两种无量纲坐标也称为长度坐标，此外，不难看出这里的形函数满足下列条件：

(1) 在节点处，插值函数满足

$$N_i(x_j)=\begin{cases}1, & j=i,\\ 0, & j\neq i,\end{cases}\quad i,j=1,2,\cdots,n \tag{4.18}$$

(2) 在单元中任一点处，插值函数之和为 1，即

$$\sum_{i=1}^{n}N_i=1,\quad n\ \text{为节点个数} \tag{4.19}$$

在有限元法中还有另一类常用的插值形式，即 Hermite 插值，关于这部分内容将在第 5 章结合梁单元给出。

4.3 一阶杆单元刚度方程

在弹性力学中，我们的问题通常是求解弹性体在满足平衡方程条件下的位移 u，注意应力是与应变相关的，进而也是与位移相关的。这需要求解二阶偏微分方程，所求解称为精确解，但这些精确解只有在简单的几何和外载条件才能给出，而这些简单情况下的精确解可以在弹性理论的书籍中找到。而对于具有复杂几何形状和一般边界的问题，要得到精确解通常是做不到的，为此通常要采用能量变分方法来求得近似解，这些方法会放宽位移函数的条件。下面首先给出最小势能原理的介绍，以及基于此原理的近似方法，即里兹法，最后利用此原理推导杆件的单元刚度矩阵。

4.3.1 最小势能原理与里兹法

一个弹性体的总势能 Π 被定义为总应变能(U)与外力势能(W)之和，对于线弹性材料，单位体积的应变能是 $\frac{1}{2}\sigma^T\varepsilon$，则总应变能 U 为

$$U=\frac{1}{2}\int_V\sigma^T\varepsilon\,\mathrm{d}V \tag{4.20}$$

外力势能为

$$W=-\int_V u^TF\,\mathrm{d}V-\int_S u^TT\,\mathrm{d}S-\sum_i u_i^TP_i \tag{4.21}$$

单位体积的分布力 $F=[F_x,F_y,F_z]$，单位面积的分布力为 $T=[T_x,T_y,T_z]$，作用点处的集中载荷为 $P_i=[P_x,P_y,P_z]$。因此，弹性体的总势能为

$$\Pi=\frac{1}{2}\int_V\sigma^T\varepsilon\,\mathrm{d}V-\int_V u^TF\,\mathrm{d}V-\int_S u^TT\,\mathrm{d}S-\sum_i u_i^TP_i \tag{4.22}$$

此处仅考虑保守力系统的情况，即外力势能与作用力的路径无关，对于保守系统，当一个给定的几何构形产生变形后，再回到变形前状态，那么无论加载路径如何，作用力所做的功都为零。对这类系统，在所有许可位移场之中，对应于平衡状态的位移场使得总势能取极值，如果极值条件为最小值，则对应的平衡状态是确定的，这就是最小势能原理，可表示为

$$\delta\Pi(\boldsymbol{u})=\delta U(\boldsymbol{u})+\delta W(\boldsymbol{u})=0 \tag{4.23}$$

利用势能原理不仅可以帮助我们得到单元刚度方程，也可用于问题的直接求解，而其中的直接解法就包括了瑞利一里兹方法，也称里兹法，下面将给出该方法的介绍及算例，其主要求解步骤为

(1) 假设位移场函数，这里为

$$\tilde{\boldsymbol{u}}=\sum_{i}^{n}N_i a_i \tag{4.24}$$

其中，N_i 为给定的关于坐标的函数，称为试探函数或形函数。

(2) 根据 $\delta\Pi(\boldsymbol{u})=0$，进一步的

$$\delta\Pi=\frac{\partial\Pi}{\partial a_1}\delta a_1+\frac{\partial\Pi}{\partial a_2}\delta a_2+\cdots+\frac{\partial\Pi}{\partial a_n}\delta a_n=0 \tag{4.25}$$

由于 δa_i 为任意值，所以各系数应为 0，即

$$\frac{\partial\Pi}{\partial a_i}=0,\quad i=1,2,\cdots,n \tag{4.26}$$

对方程组进行求解，可得到各系数 a_i 进而得到近似解。

例 4.1 对于一个线弹性杆件(见图 4.4)，利用里兹法求解在给定载荷下杆所受应力，载荷为沿杆长线性分布的 ax，忽略体积力。

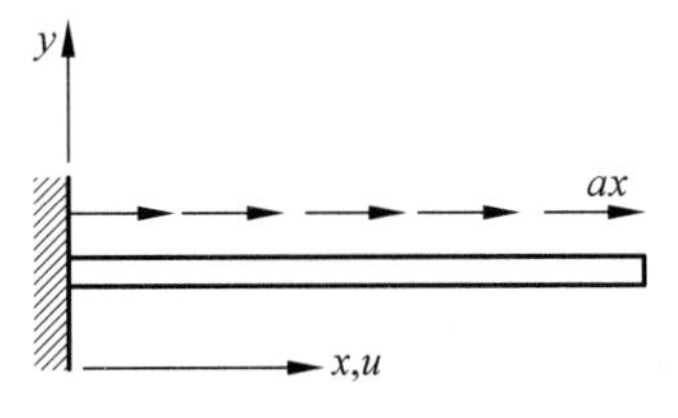

图 4.4 例 4.1 示意图

解：此时的总势能为

$$\Pi=\frac{1}{2}\int_0^l EA\left(\frac{\mathrm{d}u}{\mathrm{d}x}\right)^2\mathrm{d}x-\int_0^l u(ax)\mathrm{d}x$$

取一个多项式函数为

$$u=a_1+a_2x+a_3x^3$$

它必须满足 $u=0$(在 $x=0$ 处)和 $EAu'=0$(在 $x=l$ 处)，因此有

$$a_1=0$$

$$a_2+3\times l^2a_3=0$$

计算总势能可得

$$\begin{aligned}\Pi&=\frac{1}{2}\int_0^l EA(-3l^2a_3+3a_3x^2)^2\mathrm{d}x-\int_0^l aa_3x^2(-3l^2+x^2)\mathrm{d}x\\&=\frac{4}{5}aa_3l^5+\frac{12}{5}a_3{}^2EAl^5\end{aligned}$$

此时总势能只是 a_3 的函数，令$\frac{\partial\Pi}{\partial a_3}=0$，则有

$$a_3=-\frac{a}{6EA}$$

从而得到杆的位移函数为

$$u=\frac{al^2x}{2EA}-\frac{ax^3}{6EA}$$

应力为

$$\sigma=E\,\frac{\mathrm{d}u}{\mathrm{d}x}=\frac{al^2}{2A}-\frac{ax^2}{2A}$$

4.3.2 单元刚度方程的势能方法

对于杆件，其轴向应变与位移之间存在导数关系：

$$\varepsilon=\frac{\mathrm{d}u}{\mathrm{d}x}=(u)' \tag{4.27}$$

此时将 $u=\boldsymbol{Nd}$ 代入式(4.27)可以得到

$$\varepsilon=\begin{bmatrix}\dfrac{\mathrm{d}N_1}{\mathrm{d}x} & \dfrac{\mathrm{d}N_2}{\mathrm{d}x}\end{bmatrix}\begin{bmatrix}u_1\\u_2\end{bmatrix}=\frac{1}{l}\begin{bmatrix}-1 & 1\end{bmatrix}\begin{bmatrix}u_1\\u_2\end{bmatrix}=\boldsymbol{Bd} \tag{4.28}$$

其中，

$$\boldsymbol{B}=\frac{1}{l}\begin{bmatrix}-1 & 1\end{bmatrix} \tag{4.29}$$

称为应变矩阵(也称应变位移矩阵)，该矩阵在刚度矩阵的推导中十分重要。

下面基于势能方法推导杆件的单元刚度矩阵，考虑到势能原理对于结构中每个离散单元同样成立，此时单元的总势能可表示为

$$\Pi^e=U^e+W^e \tag{4.30}$$

其中单元的应变能可表示为

$$U^e=\frac{1}{2}(\boldsymbol{u}^e)^{\mathrm{T}}\boldsymbol{K}^e\boldsymbol{u}^e \tag{4.31}$$

外力功则可表示为

$$W^e=-(\boldsymbol{u}^e)^{\mathrm{T}}\boldsymbol{f}^e \tag{4.32}$$

因此，最小势能原理可写为

$$\delta\Pi^e=\delta U^e+\delta W^e=\frac{\partial\Pi^e}{\partial\boldsymbol{u}^e}(\delta\boldsymbol{u}^e)^{\mathrm{T}}=0 \tag{4.33}$$

将式(4.31)和式(4.32)代入式(4.33)得

$$\delta\Pi^e=(\boldsymbol{K}^e\boldsymbol{u}^e-\boldsymbol{f}^e)(\delta\boldsymbol{u}^e)^{\mathrm{T}}=0 \tag{4.34}$$

由于位移变分的任意性，此时可得单元刚度方程：

$$\boldsymbol{K}^e\boldsymbol{u}^e=\boldsymbol{f}^e \tag{4.35}$$

为得到具体的 $\boldsymbol{K}^e$，需要写出单元具体的应变能形式，对于一维杆单元，有

$$U^e=\frac{1}{2}\int_V\sigma\varepsilon\,\mathrm{d}V=\frac{1}{2}\int_0^L(EA\varepsilon)\varepsilon\,\mathrm{d}x=\frac{1}{2}\int_0^L\varepsilon(EA)\varepsilon\,\mathrm{d}x \tag{4.36}$$

以自然坐标表示时，

$$U^e=\frac{1}{2}\int_0^1\varepsilon(EA)\varepsilon l\,\mathrm{d}\zeta \tag{4.37}$$

此时将 $\varepsilon=\boldsymbol{Bd}$ 代入式(4.37)得

$$U^e=\frac{1}{2}\int_0^1 \boldsymbol{u}^{\mathrm{T}}\boldsymbol{B}^{\mathrm{T}}EA\boldsymbol{B}\boldsymbol{u}l\,\mathrm{d}\zeta$$
$$=\frac{1}{2}\boldsymbol{u}^{\mathrm{T}}\int_0^1 \boldsymbol{B}^{\mathrm{T}}EA\boldsymbol{B}l\,\mathrm{d}\zeta\boldsymbol{u}$$
$$=\frac{1}{2}\begin{bmatrix}u_1 & u_2\end{bmatrix}\int_0^1 \frac{EA}{l^2}\begin{bmatrix}1 & -1\\ -1 & 1\end{bmatrix}l\,\mathrm{d}\zeta\begin{bmatrix}u_1\\ u_2\end{bmatrix} \tag{4.38}$$

根据

$$U^e=\frac{1}{2}(\boldsymbol{u}^e)^{\mathrm{T}}\boldsymbol{K}^e\boldsymbol{u}^e \tag{4.39}$$

对比式(4.38)与式(4.39)可以看出

$$\boldsymbol{K}^e=\int_0^1 EA\boldsymbol{B}^{\mathrm{T}}\boldsymbol{B}l\,\mathrm{d}\zeta$$
$$=\int_0^1 \frac{EA}{l^2}\begin{bmatrix}1 & -1\\ -1 & 1\end{bmatrix}l\,\mathrm{d}\zeta$$
$$=\frac{1}{l}\begin{bmatrix}1 & -1\\ -1 & 1\end{bmatrix}\int_0^1 EA\,\mathrm{d}\zeta \tag{4.40}$$

对于单一材料的等截面杆件，即 EA 为常数时，有

$$\boldsymbol{K}^e=\frac{EA}{l}\begin{bmatrix}1 & -1\\ -1 & 1\end{bmatrix} \tag{4.41}$$

4.4　加权余量法与伽辽金法

前面讨论的最小势能原理实际上是弹性力学中的变分方法，在利用势能方法进行问题求解时，需要计算的总势能实际就是弹性系统的泛函，虽然利用能量变分可以帮助我们解决很多线弹性问题，但对于更多的问题，当相应的泛函未找到，或者不存在时，在这种情况下就无法应用变分方法了，而此时往往可以利用加权余量法进行问题的近似求解，下面首先阐明加权余量法的基本概念，并给出几种常用的形式，之后给出基于伽辽金法的杆单元推导。

4.4.1　加权余量法

加权余量法应用于微分方程定解问题求解，物理问题通常归结为微分方程的定解问题，一般可表示为在区域内的微分方程组及在边界处的边界条件，二者可写为

$$L(\boldsymbol{u})=\begin{bmatrix}L_1(\boldsymbol{u})\\ L_2(\boldsymbol{u})\\ \vdots\end{bmatrix}=\boldsymbol{0}\quad(\text{在}\ \Omega\ \text{内}) \tag{4.42}$$

$$B(\boldsymbol{u})=\begin{bmatrix}B_1(\boldsymbol{u})\\ B_2(\boldsymbol{u})\\ \vdots\end{bmatrix}=\boldsymbol{0}\quad(\text{在}\ \Gamma\ \text{内}) \tag{4.43}$$

其中，Ω 表示未知函数的定义域(可以是体积域、面积域等)，而 Γ 是 Ω 的边界。L 和 B 是场变量 $\boldsymbol{u}$ 的微分算子，可以表示单个方程，也可以是一组方程。对于一维杆问题，其控制方程对应于下面的微分方程：

$$\frac{\mathrm{d}}{\mathrm{d}x}\left(EA\ \frac{\mathrm{d}u}{\mathrm{d}x}\right)=0$$

其中，L 算子可以写成

$$\frac{\mathrm{d}}{\mathrm{d}x}EA\ \frac{\mathrm{d}}{\mathrm{d}x}(\ \ )$$

对于复杂的实际问题，满足控制方程的精确解往往很难找到，为此人们设法找到具有一定精度的近似解。对于微分方程(4.42)和边界条件(4.43)所表达的物理问题，假设未知函数 $\boldsymbol{u}$ 可以采用近似函数来表示，近似函数通常是一组含有待定参数的已知函数，一般形式为

$$\boldsymbol{u}\approx\tilde{\boldsymbol{u}}=\sum_{i=1}^{n}\boldsymbol{N}_i\boldsymbol{a}_i=\boldsymbol{N}\boldsymbol{a} \tag{4.44}$$

其中，$\boldsymbol{a}_i$ 是待定参数，$\boldsymbol{N}_i$ 称为基函数或形函数，它是已知函数，并且是线性独立的。选取基函数进行问题求解时，当选取有限项数的情况下并不能精确满足微分方程和全部边界条件，也就是控制方程不能精确成立，此时将产生残差 $\boldsymbol{R}$ 及 $\bar{\boldsymbol{R}}$，即

$$L(\boldsymbol{N}\boldsymbol{a})=\boldsymbol{R},\quad \boldsymbol{B}(\boldsymbol{N}\boldsymbol{a})=\bar{\boldsymbol{R}} \tag{4.45}$$

残差也称为余量。而近似方法就是余量经过加权后在整个区域内的积分为零，即

$$\int_{\Omega}\boldsymbol{w}_j^{\mathrm{T}}L(\boldsymbol{N}\boldsymbol{a})\mathrm{d}\Omega+\int_{\Gamma}\bar{w}_j^{\mathrm{T}}\boldsymbol{B}(\boldsymbol{N}\boldsymbol{a})\mathrm{d}\Gamma=0,\quad j=1,2,\cdots,n \tag{4.46}$$

或者

$$\int_{\Omega}\boldsymbol{w}_j^{\mathrm{T}}\boldsymbol{R}\,\mathrm{d}\Omega+\int_{\Gamma}\bar{\boldsymbol{w}}_j^{\mathrm{T}}\bar{\boldsymbol{R}}\,\mathrm{d}\Gamma=0,\quad j=1,2,\cdots,n \tag{4.47}$$

其中，$\boldsymbol{w}_j$ 和$\bar{\boldsymbol{w}}_j$ 称为权函数，式(4.46)或式(4.47)的意义是通过选择待定系数 $\boldsymbol{a}_i$，强迫余量在某种平均意义下等于零，根据这样一组求解方程，就可以求解近似解的待定系数，进而得到原问题的近似解答。这种通过余量加权后的积分运算而完成的问题近似求解就称为加权余量法，权函数有很多种选择的方法，根据权函数的不同，加权余量法还可以分为配点法、最小二乘法、伽辽金法等，下面将给出其中 3 种方法的介绍。

1. 配点法

此时权函数 $w_j=\delta(x-x_j)$，若配点共为 m 个，这种方法相当于强迫余量在域内的这 m 个配点上等于零，写为方程组的形式为

$$R_n(x_j)=0,\quad j=1,2,\cdots,m \tag{4.48}$$

其中，R_n 表示的是采用 n 项基函数所对应的余量函数。

2. 最小二乘法

此时权函数选为

$$w_j=\frac{\partial\mathbf{A}\left(\sum\limits_{i=1}^{n}N_i a_i\right)}{\partial a_j}=\frac{\partial R_n}{\partial a_j} \tag{4.49}$$

这种方法的实质是使得 $\int_{\Omega}\boldsymbol{R}^2(x)\mathrm{d}\Omega$ 取最小值，即

$$\frac{\mathrm{d}}{\mathrm{d}a_j}\left(\int_{\Omega}\boldsymbol{R}^2(x)\mathrm{d}\Omega\right)=0,\quad j=1,2,\cdots,n \tag{4.50}$$

写为方程组的形式为

$$\int_{\Omega}R_n\frac{\mathrm{d}R_n}{\mathrm{d}a_j}\mathrm{d}\Omega=0,\quad j=1,2,\cdots,n \tag{4.51}$$

3. 伽辽金法

此时权函数 $w_j=N_j$，写为方程组的形式为

$$\int_{\Omega}R_nN_j\mathrm{d}\Omega=0,\quad j=1,2,\cdots,n \tag{4.52}$$

下面给出例题，说明加权余量法的具体求解过程及求解误差。

例 4.2 求解二阶常微分方程：

$$\frac{\mathrm{d}^2u}{\mathrm{d}x^2}+u+x=0(0\leqslant x\leqslant 1),\quad 其中，\quad u(0)=u(1)=0$$

解：(1) 配点法求解

使用加权余量法时，先选取满足边界条件的形函数 N_j，下面的各种方法分别使用了一项近似与两项近似进行求解，根据形函数可以写出近似解及余量，下面给出 Mathematica 对应的代码：

```
N1[x_] := x(1-x);
N2[x_] := x(1-x)x;
(* 一项近似解 *)
u1[x_]=a1 * N1[x];
R1[x_] := u''[x]+u[x]+x/.u-> u1;
(* 两项近似解 *)
u2[x_]=a1 * N1[x]+a2 * N2[x];
R2[x_] := u''[x]+u[x]+x/.u-> u2;
```

进一步列出配点法对应的求解方程，并利用软件的 Solve 函数进行求解，输入 cell：

```
sol1=Solve[R1[1/2]==0,a1];
Print[sol1[[1]]];
u1e[x_]=u1[x]/.sol1[[1]];
Print["配点法一项解：",u1e[x]];
sol2=Solve[{R2[1/3]==0,R2[2/3]==0},{a1,a2}];
Print[sol2[[1]]];
u2e[x_]=u1[x]/.sol2[[1]];
Print["配点法两项解：",u2e[x]];
```

输出 cell：

$\left\{a1\to\frac{2}{7}\right\}$

配点法一项解：$\frac{2}{7}(1-x)x$

$\left\{a1\to\frac{81}{416},a2\to\frac{9}{52}\right\}$

配点法两项解：$\frac{81}{416}(1-x)x+\frac{9}{52}(1-x)x^2$

(2) 最小二乘法求解

此时形函数 N_j、近似解和余量与前面是相同的，下面列出最小二乘法对应的求解过程，输入 cell：

```
(* 一项近似解 *)
ClearAll[a1,a2];sol31=Solve[Integrate[R1[x] D[R1[x],a1],{x,0,1}]==0,a1];
u31e[x_]=u1[x]/.sol31[[1]];
Print["二乘法一项解：",u31e[x]];
(* 两项近似解 *)
ClearAll[a1,a2];sol32=Solve[{Integrate[R2[x] D[R2[x],a1],{x,0,1}]==0,Integrate[R2[x] D
[R2[x],a2],{x,0,1}]==0},{a1,a2}];
u32e[x_]=u2[x]/.sol32[[1]];
Print["二乘法两项解：",u32e[x]];
```

输出 cell：

二乘法一项解：$\frac{55}{202}(1-x)x$

二乘法两项解：$\frac{46161(1-x)x}{246137}+\frac{413(1-x)x^2}{2437}$

(3) 迦辽金法求解

同样地，形函数 N_j、近似解和余量与前面是相同的，下面列出迦辽金法对应的求解过程，输入 cell：

```
(* 一项近似解 *)
ClearAll[a1,a2]; sol51=Solve[Integrate[N1[x] R1[x],{x,0,1}]==0,a1];
u51e[x_]=u1[x]/.sol51[[1]];
Print["迦辽金一项解：",u51e[x]];
(* 两项近似解 *)
ClearAll[a1,a2]; sol52=Solve[{Integrate[N1[x] R2[x],{x,0,1}]==0,Integrate[N2[x] R2[x],
{x,0,1}]==0},{a1,a2}];
u52e[x_]=u2[x]/.sol52[[1]];
Print["迦辽金法两项解：",u52e[x]];
```

输出 cell：

迦辽金法一项解：$\frac{5}{18}(1-x)x$

迦辽金法两项解：$\frac{71}{369}(1-x)x+\frac{7}{41}(1-x)x^2$

对于该例题，其精确解可利用 Mathematica 的 DSolve 命令求得，输入 cell：

```
DSolve[{u''[x]+u[x]+x==0,u[0]==0,u[1]==0},u[x],x]
```

输出 cell：

```
{{u[x]→-x+Csc[1]Sin[x]}}
```

从而，可以对上面求得的结果进行误差分析，以配点法为例，可以利用下面的语句完成计算与图形绘制：

```
Err1[x_] := (u1e[x]-uu[x])/uu[x] * 100;
Err2[x_] := (u2e[x]-uu[x])/uu[x] * 100;
Plot[{Err1[x],Err2[x]},{x,0,1},PlotStyle{Dashed,Thick}]
```

由图 4.5 可见，一项近似给出的结果通常不能令人满意，但两项近似已能得到较好的解答。

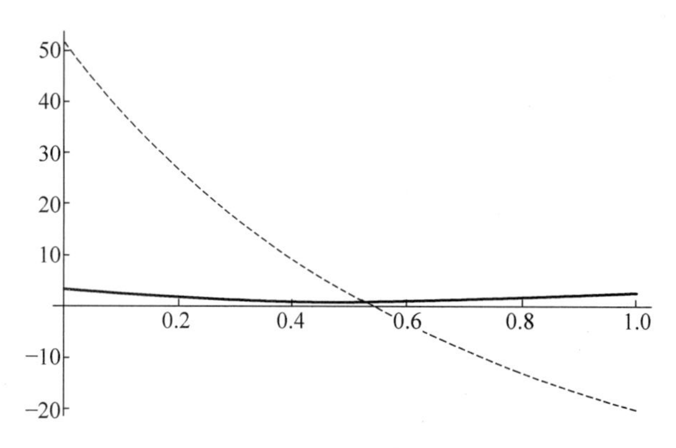

图 4.5　例 4.2 的误差曲线

例 4.3　利用伽辽金法重新对例 4.1 进行求解。

解：首先写出其定解问题，其中平衡方程为

$$\frac{\mathrm{d}}{\mathrm{d}x}EA\frac{\mathrm{d}u}{\mathrm{d}x}=-ax$$

边界条件为

$$u(0)=0,\quad EAu'(l)=0$$

对于本问题，可以利用 Mathematica 进行求解，基函数可选择为

$$N_1=x,\quad N_2=x^2,\quad N_3=x^3$$

因此，近似函数可以写为

$$\tilde{u}=a_1x+a_2x^2+a_3x^3$$

具体计算代码如下，代码中长度符号用 L 表示。

```
u[x_] := a1 x +a2 x^2 +a3 x^3;
N1[x_] := x;N2[x_] := x^2;N3[x_] := x^3;
```

```
R3[x_]:= EA u''[x]+α x
sol=Solve[Integrate[R3[x] N1[x],{x,0,L}]==0 && Integrate[R3[x]N2[x],{x,0,L}]==0,
{a2,a3}]
u1[x_]=u[x]/.sol;
sol2=Solve[u1'[L]==0,a1]
u[x]/.sol/.sol2
```

输出结果为

$$\left\{\left\{a2\to 0,a3\to -\frac{\alpha}{6EA}\right\}\right\}$$
$$\left\{\left\{a1\to \frac{L^2\alpha}{2EA}\right\}\right\}$$
$$\left\{\left\{\frac{L^2 x\alpha}{2EA}-\frac{x^3\alpha}{6EA}\right\}\right\}$$

以上是利用强形式进行求解，也可以利用弱形式进行问题求解，对于本问题，其弱形式容易得到，首先根据

$$\int_0^l w(x)EA\frac{\partial^2 u}{\partial x^2}\mathrm{d}x=\int_0^l w(x)(-ax)\mathrm{d}x$$

对上式分部积分后得到

$$EA\left[w\frac{\mathrm{d}u}{\mathrm{d}x}\right]_0^l-\int_0^l\frac{\mathrm{d}w}{\mathrm{d}x}EA\frac{\mathrm{d}u}{\mathrm{d}x}\mathrm{d}x=\int_0^l w(x)(-ax)$$

其中，

$$EA\left[w\frac{\mathrm{d}u}{\mathrm{d}x}\right]_0^l=EAw(l)\left[\frac{\mathrm{d}u}{\mathrm{d}x}\right]_l-EAw(0)\left[\frac{\mathrm{d}u}{\mathrm{d}x}\right]_0$$

考虑到问题的边界条件，根据自然边界及强制边界可知

$$EA\left[\frac{\mathrm{d}u}{\mathrm{d}x}\right]_l=w(0)=0$$

所以

$$\int_0^l\frac{\mathrm{d}w}{\mathrm{d}x}EA\frac{\mathrm{d}u}{\mathrm{d}x}\mathrm{d}x=\int_0^l w(x)(ax)\mathrm{d}x$$

这就是定解问题的积分弱形式了，按照伽辽金法的一般步骤可以完成求解，得到的结果与前面相同，注意这里的权函数选用同样的基函数，即

$$w=w_1x+w_2x^2+w_3x^3$$

4.4.2 伽辽金法

在运用伽辽金法推导单元刚度矩阵之前，我们简单回顾一下杆的微分方程。根据图 4.6，我们容易得到平衡关系。

图 4.6 中杆件的微元体平衡方程为

$$A\sigma=A(\sigma+\Delta\sigma)+\alpha x\cdot\mathrm{d}x$$

即

$$A\frac{\mathrm{d}\sigma}{\mathrm{d}x}=-\alpha x \tag{4.53}$$

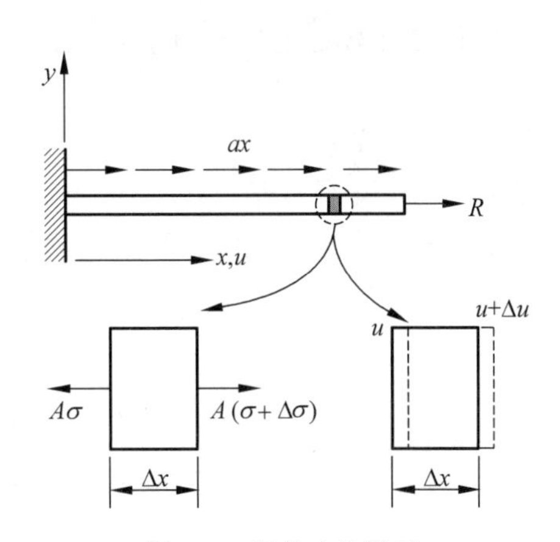

图4.6　杆件中的微元

此时进一步考虑杆件的物理关系，以及几何关系，这里是最简单的形式

$$\sigma=E\varepsilon$$

$$\varepsilon=\frac{\mathrm{d}u}{\mathrm{d}x}$$

由此可以得到控制方程为

$$AE\frac{\mathrm{d}^2u}{\mathrm{d}x^2}=-\alpha x$$

也容易写出边界条件：

$$u(0)=0,\quad AE\left.\frac{\mathrm{d}u}{\mathrm{d}x}\right|_{x=l}=0$$

在例4.3中，我们已经利用了上述方程，并给出了该定解问题的等效积分弱形式，结果为

$$\int_0^l\frac{\mathrm{d}w}{\mathrm{d}x}EA\frac{\mathrm{d}u}{\mathrm{d}x}\mathrm{d}x=\int_0^l w(x)(\alpha x)\mathrm{d}x \tag{4.54}$$

基于前面的结果我们采用伽辽金法，完成单元刚度矩阵的推导，首先写出权函数和位移函数，二者采用同样的形函数，即

$$u=\boldsymbol{N}\boldsymbol{u},\quad w=\boldsymbol{N}\tilde{\boldsymbol{w}} \tag{4.55}$$

此外

$$\varepsilon=\boldsymbol{B}\boldsymbol{u} \tag{4.56}$$

将式(4.55)和式(4.56)代入式(4.54)中，可以得到

$$\tilde{\boldsymbol{w}}^{\mathrm{T}}\int_0^l\boldsymbol{B}^{\mathrm{T}}EA\boldsymbol{B}\,\mathrm{d}x\boldsymbol{u}=\tilde{\boldsymbol{w}}^{\mathrm{T}}\int_0^l\boldsymbol{N}^{\mathrm{T}}(\alpha x)\mathrm{d}x \tag{4.57}$$

考虑到$\tilde{\boldsymbol{w}}$的任意性，消去该项后容易得到单元刚度矩阵：

$$\boldsymbol{K}^e=\int_0^l EA\boldsymbol{B}^{\mathrm{T}}\boldsymbol{B}\,\mathrm{d}x \tag{4.58}$$

当考虑两节点杆单元时，则有

$$\boldsymbol{B}=\frac{1}{l}\begin{bmatrix}-1 & 1\end{bmatrix}$$

从而

$$\boldsymbol{K}^e=\int_0^l\frac{EA}{l^2}\begin{bmatrix}1 & -1\\ -1 & 1\end{bmatrix}\mathrm{d}x=\frac{1}{l^2}\begin{bmatrix}1 & -1\\ -1 & 1\end{bmatrix}\int_0^l EA\,\mathrm{d}x \tag{4.59}$$

此外，节点力矢量

$$\boldsymbol{f}^e=\int_0^l\boldsymbol{N}^{\mathrm{T}}(\alpha x)\mathrm{d}x \tag{4.60}$$

4.5　高阶杆单元刚度矩阵

对于前面讨论的线性杆单元，形式比较简单，但由于单元中的应力和应变都是常量，而工程中的实际问题往往会有应力场随坐标急剧变化的情况，此时就需要使用大量密集的单元才能得到比较好的结果，但节点数量多也将消耗更多的计算资源，下面介绍高阶的杆单元。一般来说，高阶单元的形函数可以通过在线性单元中增加额外的节点来实现，这些单元能导致单元内的高阶应变，因此，使用较少的单元就能以较快的速度收敛到精确解。使用高阶单元的另一个优点是，与使用简单的直边线性单元相比，它能够更好地近似不规则形状物体的曲线边界。为了说明高阶单元的概念，我们从图 4.7 所示的三节点线性应变二次位移单元开始。

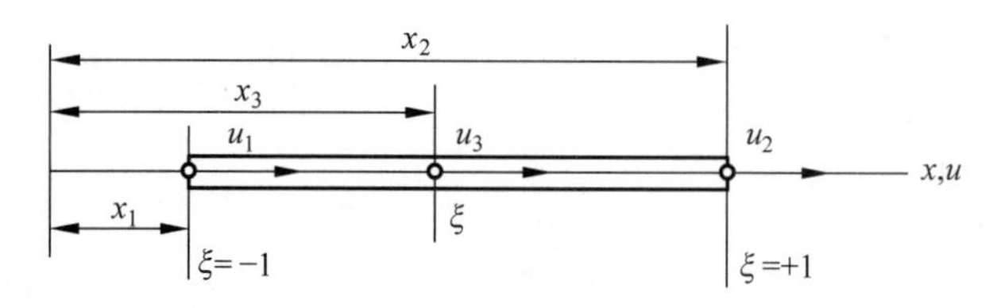

图 4.7　三节点二阶杆单元

需要说明的是，这部分我们采用了等参数公式描述。所谓等参数指的是定义单元的位移与几何形状使用相同的插值函数(或形函数)，而利用等参数描述进行单元刚度方程推导时使用的是自然坐标系，而非全局坐标系。使用等参数描述可以为我们带来许多便利，一方面使得我们方便处理具有曲边的单元，另一方面使得推导中的积分运算更加规范和简便，在第 6 章中我们会进一步讨论单元的等参数表示。通过下面具体例子的分析，读者可以多加体会。

二次等参杆单元在全局坐标中 3 个节点的坐标分别为 x_1，x_2 和 x_3，下面讨论其形函数 N_1，N_2 和 N_3，以及应变位移矩阵$[B]$。二阶杆单元的形函数我们在前面 4.2 节中利用拉格朗日插值的形式给出过，下面按照等参元描述进行重新讨论，有关结果可与前面进行对比，首先假定位移函数为二次多项式，即

$$u = b_1 + b_2\xi + b_3\xi^2 \tag{4.61}$$

此时自然坐标的取值为－1～1。

为计算单元的形函数，按照等参元的内涵，则坐标函数 $x(\xi)$为

$$x = a_1 + a_2\xi + a_3\xi^2 \tag{4.62}$$

下面可以得到全局坐标表示的 a_i：

$$\begin{cases} x(-1) = a_1 - a_2 + a_3 = x_1 \\ x(0) = a_1 = x_3 \\ x(1) = a_1 + a_2 + a_3 = x_2 \end{cases} \tag{4.63}$$

由此不难得到

$$\begin{cases} a_1 = x_3 \\ a_2 = (x_2 - x_1)/2 \\ a_3 = (x_1 + x_2 - 2x_3)/2 \end{cases} \tag{4.64}$$

将式(4.64)代入式(4.61)，可得

$$x = a_1 + a_2\xi + a_3\xi^2 = x_3 + \frac{x_2 - x_1}{2}\xi + \frac{x_1 + x_2 - 2x_3}{2}\xi^2 \tag{4.65}$$

整理后为

$$x=\left[\frac{\xi(\xi-1)}{2}\right]x_1+\frac{\xi(\xi+1)}{2}x_2+(1-\xi^2)x_3 \tag{4.66}$$

进一步可得

$$[x]=[N_1 \quad N_2 \quad N_3]\begin{bmatrix}x_1\\x_2\\x_3\end{bmatrix}=\left[\left(\frac{\xi(\xi-1)}{2}\right) \quad \frac{\xi(\xi+1)}{2} \quad (1-\xi^2)\right]\begin{bmatrix}x_1\\x_2\\x_3\end{bmatrix} \tag{4.67}$$

其中,形函数分别为

$$N_1=\frac{\xi(\xi-1)}{2},\quad N_2=\frac{\xi(\xi+1)}{2},\quad N_3=1-\xi^2 \tag{4.68}$$

这样就得到了坐标的形函数(或插值函数)。需强调的是,使用等参数描述意味着位移函数和坐标函数需要具有相同的插值形式,这样得到位移的形函数表示式:

$$u=N_1u_1+N_2u_2+N_3u_3 \tag{4.69}$$

在此基础上可求解应变位移矩阵 $\boldsymbol{B}$,根据应变的基本定义可得

$$\varepsilon_x=\frac{\mathrm{d}u}{\mathrm{d}x}=\frac{\mathrm{d}u}{\mathrm{d}\xi}\frac{\mathrm{d}\xi}{\mathrm{d}x}=\boldsymbol{B}\begin{bmatrix}u_1\\u_2\\u_3\end{bmatrix} \tag{4.70}$$

将形函数代入求微分,可得

$$\frac{\mathrm{d}u}{\mathrm{d}\xi}=\left(\xi-\frac{1}{2}\right)u_1+\left(\xi+\frac{1}{2}\right)u_2+(-2\xi)u_3 \tag{4.71}$$

另外,根据自然坐标和全局坐标的关系,不难得到 $\mathrm{d}x/\mathrm{d}\xi=l/2$,从而有

$$\frac{\mathrm{d}u}{\mathrm{d}x}=\frac{\mathrm{d}u}{\mathrm{d}\xi}\frac{\mathrm{d}\xi}{\mathrm{d}x}=\left(\frac{2\xi-1}{l}\right)u_1+\left(\frac{2\xi+1}{l}\right)u_2+\left(\frac{-4\xi}{l}\right)u_3 \tag{4.72}$$

将式(4.72)写成矩阵形式为

$$\frac{\mathrm{d}u}{\mathrm{d}x}=\left[\frac{2\xi-1}{l} \quad \frac{2\xi+1}{l} \quad \frac{-4\xi}{l}\right]\begin{bmatrix}u_1\\u_2\\u_3\end{bmatrix} \tag{4.73}$$

所以有

$$\boldsymbol{B}=\left[\frac{2\xi-1}{l} \quad \frac{2\xi+1}{l} \quad \frac{-4\xi}{l}\right] \tag{4.74}$$

下面我们进一步计算二阶单元的刚度矩阵,由于单元刚度矩阵可表示为

$$\boldsymbol{K}^e=\int_{x_1}^{x_2}EA\boldsymbol{B}^{\mathrm{T}}\boldsymbol{B}\,\mathrm{d}x \tag{4.75}$$

写成自然坐标后为

$$\boldsymbol{K}^e=\int_{-1}^{1}EA\boldsymbol{B}^{\mathrm{T}}\boldsymbol{B}\,\frac{l}{2}\mathrm{d}\xi \tag{4.76}$$

此时将 $\boldsymbol{B}$ 代入式(4.76)可得

$$\boldsymbol{K}=\frac{AEl}{2}\int_{-1}^{1}\begin{bmatrix}\frac{(2\xi-1)^2}{l^2} & \frac{(2\xi-1)(2\xi+1)}{l^2} & \frac{(2\xi-1)(-4\xi)}{l^2}\\ \frac{(2\xi+1)(2\xi-1)}{l^2} & \frac{(2\xi+1)^2}{l^2} & \frac{(2\xi+1)(-4\xi)}{l^2}\\ \frac{(-4\xi)(2\xi-1)}{l^2} & \frac{(-4\xi)(2\xi+1)}{l^2} & \frac{(-4\xi)^2}{l^2}\end{bmatrix}\mathrm{d}\xi \tag{4.77}$$

对式(4.77)进行积分可得

$$\boldsymbol{K}=\frac{AE}{2l}\begin{bmatrix}\frac{14}{3} & \frac{2}{3} & -\frac{16}{3}\\ \frac{2}{3} & \frac{14}{3} & -\frac{16}{3}\\ -\frac{16}{3} & -\frac{16}{3} & \frac{32}{3}\end{bmatrix} \tag{4.78}$$

对于以上的积分运算,可以利用 Mathematica 代码实现:

```
B={{(2ξ-1)/L},{(2ξ+1)/L},{(-4ξ)/L}};B.Transpose[B];Ke=Integrate[L/2 EA B.
Transpose[B],{ξ,-1,1}];
Print[Ke//MatrixForm]
```

输出结果与式(4.78)相同。

例 4.4 利用有限元法重新求解例 4.1,其中 $l=100\mathrm{m}$,$E=30\times10^6\mathrm{GPa}$,$\nu=0.3$,$A=1\mathrm{mm}^2$,$a=2$。

解:首先给出问题的理论解,该问题为二次常微分方程:

$$AE\frac{\mathrm{d}^2u}{\mathrm{d}x^2}=-ax,\quad u(0)=0,\quad AE\left.\frac{\mathrm{d}u}{\mathrm{d}x}\right|_{x=l}=0$$

可以利用 Mathematica 中的 DSolve 函数求解:

```
DSolve[{EAu''[x]==-ax,u[0]==0,u'[L]==0},u[x],x]
```

结果为

$$\left\{\left\{u[x]\to\frac{a(3L^2x-x^3)}{6EA}\right\}\right\}$$

得到理论解后代入参数,可得杆中部和端部位移,也在 Mathematica 中计算:

```
a=2;L=100.;EA=1.0 30 10^6;
(a (3 L^2 x-x^3))/(6 EA)/.x→{L/2,L}
```

结果为

```
{0.0152778,0.022222}
```

下面利用二次单元进行计算，代码如下：

```
EE=30 10^6;A=1;a=2.;L=100;
Ke=(EE A)/(6 L) {{14,-16,2},{-16,32,-16},{2,-16,14}};
KeM=(EE A)/(6 L) {{1,0,0},{0,32,-16},{0,-16,14}};
f={0,(a L^2)/6,(a L^2)/3};
sol=Inverse[KeM].f//FullSimplify
```

结果为

```
{0.,0.015972,0.02778}
```

输出列表给出了三个节点处的位移值。

习　题

4.1　试证明一维拉格朗日插值函数满足节点形函数的两点性质，即 $N_i(x_j)=\delta_{ij}$ 和 $\sum_{i=1}^{n} N_i=1$。

4.2　对于习题 4.2 图所示的系统：(1)在整体坐标中写出各构件的力-位移关系；(2)组装整体刚度方程；(3)说明整体刚度矩阵的奇异性，其中 $E=200$ GPa。

4.3　在习题 4.2 的基础上进一步考虑载荷与支撑边界，如习题 4.3 图所示：(1)计算节点 1 和节点 2 处的位移；(2)计算两支座处的支反力；(3)计算各杆的内力。

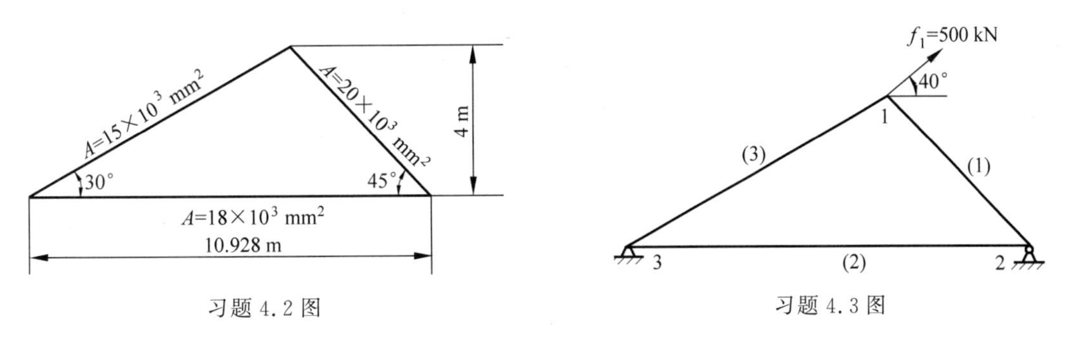

习题 4.2 图　　　　习题 4.3 图

4.4　使用 Mathematica 完成习题 4.3 的求解，主要包括总体刚度矩阵的合成、边界条件的施加，以及问题的求解。

4.5　利用最小势能原理推导习题 4.5 图中变截面柱形杆件的刚度矩阵，其中 E 为常数。

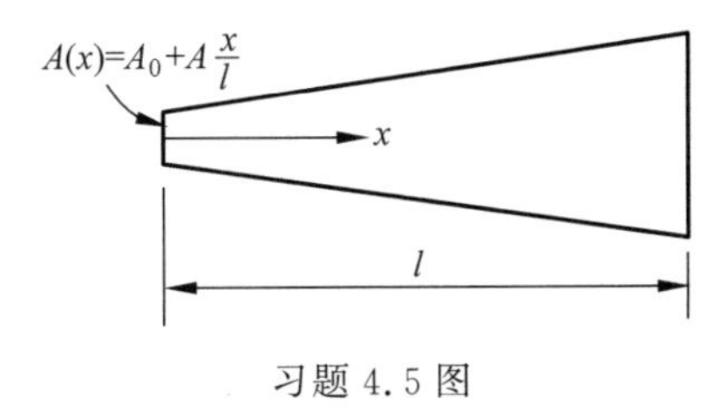

习题 4.5 图

第 5 章

梁 单 元

5.1 引 言

本章将讨论 Hermite 插值形函数，并利用最小势能原理及伽辽金法来建立梁单元的刚度方程，其中既包括 Euler-Bernoulli 梁，也包括考虑了剪切变形的 Timoshenko 梁。Euler-Bernoulli 梁应用较为广泛，但它是以梁的高度远小于跨度为条件的，对于这种细长梁可以忽略横向剪切变形的影响，但对于高度与跨度之比较大的深梁问题，此时剪切效应所产生的附加变形将不可忽略，需要加以考虑。

5.2 形 函 数

一维问题中的 Lagrange 插值问题已在第 4 章中介绍，本章的研究对象为二维梁单元，由于节点自由度中涉及位移与位移的导数，即转角，这就使得单元间的节点不仅需要场函数连续，还需要场函数的导数保持连续，此时需采用 Hermite 插值构造形函数，下面介绍 Hermite 插值函数的推导并给出梁单元的形函数。对于只有两个端节点的一维单元，场函数 u 可以用下面含有 Hermite 形函数的式子来表示：

$$u(\xi)=H_1u_1+H_2\left(\frac{\mathrm{d}u}{\mathrm{d}\xi}\right)_1+H_3u_2+H_4\left(\frac{\mathrm{d}u}{\mathrm{d}\xi}\right)_2 \tag{5.1}$$

0 阶 Hermite 多项式即为拉格朗日多项式，而在节点上保持至函数的 n 阶导数连续性的 Hermite 多项式则称为 n 阶 Hermite 多项式，它是 ξ 的 $2n+1$ 次多项式，对于两个节点的情况，这里就是三次多项式，即

$$H_i=a_i+b_i\xi+c_i\xi^2+d_i\xi^3,\quad i=1,2,3,4 \tag{5.2}$$

其导数可写为

$$H_i^{(1)}=b_i+2c_i\xi+3d_i\xi^2,\quad i=1,2,3,4 \tag{5.3}$$

$H_i^{(1)}$ 表示函数的一阶导数，下面首先讨论采用局部坐标 $0\leqslant\xi\leqslant1$ 的情况，此时共有 16 个待定量，根据在两端点处，即 $\xi=0$ 和 $\xi=1$，H_i 和 $H_i^{(1)}$ 的计算结果，可以得到表 5.1。

表 5.1 采用局部坐标 $0\leqslant\xi\leqslant1$ 时，两端点处的计算结果

端点	H_1	$H_1^{(1)}$	H_2	$H_2^{(1)}$	H_3	$H_3^{(1)}$	H_4	$H_4^{(1)}$
$\xi=0$	1	0	0	1	0	0	0	0
$\xi=1$	0	0	0	0	1	0	0	1

从而可以得到16个等式，这样就可以完成式(5.1)中系数的求解了，得到的一阶Hermite多项式为

$$\begin{cases} H_1(\xi)=1-3\xi^2+2\xi^3 \\ H_2(\xi)=\xi-2\xi^2+\xi^3 \\ H_3(\xi)=3\xi^2-2\xi^3 \\ H_4(\xi)=\xi^3-\xi^2 \end{cases} \tag{5.4}$$

根据上面的结果还可以绘制出各个三次多项式的曲线，如图5.1所示，

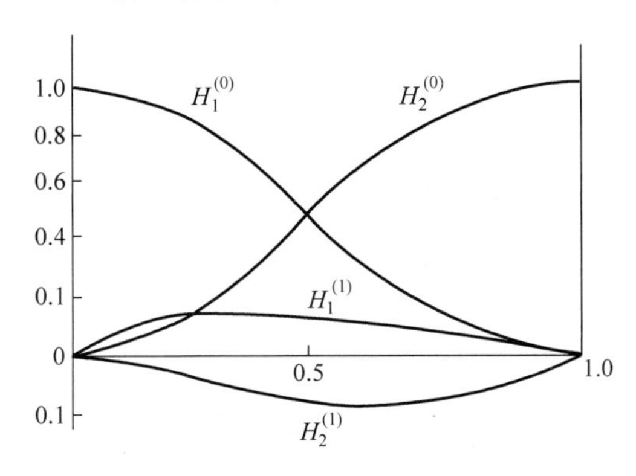

图5.1　一阶Hermite插值函数

当我们采用$-1\leqslant\xi\leqslant 1$的局部坐标时，也可以完成类似的计算，只不过此时多项式在端点处需要满足表5.2的关系。

表5.2　采用局部坐标$-1\leqslant\xi\leqslant 1$时两端点处的计算结果

端点	H_1	$H_1^{(1)}$	H_2	$H_2^{(1)}$	H_3	$H_3^{(1)}$	H_4	$H_4^{(1)}$
$\xi=-1$	1	0	0	1	0	0	0	0
$\xi=1$	0	0	0	0	1	0	0	1

此时得到的结果为

$$\begin{cases} H_1=\dfrac{1}{4}(1-\xi)^2(2+\xi) \\ H_2=\dfrac{1}{4}(1-\xi)^2(\xi+1) \\ H_3=\dfrac{1}{4}(1+\xi)^2(2-\xi) \\ H_4=\dfrac{1}{4}(1+\xi)^2(\xi-1) \end{cases} \tag{5.5}$$

对于两节点梁单元，其自由度$\boldsymbol{u}=[v_1 \quad \theta_1 \quad v_2 \quad \theta_2]^{\mathrm{T}}$，而利用节点处的值和形函数可表示为

$$u(\xi)=N_1v_1+N_2\theta_1+N_3v_2+N_4\theta_2 \tag{5.6}$$

通过对比式(5.1)和式(5.6)，不难看出$N_1=H_1$和$N_3=H_3$，但N_2和N_4不同于H_2

和 H_4。

$-1\leqslant\xi\leqslant1$ 时,全局坐标和局部坐标的变换为

$$x=\frac{1-\xi}{2}x_1+\frac{1+\xi}{2}x_2=\frac{x_1+x_2}{2}+\frac{x_2-x_1}{2}\xi \tag{5.7}$$

由于 $l=x_2-x_1$ 是单元的长度,从而有

$$\mathrm{d}x=\frac{l}{2}\mathrm{d}\xi \tag{5.8}$$

由求导的链式法则可得

$$\frac{\mathrm{d}u}{\mathrm{d}\xi}=\frac{\mathrm{d}u}{\mathrm{d}x}\frac{\mathrm{d}x}{\mathrm{d}\xi}=\frac{l}{2}\frac{\mathrm{d}u}{\mathrm{d}x} \tag{5.9}$$

注意到 $\mathrm{d}u/\mathrm{d}x$ 在节点 1 和节点 2 处的值分别是 θ_1 和 θ_2,从而有

$$u(\xi)=H_1v_1+\frac{l}{2}H_2\theta_1+H_3v_2+\frac{l}{2}H_4\theta_2 \tag{5.10}$$

将式(5.10)写成矩阵形式为

$$u=\boldsymbol{N}\boldsymbol{u}$$

其中,

$$\boldsymbol{N}=\begin{bmatrix}H_1 & \frac{l}{2}H_2 & H_3 & \frac{l}{2}H_4\end{bmatrix} \tag{5.11}$$

可以看出

$$\begin{cases}N_2=\dfrac{l}{2}H_2\\ N_4=\dfrac{l}{2}H_4\end{cases} \tag{5.12}$$

从而得到两节点梁单元形函数为

$$\begin{cases}N_1=\dfrac{1}{4}(1-\xi)^2(2+\xi)\\ N_2=\dfrac{l}{8}(1-\xi-\xi^2+\xi^3)\\ N_3=\dfrac{1}{4}(1+\xi)^2(2-\xi)\\ N_4=\dfrac{l}{8}(-1-\xi+\xi^2+\xi^3)\end{cases} \tag{5.13}$$

同理我们也可以推导得到 $0\leqslant\xi\leqslant1$ 情况下的梁单元形函数,详细过程读者可自行完成,这里直接给出结果:

$$\begin{cases}N_1=1-3\xi^2+2\xi^3\\ N_2=l(\xi-2\xi^2+\xi^3)\\ N_3=3\xi^2-2\xi^3\\ N_4=l(\xi^3-\xi^2)\end{cases} \tag{5.14}$$

上面给出了一阶 Hermite 的讨论,此外还可以类似得到二阶形式,下面简要给出对应于 $0\leqslant\xi\leqslant1$ 时的结果,场函数 u 的二阶 Hermite 多项式插值表示为

$$u(\xi)=\sum_{i=1}^{2}H_i^{(0)}(\xi)u_i+\sum_{i=1}^{2}H_i^{(1)}(\xi)\left(\frac{\mathrm{d}u}{\mathrm{d}\xi}\right)_i+\sum_{i=1}^{2}H_i^{(2)}(\xi)\left(\frac{\mathrm{d}^2u}{\mathrm{d}\xi^2}\right)_i \tag{5.15}$$

其中，$H_i^{(2)}$ 表示函数的二阶导数，上述插值函数的计算过程与一阶类似，只是这里需要求解更多的方程，参照本章后面给出的利用 Mathematica 的求解，这部分计算也是容易实现的，读者可以练习完成。

最终可以得到下面的二阶 Hermite 插值函数：

$$\begin{cases}H_1^{(0)}(\xi)=1-10\xi^3+15\xi^4-6\xi^5\\H_2^{(0)}(\xi)=10\xi^3-15\xi^4+6\xi^5\\H_1^{(1)}(\xi)=\xi-6\xi^3+8\xi^4-3\xi^5\\H_2^{(1)}(\xi)=-4\xi^3+7\xi^4-3\xi^5\\H_1^{(2)}(\xi)=\dfrac{1}{2}(\xi^2-3\xi^3+3\xi^4-\xi^5)\\H_2^{(2)}(\xi)=\dfrac{1}{2}(\xi^3-2\xi^4+\xi^5)\end{cases} \tag{5.16}$$

5.3 势能方法推导梁单元刚度方程

本节我们利用最小势能原理推导梁单元刚度方程，包括单元刚度矩阵与载荷列阵，此处讨论的是不考虑剪切变形的 Euler-Bernoulli 梁，这部分使用的方法与 4.3.2 节中所用方法类似。

5.3.1 单元刚度矩阵

与杆单元中的讨论类似，为推导梁单元的 K^e，需要具体写出梁单元应变能的形式，梁单元的应变能可以根据基本公式给出，同时考虑到 $\mathrm{d}V=\mathrm{d}A\,\mathrm{d}x$，则有

$$U=\frac{1}{2}\int_A\sigma\varepsilon\,\mathrm{d}A\,\mathrm{d}x \tag{5.17}$$

结合结构力学中的有关结论，梁单元中的应变和应力都可由挠度函数($u(x)$或 $u(\xi)$)表示，即

$$\varepsilon=-y\,\frac{\mathrm{d}^2u}{\mathrm{d}x^2} \tag{5.18}$$

$$\sigma=E\varepsilon=-Ey\,\frac{\mathrm{d}^2u}{\mathrm{d}x^2} \tag{5.19}$$

从而可以写出

$$U=\frac{1}{2}\int_A\sigma\varepsilon\,\mathrm{d}A\,\mathrm{d}x=\frac{1}{2}\left(E\left(\frac{\mathrm{d}^2u}{\mathrm{d}x^2}\right)^2\int_A y^2\,\mathrm{d}A\right)\mathrm{d}x \tag{5.20}$$

因为 $\int_A y^2\,\mathrm{d}A$ 是惯性矩 I，所以梁内的总应变能可以写为

$$U=\frac{1}{2}\int_0^l EI\left(\frac{\mathrm{d}^2u}{\mathrm{d}x^2}\right)^2\mathrm{d}x \tag{5.21}$$

由于 $\mathrm{d}x=(l/2)\mathrm{d}\xi$，则有

$$U=\frac{1}{2}\int_{-1}^{+1}EI\left(\frac{\mathrm{d}^2u}{\mathrm{d}x^2}\right)^2\frac{l}{2}\mathrm{d}\xi \tag{5.22}$$

另外

$$\frac{\mathrm{d}u}{\mathrm{d}x}=\frac{\mathrm{d}u}{\mathrm{d}\xi}\frac{\mathrm{d}\xi}{\mathrm{d}x}=\frac{2}{l}\frac{\mathrm{d}u}{\mathrm{d}\xi},\quad \frac{\mathrm{d}^2u}{\mathrm{d}x^2}=\frac{4}{l^2}\frac{\mathrm{d}^2u}{\mathrm{d}\xi^2} \tag{5.23}$$

将式 $u=\boldsymbol{N}\boldsymbol{u}$ 代入式(5.23)后可得

$$\left(\frac{\mathrm{d}^2u}{\mathrm{d}x^2}\right)^2=\boldsymbol{u}^{\mathrm{T}}\frac{16}{l^4}\left(\frac{\mathrm{d}^2\boldsymbol{N}}{\mathrm{d}\xi^2}\right)^{\mathrm{T}}\left(\frac{\mathrm{d}^2\boldsymbol{N}}{\mathrm{d}\xi^2}\right)\boldsymbol{u} \tag{5.24}$$

从而

$$U=\boldsymbol{u}^{\mathrm{T}}\frac{1}{2}\int_{-1}^{+1}EI\frac{16}{l^4}\left(\frac{\mathrm{d}^2\boldsymbol{N}}{\mathrm{d}\xi^2}\right)^{\mathrm{T}}\left(\frac{\mathrm{d}^2\boldsymbol{N}}{\mathrm{d}\xi^2}\right)\frac{l}{2}\mathrm{d}\xi\boldsymbol{u} \tag{5.25}$$

对比式(4.39)，可以得到

$$\boldsymbol{K}^e=\frac{1}{2}\int_{-1}^{+1}EI\frac{16}{l^4}\left(\frac{\mathrm{d}^2\boldsymbol{N}}{\mathrm{d}\xi^2}\right)^{\mathrm{T}}\left(\frac{\mathrm{d}^2\boldsymbol{N}}{\mathrm{d}\xi^2}\right)\frac{l}{2}\mathrm{d}\xi \tag{5.26}$$

进一步可得

$$\frac{\mathrm{d}^2\boldsymbol{N}}{\mathrm{d}\xi^2}=\begin{bmatrix}\frac{3}{2}\xi & \frac{-1+3\xi}{2}\frac{l}{2} & -\frac{3}{2}\xi & \frac{1+3\xi}{2}\frac{l}{2}\end{bmatrix} \tag{5.27}$$

所以有

$$\boldsymbol{K}=\frac{8EI}{l^3}\int_{-1}^{+1}\begin{bmatrix}\frac{9}{4}\xi^2 & \frac{3}{8}\xi(-1+3\xi)l & -\frac{9}{4}\xi^2 & \frac{3}{8}\xi(1+3\xi)l \\ & \left(\frac{-1+3\xi}{4}\right)^2l^2 & -\frac{3}{8}\xi(-1+3\xi)l & \frac{-1+9\xi^2}{16}l^2 \\ & \text{对称} & \frac{9}{4}\xi^2 & -\frac{3}{8}\xi(1+3\xi)l \\ & & & \left(\frac{1+3\xi}{4}\right)^2l^2\end{bmatrix}\mathrm{d}\xi \tag{5.28}$$

需要对该矩阵中的每一项进行积分，可以利用下面的结果帮助计算，即

$$\int_{-1}^{+1}\xi^2\mathrm{d}\xi=\frac{2}{3},\quad \int_{-1}^{+1}\xi\mathrm{d}\xi=0,\quad \int_{-1}^{+1}\mathrm{d}\xi=2 \tag{5.29}$$

从而单元刚度矩阵为

$$\boldsymbol{K}^e=\frac{EI}{l^3}\begin{bmatrix}12 & 6l & -12 & 6l \\ 6l & 4l^2 & -6l & 2l^2 \\ -12 & -6l & 12 & -6l \\ 6l & 2l^2 & -6l & 4l^2\end{bmatrix} \tag{5.30}$$

这与第 3 章的结果一致。另外，这部分积分运算可以利用 Mathematica 实现，其中输入 cell 为

```
NN={{9/4 ξ^2,3/8 ξ (-1+3 ξ)L,-9/4 ξ^2,3/8 ξ (1+3 ξ)L},{3/8 ξ (-1+3 ξ)L,((-1+3ξ)/4)^2L^2,
-3/8 ξ (-1+3 ξ)L,((-1+9ξ^2)/16)L^2},{-9/4ξ^2,-3/8 ξ (-1+3 ξ)L,9/4ξ^2,-3/8 ξ (1
+3 ξ)L},{3/8 ξ (1+3 ξ)L,((-1+9ξ^2)/16)L^2,-3/8 ξ (1+3 ξ)L,((1+3ξ)/4)^2L^2}};
Ke=(8 EI)/L^3 Integrate[NN,{ξ,-1,1}];
Print[Ke//MatrixForm]
```

积分后得到单元刚度矩阵，程序中长度符号为 L，以矩阵格式输出如下：

$$\begin{bmatrix} \frac{12EI}{L^3} & \frac{6EI}{L^2} & -\frac{12EI}{L^3} & \frac{6EI}{L^2} \\ \frac{6EI}{L^2} & \frac{4EI}{L} & -\frac{6EI}{L^2} & \frac{2EI}{L} \\ -\frac{12EI}{L^3} & -\frac{6EI}{L^2} & \frac{12EI}{L^3} & -\frac{6EI}{L^2} \\ \frac{6EI}{L^2} & \frac{2EI}{L} & -\frac{6EI}{L^2} & \frac{4EI}{L} \end{bmatrix}$$

5.3.2　载荷列阵

下面给出梁单元的节点载荷列阵，主要讨论分布载荷作用下等效节点载荷的计算。梁单元中的外力功可以表示为

$$W=-\int_0^l qu\,\mathrm{d}x-\sum_m P_m u_m-\sum_k M_k\theta_k \tag{5.31}$$

式中，q 是单位长度的分布载荷；P_m 是点 m 处的点载荷；M_k 是点 k 处的力矩；u_m 是点 m 处的挠度；θ_k 是点 k 处的转角。

考虑到离散梁单元时，通常在集中载荷处划分单元，这时集中载荷可以直接施加在节点上，从而使集中载荷的处理简化，下面主要考虑分布载荷 q 的处理，也就是如何将其转化为等效节点载荷。由于 $u=\boldsymbol{Nu}$，同时考虑到

$$W=-\boldsymbol{fu} \tag{5.32}$$

这样能够得到两种不同的自然坐标下的载荷列阵。

当 $-1\leqslant\xi\leqslant1$ 时，

$$\boldsymbol{f}=\frac{1}{2}\int_{-1}^{+1}\boldsymbol{N}^{\mathrm{T}}ql\,\mathrm{d}\xi \tag{5.33}$$

当 $0\leqslant\xi\leqslant1$ 时，

$$\boldsymbol{f}=\int_{0}^{+1}\boldsymbol{N}^{\mathrm{T}}ql\,\mathrm{d}\xi \tag{5.34}$$

在已知载荷分布函数后，根据式(5.33)与式(5.34)不难得到各等效载荷：

对于均布载荷，且 q 为常数时，

$$\boldsymbol{f}^e=\begin{bmatrix}\frac{ql}{2} & \frac{ql^2}{12} & \frac{ql}{2} & -\frac{ql^2}{12}\end{bmatrix}^{\mathrm{T}} \tag{5.35}$$

对于三角形载荷时，

$$f^e = \begin{bmatrix} \dfrac{3ql}{20} & \dfrac{ql^2}{30} & \dfrac{7ql}{20} & -\dfrac{ql^2}{20} \end{bmatrix}^{\mathrm{T}} \tag{5.36}$$

上面这部分积分运算，可利用 Mathematica 实现，下面给出两种分布载荷的计算代码，输入 cell 为

```
ClearAll[L];
N01={{1-3ξ²+2ξ³},{ξ-2ξ²+ξ³}L,{3ξ²-2ξ³},{-ξ²+ξ³}L};(*ξ∈[0,1]*)
Integrate[N01qL,{ξ,0,1}]
Integrate[N01qξL,{ξ,0,1}]
```

输出结果为

$$\left\{\left\{\frac{\mathrm{Lq}}{2}\right\},\left\{\frac{\mathrm{L}^2\mathrm{q}}{12}\right\},\left\{\frac{\mathrm{Lq}}{2}\right\},\left\{-\frac{\mathrm{L}^2\mathrm{q}}{12}\right\}\right\}$$

$$\left\{\left\{\frac{3\mathrm{Lq}}{20}\right\},\left\{\frac{\mathrm{L}^2\mathrm{q}}{30}\right\},\left\{\frac{7\mathrm{Lq}}{20}\right\},\left\{-\frac{\mathrm{L}^2\mathrm{q}}{20}\right\}\right\}$$

5.4 伽辽金法推导梁单元刚度矩阵

下面讨论如何基于伽辽金法建立梁刚度方程。为了得到伽辽金公式，首先研究单位长度梁的平衡问题。

由图 5.2 可分别写出微元的剪力与弯矩静力平衡方程

$$\mathrm{d}V = q\,\mathrm{d}x, \quad \mathrm{d}M - V\mathrm{d}x - \frac{1}{2}q\,\mathrm{d}x^2 = 0 \tag{5.37}$$

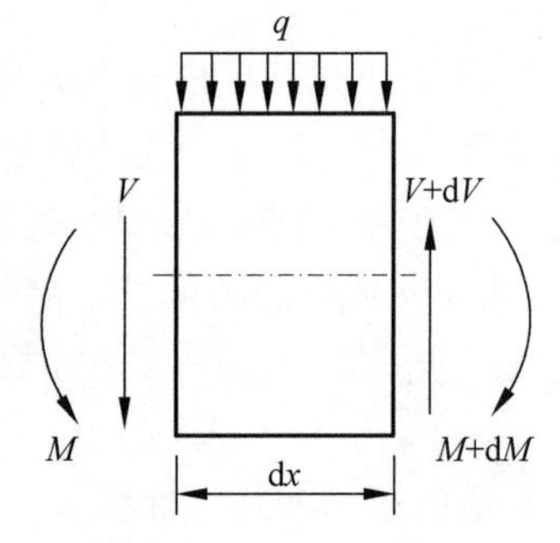

图 5.2 梁微元受力

略去高阶小量，同时考虑到截面弯矩与挠度的关系，可得

$$M = EI\frac{\mathrm{d}^2 u}{\mathrm{d}x^2} \tag{5.38}$$

由此可以写出梁的弯曲微分方程：

$$\frac{\mathrm{d}^2}{\mathrm{d}x^2}\left(EI\frac{\mathrm{d}^2 u}{\mathrm{d}x^2}\right) - q = 0 \tag{5.39}$$

当采用伽辽金法进行近似求解时，首先构造由单元形函数组成的近似解 $\tilde{u}$，(为书写简便，下面省去波浪号仍然表示为 u)，并满足

$$\int_0^l \left[\frac{\mathrm{d}}{\mathrm{d}x^2}\left(EI\frac{\mathrm{d}^2 u}{\mathrm{d}x^2}\right) - q\right] w\,\mathrm{d}x = 0 \tag{5.40}$$

其中，w 是一任意函数，我们将式(5.40)中的第一项进行分部积分，积分区域为 $0\sim l$，则有

$$\int_0^l EI\frac{\mathrm{d}^2 u}{\mathrm{d}x^2}\frac{\mathrm{d}^2 w}{\mathrm{d}x^2}\mathrm{d}x - \int_0^l qw\,\mathrm{d}x + \frac{\mathrm{d}}{\mathrm{d}x}\left(EI\frac{\mathrm{d}^2 u}{\mathrm{d}x^2}\right)w\Big|_0^l - EI\frac{\mathrm{d}^2 u}{\mathrm{d}x^2}\frac{\mathrm{d}w}{\mathrm{d}x}\Big|_0^l = 0 \tag{5.41}$$

由于 $V=EI\dfrac{\mathrm{d}^3u}{\mathrm{d}x^3}$，所以式(5.41)积分之外的关于 u 的导数项，分别对应于弯矩 M 和剪力 V，假设 V 和 M 在单元两端都为 0，可以得到

$$\int_0^l EI\frac{\mathrm{d}^2u}{\mathrm{d}x^2}\frac{\mathrm{d}^2w}{\mathrm{d}x^2}\mathrm{d}x-\int_0^l qw\,\mathrm{d}x=0 \tag{5.42}$$

对于基于伽辽金法的有限元描述，u 和 w 将由相同的形函数构成，即 $u=\boldsymbol{Nu}$，$w=\boldsymbol{N}\tilde{\boldsymbol{w}}$，从而可以分别得到

$$EI\frac{\mathrm{d}^2w}{\mathrm{d}x^2}\frac{\mathrm{d}^2u}{\mathrm{d}x^2}=\tilde{\boldsymbol{w}}^{\mathrm{T}}EI\frac{16}{l_e^4}\left(\frac{\mathrm{d}^2\boldsymbol{N}}{\mathrm{d}\xi^2}\right)^{\mathrm{T}}\left(\frac{\mathrm{d}^2\boldsymbol{N}}{\mathrm{d}\xi^2}\right)\boldsymbol{u} \tag{5.43}$$

以及

$$qw=\tilde{\boldsymbol{w}}q\boldsymbol{N} \tag{5.44}$$

其中，

$$\tilde{\boldsymbol{w}}=[\tilde{w}_1\quad \tilde{w}_2\quad \tilde{w}_3\quad \tilde{w}_4]^{\mathrm{T}} \tag{5.45}$$

进一步可以写为

$$\tilde{\boldsymbol{w}}^{\mathrm{T}}\int_0^l EI\frac{16}{l_e^4}\left(\frac{\mathrm{d}^2\boldsymbol{N}}{\mathrm{d}\xi^2}\right)^{\mathrm{T}}\left(\frac{\mathrm{d}^2\boldsymbol{N}}{\mathrm{d}\xi^2}\right)\mathrm{d}x\boldsymbol{u}=\tilde{\boldsymbol{w}}^{\mathrm{T}}\int_0^l q\boldsymbol{N}^{\mathrm{T}}\mathrm{d}x \tag{5.46}$$

两端消去 $\tilde{\boldsymbol{w}}^{\mathrm{T}}$ 后，可以得到

$$\boldsymbol{Ku}=\boldsymbol{f} \tag{5.47}$$

其中，单元刚度矩阵为

$$\boldsymbol{K}=\int_0^l EI\frac{16}{l_e^4}\left(\frac{\mathrm{d}^2\boldsymbol{N}}{\mathrm{d}\xi^2}\right)^{\mathrm{T}}\left(\frac{\mathrm{d}^2\boldsymbol{N}}{\mathrm{d}\xi^2}\right)\mathrm{d}x \tag{5.48}$$

单元的载荷列阵：

$$\boldsymbol{f}=\int_0^l q\boldsymbol{N}^{\mathrm{T}}\mathrm{d}x \tag{5.49}$$

5.5　考虑剪切变形的梁单元

在 Euler 梁的讨论中，假设变形前垂直于中面的界面变形后仍保持垂直，但这种假设是以梁的高度远小于跨度为条件的，在此情况下可以忽略横向剪切变形的影响。而在工程实际中还常常会遇到需要考虑横向剪切变形的情况，对于高度相对跨度较大的深梁，其剪切力产生的剪切变形明显，会使原来垂直于中面的截面发生翘曲而不再和中面保持垂直，此时就需要采用考虑剪切变形的 Timoshenko 梁理论进行分析。

图 5.3 中 γ 表示截面和中面相交处的剪切应变，并且有关系式：

$$\theta=\frac{\mathrm{d}u}{\mathrm{d}x}+\gamma \tag{5.50}$$

其中，θ 是截面的转动。在经典的梁弯曲理论中忽略剪切应变，即 $\gamma=0$，所以 $\dfrac{\mathrm{d}u}{\mathrm{d}x}=\theta$，这时截面的转动等于挠曲线的斜率，从而使截面保持和中面垂直。由于 Timoshenko 梁的变形是纯弯曲变形与纯剪切变形的叠加，所以在进行刚度矩阵推导时，可以借助已学的纯弯梁和剪

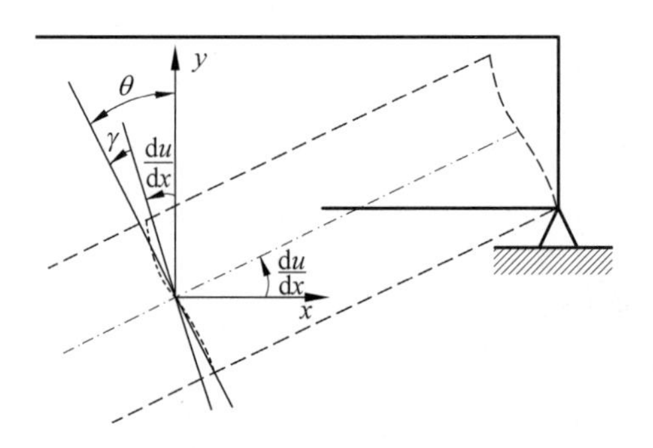

图 5.3　梁单元中的剪切变形

切杆完成。在考虑剪切变形影响时，梁的挠度可表示为两部分的叠加，即

$$u = u^b + u^s \tag{5.51}$$

其中，u^b 是由弯曲变形引起的法向位移，u^s 是由剪切变形引起的附加法向位移，而节点位移相应地也可以表示为两部分，分别为 $\boldsymbol{a}_b^e$ 和 $\boldsymbol{a}_s^e$，二者可以写为

$$\boldsymbol{a}_b^e = \begin{bmatrix} u_1^b \\ \theta_1 \\ u_2^b \\ \theta_2 \end{bmatrix}, \quad \boldsymbol{a}_s^e = \begin{bmatrix} u_1^s \\ u_2^s \end{bmatrix} \tag{5.52}$$

其中，

$$\theta_1 = \left(\frac{\mathrm{d}u^b}{\mathrm{d}x}\right)_1, \quad \theta_2 = \left(\frac{\mathrm{d}u^b}{\mathrm{d}x}\right)_2 \tag{5.53}$$

θ_1，θ_2 用作节点参数以保证单元间的连续性。

根据 Euler 梁的分析结果，我们可知 u^b 采用 Hermite 插值表示。a_s 中只有两个节点参数 u_1^s 和 u_2^s，u^s 将采用两节点的线性 Lagrange 插值表示。

单元内 u^b 和 u^s 的具体表达式为

$$\begin{cases} u^b = N_1 u_1^b + N_2 \theta_1 + N_3 u_2^b + N_4 \theta_2 = \boldsymbol{N}_b \boldsymbol{a}_b^e \\ u^s = N_5 u_1^s + N_6 u_2^s = \boldsymbol{N}_s \boldsymbol{a}_s^e \end{cases} \tag{5.54}$$

其中，

$$\begin{cases} \boldsymbol{N}_b = [N_1 \quad N_2 \quad N_3 \quad N_4], & \boldsymbol{N}_s = [N_5 \quad N_6] \\ \boldsymbol{a}_b^e = [u_1^b \quad \theta_1 \quad u_2^b \quad \theta_2]^{\mathrm{T}}, & \boldsymbol{a}_s^e = [u_1^s \quad u_2^s]^{\mathrm{T}} \\ N_1 = 1 - 3\xi^2 + 2\xi^3, & N_2 = (\xi - 2\xi^2 + \xi^3)l \\ N_3 = 3\xi^2 - 2\xi^3, & N_4 = (\xi^3 - \xi^2)l \\ N_5 = 1 - \xi, & N_6 = \xi \\ \xi = \dfrac{x - x_1}{l}, & 0 \leqslant \xi \leqslant 1 \end{cases} \tag{5.55}$$

剪切杆也是二力杆的一种，其讨论和之前的拉压杆基本相同，结果也很相似，除了采用拉格朗日插值外，对应的单元刚度矩阵和节点力列阵可以直接得到

$$
\begin{cases}
\boldsymbol{K}_s^e = \dfrac{GA}{kl}\begin{bmatrix} 1 & -1 \\ -1 & 1 \end{bmatrix} \\
\boldsymbol{P}_s^e = \displaystyle\int_0^1 \boldsymbol{N}_s^{\mathrm{T}} ql\,\mathrm{d}\xi + \sum_j \boldsymbol{N}_s^{\mathrm{T}}(\xi_j) P_j
\end{cases}
\tag{5.56}
$$

其中，k 为截面剪切系数，而 K_b^e 则可参见本章的公式(5.30)。根据当前的描述单元每个节点有3个位移参数：$u_i^b, u_i^s, \theta_i (i=1,2)$。但由于剪力与弯矩的平衡关系，实际上每个节点只有2个独立的位移参数，下面将给出三者之间的关系式，从而消去多余的位移量，得到最终的两节点梁单元刚度矩阵。

首先根据剪切变形 γ(或剪应变)与弯曲变形 u^b，可以分别计算剪力与弯矩：

$$
\begin{cases}
V = \dfrac{GA}{k}\gamma = \dfrac{GA}{k}\dfrac{\mathrm{d}u^s}{\mathrm{d}x} = \dfrac{GA}{k}\left(\dfrac{\mathrm{d}N_5}{\mathrm{d}x}u_1^s + \dfrac{\mathrm{d}N_6}{\mathrm{d}x}u_2^s\right) = \dfrac{GA}{kl}(u_2^s - u_1^s) \\
M = -EI\kappa = -EI\dfrac{\mathrm{d}^2 u^b}{\mathrm{d}x^2} \\
\quad = -\dfrac{EI}{l^2}[(6-12\xi)(u_2^b - u_1^b) + l(6\xi - 4)\theta_1 + l(6\xi - 2)\theta_2]
\end{cases}
\tag{5.57}
$$

从而可以计算导数：

$$
\frac{\mathrm{d}M}{\mathrm{d}x} = \frac{6EI}{l^3}[2(u_2^b - u_1^b) - l(\theta_1 + \theta_2)]
\tag{5.58}
$$

进一步利用平衡方程 $V = \dfrac{\mathrm{d}M}{\mathrm{d}x}$ 可得

$$
\frac{GA}{kl}(u_2^s - u_1^s) = \frac{6EI}{l^3}[2(u_2^b - u_1^b) - l(\theta_1 + \theta_2)]
\tag{5.59}
$$

考虑到

$$
u_2 - u_1 = u_2^b - u_1^b + u_2^s - u_1^s
\tag{5.60}
$$

从而可以得到

$$
u_2^b - u_1^b = \frac{1}{1+b}(u_2 - u_1) + \frac{lb}{2(1+b)}(\theta_1 + \theta_2)
\tag{5.61}
$$

其中，

$$
b = \frac{12EIk}{GAl^2}
$$

根据式(5.61)我们可以对 $\boldsymbol{K}_b^e \boldsymbol{a}_b^e$ 进行整理，目标就是以 u_1 和 u_2 替换其中的 u_1^b 和 u_2^b，从而得到自由度 $\boldsymbol{a}^e = [u_1 \quad \theta_1 \quad u_2 \quad \theta_2]^{\mathrm{T}}$ 对应的刚度矩阵。$\boldsymbol{K}_b^e \boldsymbol{a}_b^e$ 可以展开为

$$
\begin{cases}
\dfrac{6EI\theta_1}{l^2} + \dfrac{6EI\theta_2}{l^2} + \dfrac{12EIu_1^b}{l^3} - \dfrac{12EIu_2^b}{l^3} \\
\dfrac{4EI\theta_1}{l} + \dfrac{2EI\theta_2}{l} + \dfrac{6EIu_1^b}{l^2} - \dfrac{6EIu_2^b}{l^2} \\
-\dfrac{6EI\theta_1}{l^2} - \dfrac{6EI\theta_2}{l^2} - \dfrac{12EIu_1^b}{l^3} + \dfrac{12EIu_2^b}{l^3} \\
\dfrac{2EI\theta_1}{l} + \dfrac{4EI\theta_2}{l} + \dfrac{6EIu_1^b}{l^2} - \dfrac{6EIu_2^b}{l^2}
\end{cases}
\tag{5.62}
$$

此时不难看出，每一式子中都包含 $u_2^b-u_1^b$，我们可以将其利用式(5.61)进行替换，之后再将其整理为 $\boldsymbol{K}^e\boldsymbol{a}^e$，此时可以得到

$$\boldsymbol{K}^e=\frac{EI}{(1+b)l^3}\begin{bmatrix}12 & 6l & -12 & 6l\\ 6l & (4+b)l^2 & -6l & (2-b)l^2\\ -12 & -6l & 12 & -6l\\ 6l & (2-b)l^2 & -6l & (4+b)l^2\end{bmatrix} \tag{5.63}$$

$$\boldsymbol{a}^e=\begin{bmatrix}u_1 & \theta_1 & u_2 & \theta_2\end{bmatrix}^{\mathrm{T}}$$

对比式(5.30)和式(5.63)可以看到，剪切变形的影响通过系数 b 反应在刚度矩阵中，它将使梁的刚度减弱。例如对于矩阵截面，$b=\dfrac{6Eh^2}{5Gl^2}$。由此可见，当高度 h 相对跨度 l 很小时，剪切变形的影响可以忽略。此时式(5.63)就退化为不考虑剪切变形的式(5.30)。对于均匀分布的 q，等效节点载荷仍为式(5.35)给出的结果，即

$$\boldsymbol{f}^e=\frac{ql}{12}[6\quad l\quad 6\quad -l]^{\mathrm{T}}$$

例 5.1 悬臂梁长度为 $l=1000$ mm，截面尺寸如图 5.4 所示，单位为 mm，一端固定，一端加 y 方向的集中力 P，大小为 10000 N，弹性模量 E 为 2.0×10^5 MPa，泊松比为 0.3，分别基于 Euler 梁和 Timoshenko 梁两种梁理论计算自由端的变形。

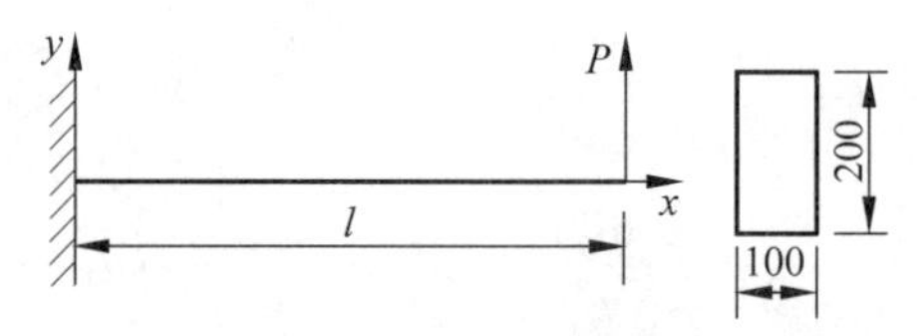

图 5.4 例 5.1 示意图

解：首先根据理论公式，分别计算不考虑剪切变形，以及考虑剪切变形的自由端变形，根据 Euler 梁理论，有

$$u(l)=\frac{Pl^3}{3EI}=\frac{10000\times1000^3}{3\times2.0\times10^5\times\dfrac{1}{12}\times100\times200^3}=0.25$$

根据 Timoshenko 梁理论，有

$$u(l)=\frac{Pl^3}{3EI}+\frac{6Pl}{5GA}=0.25+\frac{6\times10000\times1000}{5\times100\times200\times\dfrac{2.0\times10^5}{2\times(1+0.3)}}=0.2578$$

下面将根据两种刚度矩阵，分别计算梁端变形，以上的计算可以利用 Mathematica 实现，对于本问题仅采用一个单元，其中输入 cell 为

```
ClearAll[L, b, h, EE, vv, F];
KeEB=(EE * II/L) * {{12/L^2, 6/L, -(12/L^2), 6/L}, {6/L, 4, -(6/L), 2}, {-(12/L^2), -(6/L),
12/L^2, -(6/L)}, {6/L, 2, -(6/L), 4}};
KeTimo==(EE * II/(L(1+f))) * {{12/L^2, 6/L, -(12/L^2), 6/L}, {6/L, 4+ϕ, -(6/L), 2-ϕ},
{-(12/L^2), -(6/L), 12/L^2, -(6/L)}, {6/L, 2-ϕ, -(6/L), 4+ϕ}};
f={FR, MR, 0, F};
```

```
KeEBm=(EE * II/L) * {{L/(EE * II),0,0,0},{0,L/(EE * II),0,0},{0,0,12/L^2,-(6/L)},{0,0,
-(6/L),4}};
KeTimom=(EE * II/(L(1+ϕ))) * {{L/(EE * II),0,0,0},{0,L/(EE * II),0,0},{0,0,12/L^2,-
(6/L)},{0,0,-(6/L),4+ϕ}};
invKeEBm=Inverse[KeEBm];
invKeTimom=Inverse[KeTimom];

L=1000;b=100;h=200;EE=2 10^5;vv=0.3;A=b * h;
II=(b h^3)/12;EI=EE * II;GG=EE/(2 (1+vv));ks=5/6;As=ks * A ;
ϕ=(12 EE II)/(GG  ks A L^2);
F=10000;
fm={0,0,F,0};
u1=Simplify[invKeEBm.fm]//N
u2=Simplify[invKeTimom.fm]//N
```

执行上述代码，输出 cell 为

```
{0.,0.,0.25,0.000375}
{0.,0.,0.2578,0.000375}
```

5.6　Mathematica 程序设计

本章前面的内容中涉及方程组的求解及函数积分运算等，这部分工作可以利用软件完成，下面首先给出 Hermite 多项式的计算，这里以式(5.2)为例，其中 Mathematica 输入 cell 为

```
f[x_] := a1+b1 x+c1 x^2+d1 x^3;
Solve[{f[-1]==1,f[1]==0,f'[-1]==0,f'[1]==0},{a1,b1,c1,d1}]
Solve[{f[-1]==0,f[1]==0,f'[-1]==1,f'[1]==0},{a1,b1,c1,d1}]
Solve[{f[-1]==0,f[1]==1,f'[-1]==0,f'[1]==0},{a1,b1,c1,d1}]
Solve[{f[-1]==0,f[1]==0,f'[-1]==0,f'[1]==1},{a1,b1,c1,d1}]
```

输出结果 cell 为

$$\left\{\left\{a1\to\frac{1}{2},b1\to-\frac{3}{4},c1\to0,d1\to\frac{1}{4}\right\}\right\}$$

$$\left\{\left\{a1\to\frac{1}{4},b1\to-\frac{1}{4},c1\to-\frac{1}{4},d1\to\frac{1}{4}\right\}\right\}$$

$$\left\{\left\{a1\to\frac{1}{2},b1\to\frac{3}{4},c1\to0,d1\to-\frac{1}{4}\right\}\right\}$$

$$\left\{\left\{a1\to-\frac{1}{4},b1\to-\frac{1}{4},c1\to\frac{1}{4},d1\to\frac{1}{4}\right\}\right\}$$

得到的结果与式(5.5)一致。而对于未知变量更多的情况，如式(5.16)，采用同样的方法容易得到结果。

接下来，给出积分运算得到单元刚度矩阵与载荷列阵的 Mathematica 程序，输入 cell 为

```
H1[ξ_] := 1/4 (1-ξ)^2 (2+ξ);
H2[ξ_] := 1/4 (1-ξ)^2 (1+ξ);
H3[ξ_] := 1/4 (1+ξ)^2 (2-ξ);
H4[ξ_] := -(1/4) (1+ξ)^2 (1-ξ);
H[ξ]={{N1[ξ]},{l/2 N2[ξ]},{N3[ξ]},{l/2N4[ξ]}};
Ke=l/2Integrate[16 EI/l^4 D[H[ξ],{ξ,2}].Transpose[D[H[ξ],{ξ,2}]],{ξ,-1,1}];
fe=p l/2 Integrate[H[ξ],{ξ,-1,1}];
Print[Ke//MatrixForm]
Print[fe//MatrixForm]
```

输出结果为

$$\begin{pmatrix} \frac{12\mathrm{EI}}{l^3} & \frac{6\mathrm{EI}}{l^2} & -\frac{12\mathrm{EI}}{l^3} & \frac{6\mathrm{EI}}{l^2} \\ \frac{6\mathrm{EI}}{l^2} & \frac{4\mathrm{EI}}{l} & -\frac{6\mathrm{EI}}{l^2} & \frac{2\mathrm{EI}}{l} \\ -\frac{12\mathrm{EI}}{l^3} & -\frac{6\mathrm{EI}}{l^2} & \frac{12\mathrm{EI}}{l^3} & -\frac{6\mathrm{EI}}{l^2} \\ \frac{6\mathrm{EI}}{l^2} & \frac{2\mathrm{EI}}{l} & -\frac{6\mathrm{EI}}{l^2} & \frac{4\mathrm{EI}}{l} \end{pmatrix}$$

$$\begin{pmatrix} \frac{1P}{2} \\ \frac{1^2P}{12} \\ \frac{1P}{2} \\ -\frac{1^2P}{12} \end{pmatrix}$$

5.7 Abaqus 中两类梁单元对比分析

对于例 5.1 的悬臂梁利用 Abaqus 进行分析，其中 Euler 梁取 B23 单元，Timoshenko 梁取 B21 单元。在不考虑剪切的情况下，仅需采用两个单元，问题即能收敛；而对于考虑剪切变形时，则采用四个单元，问题基本可以收敛，可以预见的是，采用更多的 B21 单元时，问题会得到更好的结果，读者可自行练习，下面给出各自的 inp 输入文件，Euler 梁情况为

```
*Heading
ch5-Euler-B23 Model
** Nodal coordinates
*Node
      1,          0.,          0.
      2,         0.5,          0.
      3,          1.,          0.
```

```
*Element, type=B23
1, 1, 2
2, 2, 3
*Elset, elset=all
 1, 2
** Section: Section-1  Profile: Profile-1
*Beam Section, elset=all, material=Material-1, temperature=GRADIENTS, section=RECT
0.1, 0.2
0.,0.,-1.
** MATERIALS
**
*Material, name=Material-1
*Elastic
 2e+11, 0.3
** STEP: Step-1
*Step, name=Step-1, nlgeom=NO, perturbation
*Static
** BOUNDARY CONDITIONS
*Boundary
1, 1, 1
1, 2, 2
1, 6, 6
** LOADS
** Name: Load-1   Type: Concentrated force
*Cload
3, 2, 10000.
** OUTPUT REQUESTS
** FIELD OUTPUT: F-Output-1
*Output, field, variable=PRESELECT
** HISTORY OUTPUT: H-Output-1
*Output, history, variable=PRESELECT
*NODE PRINT
RF, U
*End Step
```

下面为 Timoshenko 梁的情况

```
*Heading
ch5-Timoshenko-B21 Model
** Nodal coordinates
*Node
      1,           0.,           0.
      2,         0.25,           0.
      3,          0.5,           0.
      4,         0.75,           0.
      5,           1.,           0.
*Element, type=B21
1, 1, 2
2, 2, 3
3, 3, 4
4, 4, 5
```

```
* Elset, elset=all, generate
 1,  4,  1
** Section: Section-1   Profile: Profile-1
* Beam Section, elset=all, material=Material-1, temperature=GRADIENTS, section=RECT
0.1, 0.2
0.,0.,-1.
** MATERIALS
**
* Material, name=Material-1
* Elastic
 2e+11, 0.3
** STEP: Step-1
**
* Step, name=Step-1, nlgeom=NO, perturbation
* Static
** BOUNDARY CONDITIONS
* Boundary
1, 1, 1
1, 2, 2
1, 6, 6
** LOADS
** Name: Load-1    Type: Concentrated force
* Cload
5, 2, 10000.
** OUTPUT REQUESTS
** FIELD OUTPUT: F-Output-1
* Output, field, variable=PRESELECT
** HISTORY OUTPUT: H-Output-1
* Output, history, variable=PRESELECT
* NODE PRINT
RF, U
* End Step
```

习　　题

5.1　习题5.1图中梁受到集中载荷 P 和分布载荷 q 的作用，试计算跨中处的位移与反力，假设 EI 保持不变。

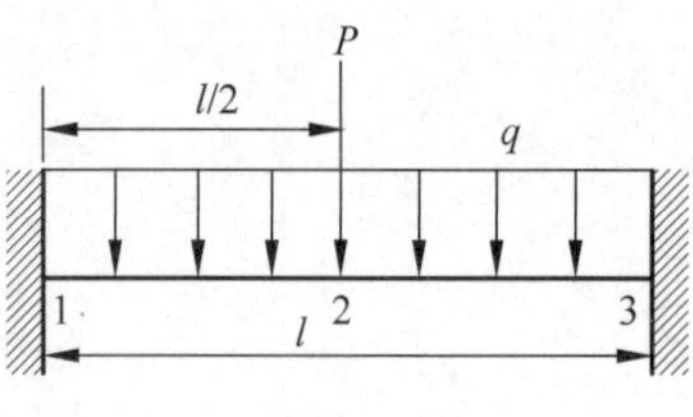

习题5.1图

5.2　习题 5.2 图中梁受到集中载荷 P 和线性载荷 q 的作用，试计算自由端处的位移、转角与固定端的支反力，假设 EI 保持不变。

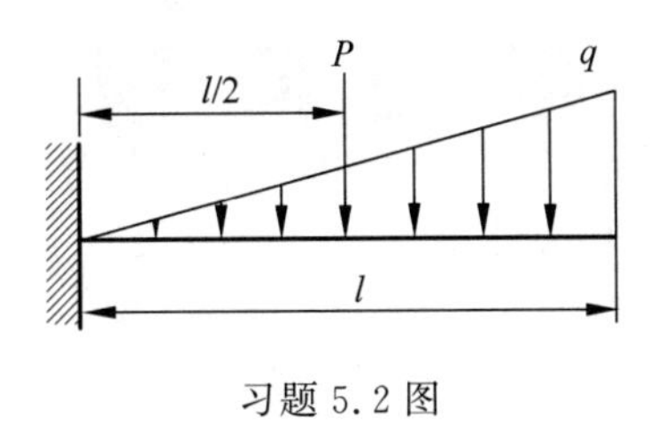

习题 5.2 图

5.3　使用伽辽金法推导习题 5.3 图所示弹性基础上的梁单元方程，弹性基础梁的基本微分方程为

$$(EIu'')'' = -q + k_f u$$

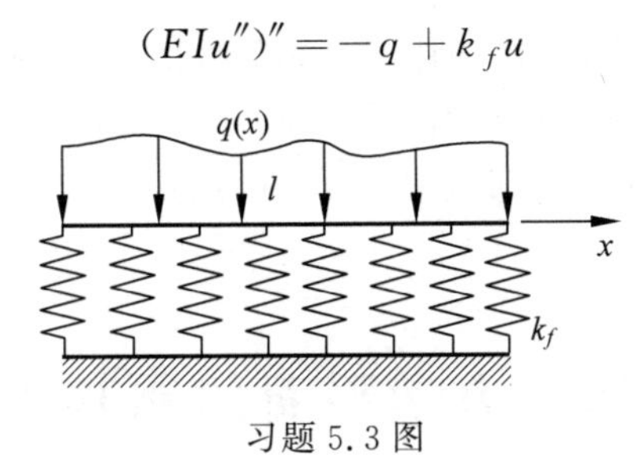

习题 5.3 图

第 6 章

平面问题

6.1 引　　言

本章讨论弹性力学中平面问题的有限元法，其中重点讨论单元刚度矩阵及单元载荷列阵的形成，同时还给出了数值积分的内容，单元刚度方程的推导基于最小势能原理，单元类型包括三节点三角形单元及四节点四边形单元，在处理矩形单元时同时给出了常规推导方法及等参元方法。

6.2 弹性力学平面问题基本方程

在有限元问题的推导中需要应用弹性力学的基本方程，主要包括平衡方程、几何方程及物理方程，下面简要介绍这些方程并给出其矩阵的表示形式，其中包括三维空间与二维平面情况，详细推导读者可参阅弹性力学有关教材。

6.2.1 平衡方程

弹性体在外载作用下，体内任意一点的应力状态可由 6 个应力分量表示，任意一点的应变状态由 6 个应变分量表示：

$$\boldsymbol{\sigma}=\begin{bmatrix}\sigma_x & \sigma_y & \sigma_z & \tau_{xy} & \tau_{yz} & \tau_{zx}\end{bmatrix}^{\mathrm{T}} \tag{6.1}$$

$$\boldsymbol{\varepsilon}=\begin{bmatrix}\varepsilon_x & \varepsilon_y & \varepsilon_z & \gamma_{xy} & \gamma_{yz} & \gamma_{zx}\end{bmatrix}^{\mathrm{T}} \tag{6.2}$$

而三维弹性体内任一点的平衡方程可根据图 6.1 中的弹性体微元的平衡条件得到，微元 $\mathrm{d}V=\mathrm{d}x\mathrm{d}y\mathrm{d}z$ 在三个坐标轴方向的合力为 0，即 $\sum F_x=\sum F_y=\sum F_z=0$，假设微元的三个体力分量分别为 f_x,f_y,f_z，则可以得到三个坐标轴方向的平衡方程：

$$\begin{cases}\dfrac{\partial\sigma_x}{\partial x}+\dfrac{\partial\tau_{yx}}{\partial y}+\dfrac{\partial\tau_{zx}}{\partial z}+f_x=0\\[2mm]\dfrac{\partial\tau_{xy}}{\partial x}+\dfrac{\partial\sigma_y}{\partial y}+\dfrac{\partial\tau_{zy}}{\partial z}+f_y=0\\[2mm]\dfrac{\partial\tau_{xz}}{\partial x}+\dfrac{\partial\tau_{yz}}{\partial y}+\dfrac{\partial\sigma_z}{\partial z}+f_z=0\end{cases} \tag{6.3}$$

此外，很多工程结构，例如厚壁圆筒、承受面内载荷的薄板等，可以简化为二维平面问题，此时由于结构几何和载荷的特点，使得结构体内存在与坐标 z 无关的二维应力或二维

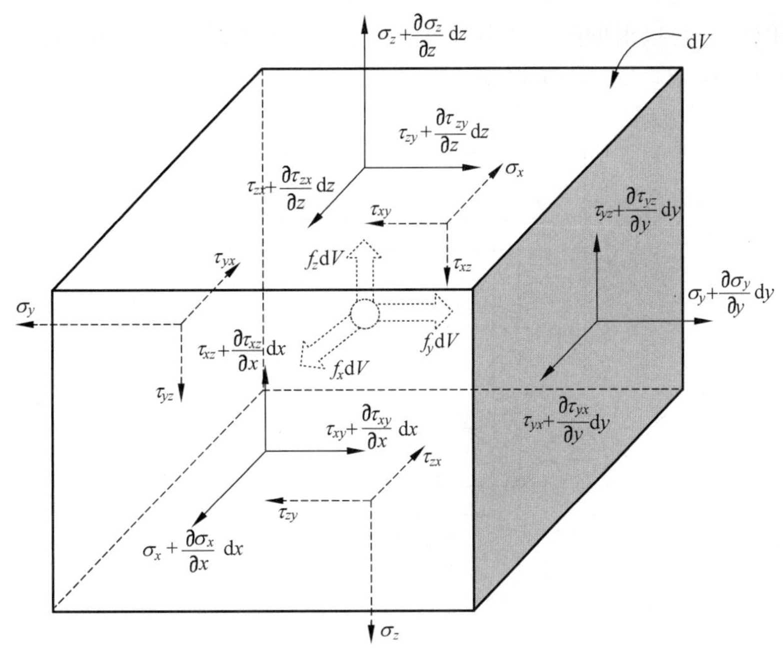

图 6.1　一般弹性体微元的平衡

应变状态。一般来说,平面问题可以分为平面应力和平面应变两类,即在平面应变状态中只出现 3 个面内的应变分量,而应力分量有 4 个不为零;在平面应力状态中只出现 3 个面内的应力分量,而应变分量有 4 个不为零。对于两类平面问题,其平衡方程可简化为

$$\begin{cases}\dfrac{\partial\sigma_x}{\partial x}+\dfrac{\partial\tau_{yx}}{\partial y}+f_x=0\\[2ex]\dfrac{\partial\tau_{xy}}{\partial x}+\dfrac{\partial\sigma_y}{\partial y}+f_y=0\end{cases}\tag{6.4}$$

6.2.2　几何方程

在考虑小位移和小变形情况时,可以略去位移导数的高阶项,则应变分量和位移分量的几何关系可以表示为

$$\begin{cases}\varepsilon_x=\dfrac{\partial u}{\partial x}\\[2ex]\varepsilon_y=\dfrac{\partial v}{\partial y}\\[2ex]\varepsilon_z=\dfrac{\partial w}{\partial z}\\[2ex]\gamma_{xy}=\dfrac{\partial v}{\partial x}+\dfrac{\partial u}{\partial y}\\[2ex]\gamma_{yz}=\dfrac{\partial w}{\partial y}+\dfrac{\partial v}{\partial z}\\[2ex]\gamma_{zx}=\dfrac{\partial w}{\partial x}+\dfrac{\partial u}{\partial z}\end{cases}\tag{6.5}$$

对于二维情况，可以根据图 6.2 中所示的微元进行推导，从而得到位移导数表示的 3 个应变分量，包括正应变 ε_x，ε_y 及剪应变 γ_{xy}。

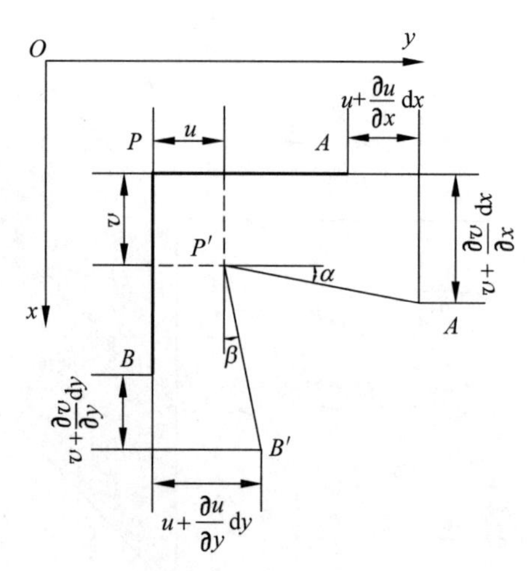

图 6.2 二维情况的微元形变

微元 PA 变形前后在 x 方向伸长了 $\left(u+\frac{\partial u}{\partial x}\mathrm{d}x\right)-u=\frac{\partial u}{\partial x}\mathrm{d}x$，则有 $\varepsilon_x=\frac{\partial u}{\partial x}$。同理，微元 PB 变形前后在 y 方向伸长了 $\left(v+\frac{\partial v}{\partial y}\mathrm{d}y\right)-v=\frac{\partial v}{\partial y}\mathrm{d}y$，则有 $\varepsilon_y=\frac{\partial v}{\partial y}$。此外，剪应变可以表示为 $\alpha+\beta$，其中 $\alpha=\frac{\left(v+\frac{\partial v}{\partial x}\mathrm{d}x\right)-v}{\mathrm{d}x}=\frac{\partial v}{\partial x}$，$\beta=\frac{\left(u+\frac{\partial u}{\partial y}\mathrm{d}y\right)-u}{\mathrm{d}y}=\frac{\partial u}{\partial y}$，则有 $\gamma_{xy}=\frac{\partial v}{\partial x}+\frac{\partial u}{\partial y}$。

6.2.3 物理方程

弹性力学中应力-应变之间的关系，也称为本构方程，对于各向同性的线弹性材料，可以表示为

$$
\begin{cases}
\varepsilon_x=\dfrac{1}{E}[\sigma_x-\nu(\sigma_y+\sigma_z)] \\
\varepsilon_y=\dfrac{1}{E}[\sigma_y-\nu(\sigma_x+\sigma_z)] \\
\varepsilon_z=\dfrac{1}{E}[\sigma_z-\nu(\sigma_x+\sigma_y)] \\
\gamma_{xy}=\dfrac{1}{G}\tau_{xy} \\
\gamma_{yz}=\dfrac{1}{G}\tau_{yz} \\
\gamma_{zx}=\dfrac{1}{G}\tau_{zx}
\end{cases}
\tag{6.6}
$$

$$\begin{cases}\sigma_x = \dfrac{E}{1+\nu}\left(\dfrac{\nu}{1-2\nu}e + \varepsilon_x\right)\\ \sigma_y = \dfrac{E}{1+\nu}\left(\dfrac{\nu}{1-2\nu}e + \varepsilon_y\right)\\ \sigma_z = \dfrac{E}{1+\nu}\left(\dfrac{\nu}{1-2\nu}e + \varepsilon_z\right)\\ \tau_{xy} = \dfrac{E}{2(1+\nu)}\gamma_{xy}\\ \tau_{yz} = \dfrac{E}{2(1+\nu)}\gamma_{yz}\\ \tau_{zx} = \dfrac{E}{2(1+\nu)}\gamma_{zx}\end{cases} \tag{6.7}$$

其中，E 为弹性模量，ν 为泊松比，$e=\varepsilon_x+\varepsilon_y+\varepsilon_z$，式(6.7)可以写成矩阵形式，即$\boldsymbol{\sigma}=\boldsymbol{D\varepsilon}$，其中 $\boldsymbol{D}$ 为

$$\boldsymbol{D} = \frac{E(1-\nu)}{(1+\nu)(1-2\nu)}\begin{bmatrix} 1 & \dfrac{\nu}{1-\nu} & \dfrac{\nu}{1-\nu} & & & \\ \dfrac{\nu}{1-\nu} & 1 & \dfrac{\nu}{1-\nu} & & & \\ \dfrac{\nu}{1-\nu} & \dfrac{\nu}{1-\nu} & 1 & & & \\ & & & \dfrac{1-2\nu}{2(1-\nu)} & & \\ & & & & \dfrac{1-2\nu}{2(1-\nu)} & \\ & & & & & \dfrac{1-2\nu}{2(1-\nu)} \end{bmatrix} \tag{6.8}$$

对于二维情况，由于应力应变分量的减少，此时弹性矩阵可简化为三阶形式，并可以写为统一的形式：

$$\boldsymbol{D} = \frac{E_0}{1-\nu_0^2}\begin{bmatrix} 1 & \nu_0 & 0 \\ \nu_0 & 1 & 0 \\ & & \dfrac{1-\nu_0}{2} \end{bmatrix} \tag{6.9}$$

对于平面应力问题 $E_0=E$，$\nu_0=\nu$；对于平面应变问题 $E_0=\dfrac{E}{1-\nu^2}$，$\nu_0=\dfrac{\nu}{1-\nu}$。除了三类方程，在弹性力学问题进行求解时还需要给出边界条件，通常包括力边界与位移边界。

6.3　三节点三角形单元

三节点三角形平面单元是有限元法中较早提出并被广泛应用的单元，三角形单元有关的表达式比较简单，而且对于复杂的计算边界有很强的适用性，任意的二维区域都可以被离散成有限个三角形单元，下面介绍其表达格式与推导过程。

6.3.1 单元位移模式与插值函数

为了分析平面问题,我们考虑图 6.3(b)中的基本三角形单元,它取自离散平板,如图 6.3(a)所示。离散平板已经被划分为三角形面元,每个面元具有 i,j 和 m 节点,每个节点有两个自由度,即 x 和 y 向平动位移,这里以 u_i 和 v_i 表示节点 i 的两个位移分量,此外本书中都是基于逆时针方向的节点标记形式,以避免计算中出现负单元面积之类的问题。

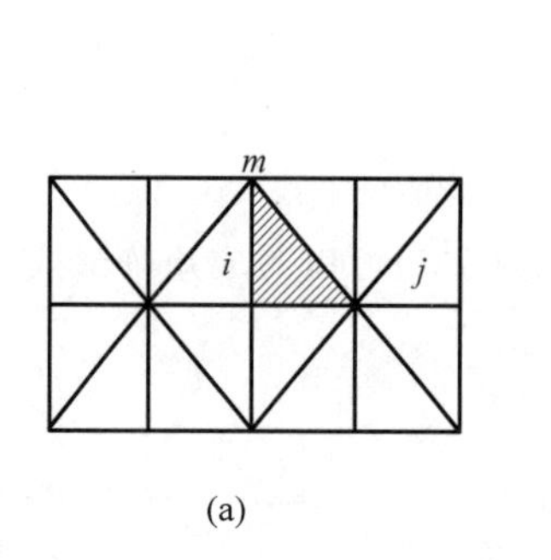

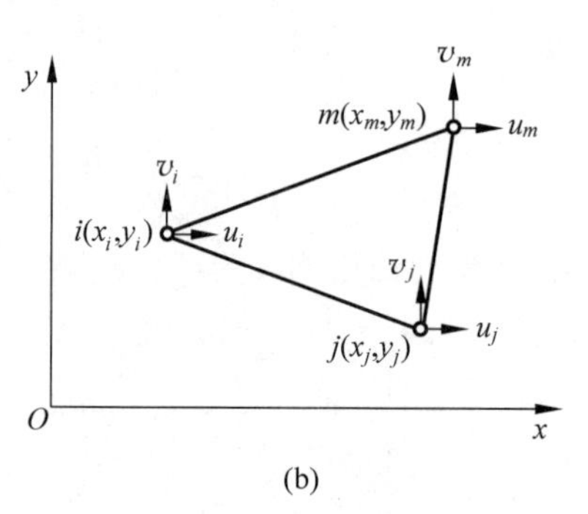

图 6.3 三角形单元

在这里(x_i,y_i),(x_j,y_j)和(x_m,y_m)分别是已知节点 i,j 和 m 的节点坐标,单元自由度为

$$\boldsymbol{d}=\begin{bmatrix}u_i & v_i & u_j & v_j & u_m & v_m\end{bmatrix}^{\mathrm{T}} \tag{6.10}$$

我们为每个面元选择一个线性位移函数:

$$\begin{cases}u(x,y)=a_1+a_2x+a_3y\\ v(x,y)=a_4+a_5x+a_6y\end{cases} \tag{6.11}$$

其中,$u(x,y)$和 $v(x,y)$是描述元素内部任意点的位移函数,也可以表示为矩阵形式:

$$\boldsymbol{\psi}=\begin{bmatrix}a_1+a_2x+a_3y\\ a_4+a_5x+a_6y\end{bmatrix}=\boldsymbol{\phi a} \tag{6.12}$$

其中,$\psi=\begin{bmatrix}u(x,y)\\ v(x,y)\end{bmatrix}$,$\boldsymbol{\phi}=\begin{bmatrix}1 & x & y & 0 & 0 & 0\\ 0 & 0 & 0 & 1 & x & y\end{bmatrix}$,$\boldsymbol{a}=\begin{bmatrix}a_1 & a_2 & a_3 & a_4 & a_5 & a_6\end{bmatrix}^{\mathrm{T}}$。

为计算 $\boldsymbol{a}$,首先将节点的坐标代入式(6.11)得到

$$\begin{cases}u_i=u(x_i,y_i)=a_1+a_2x_i+a_3y_i\\ u_j=u(x_j,y_j)=a_1+a_2x_j+a_3y_j\\ u_m=u(x_m,y_m)=a_1+a_2x_m+a_3y_m\\ v_i=v(x_i,y_i)=a_4+a_5x_i+a_6y_i\\ v_j=v(x_j,y_j)=a_4+a_5x_j+a_6y_j\\ v_m=v(x_m,y_m)=a_4+a_5x_m+a_6y_m\end{cases} \tag{6.13}$$

根据前三个方程可得

$$\begin{bmatrix} u_i \\ u_j \\ u_m \end{bmatrix} = \begin{bmatrix} 1 & x_i & y_i \\ 1 & x_j & y_j \\ 1 & x_m & y_m \end{bmatrix} \begin{bmatrix} a_1 \\ a_2 \\ a_3 \end{bmatrix} \tag{6.14}$$

于是有

$$\boldsymbol{a} = \boldsymbol{x}^{-1}\boldsymbol{u}$$

其中，$\boldsymbol{x}$ 是式(6.14)右边的 3×3 矩阵，$\boldsymbol{x}$ 的逆可以表示为

$$\boldsymbol{x}^{-1} = \frac{1}{2A}\begin{bmatrix} \alpha_i & \alpha_j & \alpha_m \\ \beta_i & \beta_j & \beta_m \\ \gamma_i & \gamma_j & \gamma_m \end{bmatrix} \tag{6.15}$$

其中，A 为三角形面元的面积，可利用下面的行列式计算得到

$$A = \frac{1}{2}\begin{vmatrix} 1 & x_i & y_i \\ 1 & x_j & y_j \\ 1 & x_m & y_m \end{vmatrix} \tag{6.16}$$

式(6.16)展开后为

$$2A = x_i(y_j - y_m) + x_j(y_m - y_i) + x_m(y_i - y_j) \tag{6.17}$$

另外，式(6.15)中的各变量为

$$\begin{cases} \alpha_i = x_j y_m - y_j x_m, & \alpha_j = y_i x_m - x_i y_m, & \alpha_m = x_i y_j - y_i x_j \\ \beta_i = y_j - y_m, & \beta_j = y_m - y_i, & \beta_m = y_i - y_j \\ \gamma_i = x_m - x_j, & \gamma_j = x_i - x_m, & \gamma_m = x_j - x_i \end{cases} \tag{6.18}$$

上式的矩阵运算可以在 Mathematica 中完成，输入 cell 为

```
X={{1,xi,yi},{1,xj,yj},{1,xm,ym}};
X1=Inverse[X];
X2=Det[X];
Print[X2//MatrixForm]
Print[X1 X2//MatrixForm]
```

输出结果为

$$-x_j y_i + x_m y_i + x_i y_j - x_m y_j - x_i y_m + x_j y_m$$

$$\begin{bmatrix} -x_m y_j + x_j y_m & x_m y_i - x_i y_m & -x_j y_i + x_i y_j \\ y_j - y_m & -y_i + y_m & y_i - y_j \\ -x_j + x_m & x_i - x_m & -x_i + x_j \end{bmatrix}$$

根据 $\boldsymbol{x}^{-1}$，不难得到 $\boldsymbol{a}$ 的前三个要素，

$$\begin{bmatrix} a_1 \\ a_2 \\ a_3 \end{bmatrix} = \frac{1}{2A}\begin{bmatrix} \alpha_i & \alpha_j & \alpha_m \\ \beta_i & \beta_j & \beta_m \\ \gamma_i & \gamma_j & \gamma_m \end{bmatrix} \begin{bmatrix} u_i \\ u_j \\ u_m \end{bmatrix} \tag{6.19}$$

类似地，可以得到 $\boldsymbol{a}$ 后三个要素：

$$\begin{bmatrix} a_4 \\ a_5 \\ a_6 \end{bmatrix} = \frac{1}{2A} \begin{bmatrix} \alpha_i & \alpha_j & \alpha_m \\ \beta_i & \beta_j & \beta_m \\ \gamma_i & \gamma_j & \gamma_m \end{bmatrix} \begin{bmatrix} v_i \\ v_j \\ v_m \end{bmatrix} \tag{6.20}$$

下面使用节点处的位移 u_i，u_j 和 u_m 表示单元中任意一点处的 $\boldsymbol{u}$。考虑到

$$u(x,y) = [1 \quad x \quad y] \begin{bmatrix} a_1 \\ a_2 \\ a_3 \end{bmatrix}$$

将式(6.19)代入后,可以得到

$$u(x,y) = \frac{1}{2A} [1 \quad x \quad y] \begin{bmatrix} \alpha_i & \alpha_j & \alpha_m \\ \beta_i & \beta_j & \beta_m \\ \gamma_i & \gamma_j & \gamma_m \end{bmatrix} \begin{bmatrix} u_i \\ u_j \\ u_m \end{bmatrix} \tag{6.21}$$

展开后,可得

$$u(x,y) = \frac{1}{2A} [1 \quad x \quad y] \begin{bmatrix} \alpha_i u_i & \alpha_j u_j & \alpha_m u_m \\ \beta_i u_i & \beta_j u_j & \beta_m u_m \\ \gamma_i u_i & \gamma_j u_j & \gamma_m u_m \end{bmatrix}$$

进一步可得

$$u(x,y) = \frac{1}{2A}[(\alpha_i + \beta_i x + \gamma_i y)u_i + (\alpha_j + \beta_j x + \gamma_j y)u_j + (\alpha_m + \beta_m x + \gamma_m y)u_m] \tag{6.22}$$

类似地,可以使用节点处位移 v_i,v_j 和 v_m 表示单元中任意一点处的 $v(x,y)$,类似于式(6.22),结果为

$$v(x,y) = \frac{1}{2A}[(\alpha_i + \beta_i x + \gamma_i y)v_i + (\alpha_j + \beta_j x + \gamma_j y)v_j + (\alpha_m + \beta_m x + \gamma_m y)v_m] \tag{6.23}$$

进一步定义 N_i,N_j 和 N_m 为

$$\begin{cases} N_i = \dfrac{1}{2A}(\alpha_i + \beta_i x + \gamma_i y) \\ N_j = \dfrac{1}{2A}(\alpha_j + \beta_j x + \gamma_j y) \\ N_m = \dfrac{1}{2A}(\alpha_m + \beta_m x + \gamma_m y) \end{cases} \tag{6.24}$$

可得

$$u = N_i u_i + N_j u_j + N_m u_m$$
$$v = N_i v_i + N_j v_j + N_m v_m$$

此外,这里的形函数还可以使用面积坐标的形式。根据式(6.18),有

$$N_i = \frac{1}{2A}(x_j y_m - y_j x_m + y_j x - y_m x + x_m y - x_j y) \tag{6.25}$$

根据图 6.4,单元内任一点 P 将三角形划分为三个小三角形,小三角形的面积分别为

A_i, A_j, A_m，其中 A_i 可以利用式(6.26)计算：

$$A_i=\frac{1}{2}\begin{vmatrix}1 & x & y\\ 1 & x_j & y_j\\ 1 & x_m & y_m\end{vmatrix} \tag{6.26}$$

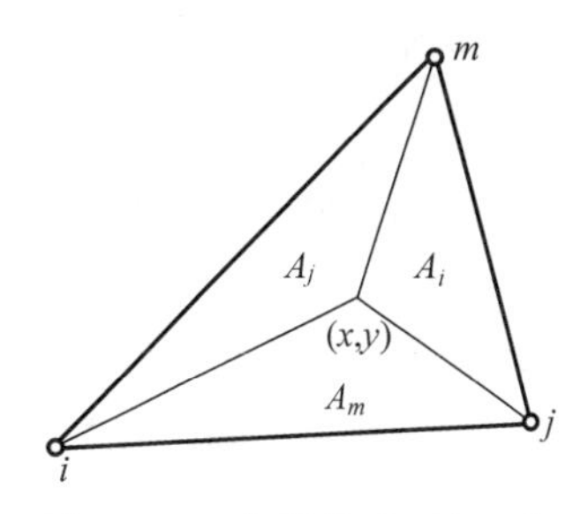

图 6.4 三角形单元面积坐标

根据式(6.25)，不难发现：

$$N_i=\frac{A_i}{A} \tag{6.27}$$

类似地，可以得到

$$N_j=\frac{A_j}{A},\quad N_m=\frac{A_m}{A} \tag{6.28}$$

此外，采用上述的形函数作为插值函数，面元内任一点的坐标值可以用节点坐标表示，即

$$\begin{cases}x=N_ix_i+N_jx_j+N_mx_m\\ y=N_iy_i+N_jy_j+N_my_m\end{cases} \tag{6.29}$$

对于式(6.29)可以验证一下，这里仅考虑了其中第一个式子，利用 Mathematica 来完成，输入 cell 为

```
ai=1/2Det[{{1,x,y},{1,xj,yj},{1,xm,ym}}];
am=1/2Det[{{1,xi,yi},{1,xj,yj},{1,x,y}}];
aj=1/2Det[{{1,xm,ym},{1,xi,yi},{1,x,y}}];
A=1/2Det[{{1,xi,yi},{1,xj,yj},{1,xm,ym}}];
(ai/A*xi+aj/A*xj+am/A*xm)    //Simplify
```

输出结果为

```
x
```

对于 y 的插值计算，同样可以验证是成立的，读者可练习完成。在这里，单元的坐标及位移采用了同样的形函数，可见这是一种等参数描述。因此，根据式(6.29)可以直接写出

$$\begin{cases}u(x,y)=N_iu_i+N_ju_j+N_mu_m\\ v(x,y)=N_iv_i+N_jv_j+N_mv_m\end{cases} \tag{6.30}$$

用矩阵形式表示：

$$\boldsymbol{\psi}=\begin{bmatrix}u(x,y)\\ v(x,y)\end{bmatrix}=\begin{bmatrix}N_iu_i+N_ju_j+N_mu_m\\ N_iv_i+N_jv_j+N_mv_m\end{bmatrix}=\boldsymbol{Nd} \tag{6.31}$$

其中，

$$\boldsymbol{N}=\begin{bmatrix}N_i & 0 & N_j & 0 & N_m & 0\\ 0 & N_i & 0 & N_j & 0 & N_m\end{bmatrix} \tag{6.32}$$

在有限元法中，当单元形状和相应的形函数确定以后，余下的运算可依照标准步骤和普遍公式进行，而一些复杂单元的几何形状也是利用形函数建立起来的。因此，在有限元法中，形函数具有十分重要的作用。形函数是定义于单元内部的关于坐标的连续函数，它应满足下列条件：

$$N_i(x_j,y_j)=\delta_{ij}=\begin{cases}1, & i=j\\ 0, & i\neq j\end{cases} \tag{6.33}$$

式中，i，j 对于不同的节点都适用，这可以保证用它定义的未知量(u,v)在相邻单元之间的连续性。

此外还应满足下列等式：

$$\sum_{i,j,m} N_n(x,y)=1$$

即

$$N_i(x,y)+N_j(x,y)+N_m(x,y)=1 \tag{6.34}$$

以便用它定义的单元位移能反映刚体移动，为说明等式(6.34)的必要性。式(6.30)中定义单元单位水平(或其他方向)刚体移动：$u(x,y)=1$，则所有节点及单元内任一点都将产生单位水平移动，显然 $u_i=u_j=u_m=1$，从而可得式(6.34)。

一般来讲，形函数的阶次越高，单元形状就越复杂，单元适应能力也越强，求解力学问题时所需单元数量也越少，求解方程组的时间会有减少。但形函数阶次提高后，建立刚度矩阵的运算较复杂，因此对于每一个特定的问题，都有一个较合适的形函数阶次，它使得总的计算时间最经济。这一般可由计算经验确定。

6.3.2 应变矩阵和应力矩阵

下面讨论用节点位移 $\boldsymbol{d}$ 来表示单元的应变和应力。首先讨论单元应变，二维单元的应变向量(或应变列阵)为

$$\boldsymbol{\varepsilon}=\begin{bmatrix}\varepsilon_x\\ \varepsilon_y\\ \gamma_{xy}\end{bmatrix}=\begin{bmatrix}\dfrac{\partial u}{\partial x}\\ \dfrac{\partial v}{\partial y}\\ \dfrac{\partial u}{\partial y}+\dfrac{\partial v}{\partial x}\end{bmatrix} \tag{6.35}$$

对位移插值形式求导：

$$\frac{\partial u}{\partial x}=u_{,x}=\frac{\partial}{\partial x}(N_iu_i+N_ju_j+N_mu_m)=N_{i,x}u_i+N_{j,x}u_j+N_{m,x}u_m \tag{6.36}$$

这里下标中逗号后面跟着一个变量表示对该变量的微分，注意到 $u_i=u(x_i,y_i)$是一个常量，所以有 $u_{i,x}=0$，类似地，$u_{j,x}=0$，$u_{m,x}=0$。

将形函数代入后，其导数表达式如下：

$$N_{i,x}=\frac{1}{2A}\frac{\partial}{\partial x}(\alpha_i+\beta_ix+\gamma_iy)=\frac{\beta_i}{2A} \tag{6.37}$$

类似地

$$N_{j,x}=\frac{\beta_j}{2A},\quad N_{m,x}=\frac{\beta_m}{2A} \tag{6.38}$$

从而有

$$\frac{\partial u}{\partial x}=\frac{1}{2A}(\beta_iu_i+\beta_ju_j+\beta_mu_m) \tag{6.39}$$

类似地,可以得到

$$\begin{cases} \dfrac{\partial v}{\partial y}=\dfrac{1}{2A}(\gamma_i v_i+\gamma_j v_j+\gamma_m v_m) \\ \dfrac{\partial u}{\partial y}+\dfrac{\partial v}{\partial x}=\dfrac{1}{2A}(\gamma_i u_i+\beta_i v_i+\gamma_j u_j+\beta_j v_j+\gamma_m u_m+\beta_m v_m) \end{cases} \tag{6.40}$$

将以上结果写成矩阵形式为

$$\boldsymbol{\varepsilon}=\boldsymbol{B}\boldsymbol{d} \tag{6.41}$$

其中应变矩阵为

$$\boldsymbol{B}=\frac{1}{2A}\begin{bmatrix} \beta_i & 0 & \beta_j & 0 & \beta_m & 0 \\ 0 & \gamma_i & 0 & \gamma_j & 0 & \gamma_m \\ \gamma_i & \beta_i & \gamma_j & \beta_j & \gamma_m & \beta_m \end{bmatrix} \tag{6.42}$$

也可以写成分块矩阵的形式:

$$\boldsymbol{\varepsilon}=[\boldsymbol{B}_i \quad \boldsymbol{B}_j \quad \boldsymbol{B}_m]\begin{bmatrix} \boldsymbol{d}_i \\ \boldsymbol{d}_j \\ \boldsymbol{d}_m \end{bmatrix} \tag{6.43}$$

其中,

$$\boldsymbol{d}_i=\begin{bmatrix} u_i \\ v_i \end{bmatrix}, \quad \boldsymbol{d}_j=\begin{bmatrix} u_j \\ v_j \end{bmatrix}, \quad \boldsymbol{d}_m=\begin{bmatrix} u_m \\ v_m \end{bmatrix} \tag{6.44}$$

$$\boldsymbol{B}_i=\frac{1}{2A}\begin{bmatrix} \beta_i & 0 \\ 0 & \gamma_i \\ \gamma_i & \beta_i \end{bmatrix}, \quad \boldsymbol{B}_j=\frac{1}{2A}\begin{bmatrix} \beta_j & 0 \\ 0 & \gamma_j \\ \gamma_j & \beta_j \end{bmatrix}, \quad \boldsymbol{B}_m=\frac{1}{2A}\begin{bmatrix} \beta_m & 0 \\ 0 & \gamma_m \\ \gamma_m & \beta_m \end{bmatrix} \tag{6.45}$$

这里的 $\boldsymbol{B}$ 矩阵与 x,y 坐标无关,它完全取决于单元的节点坐标,因此对于给定单元,其应变在单元内是恒定不变的,这种单元可称为常应变三角形单元。

下面进一步讨论单元应力计算,根据前面的物理关系及弹性矩阵,这部分工作容易完成。平面内应力-应变关系为

$$\begin{bmatrix} \sigma_x \\ \sigma_y \\ \tau_{xy} \end{bmatrix}=\boldsymbol{D}\begin{bmatrix} \varepsilon_x \\ \varepsilon_y \\ \gamma_{xy} \end{bmatrix} \tag{6.46}$$

应力可表示为

$$\boldsymbol{\sigma}=\boldsymbol{D}\boldsymbol{B}\boldsymbol{d} \tag{6.47}$$

这里讨论的单元内各处的应力$\boldsymbol{\sigma}$ 显然也是恒定不变的。

6.3.3 单元刚度矩阵

利用最小势能原理,我们可以生成一个典型的常应变三角形单元刚度方程。对于平面应力单元,总势能是节点位移的函数:

$$\Pi=\Pi(\boldsymbol{d})$$

这里的总势能是

$$\Pi=U+W \tag{6.48}$$

其中，外力功（或外力势能）由三部分组成：

$$W = W_b + W_p + W_s \tag{6.49}$$

应变能为

$$U = \frac{1}{2}\iiint_V \boldsymbol{\varepsilon}^{\mathrm{T}}\boldsymbol{\sigma}\,\mathrm{d}V$$

进一步可以写成

$$U = \frac{1}{2}\iiint_V \boldsymbol{\varepsilon}^{\mathrm{T}}\boldsymbol{D}\boldsymbol{\varepsilon}\,\mathrm{d}V \tag{6.50}$$

式(6.50)中使用了 $\boldsymbol{D}^{\mathrm{T}}=\boldsymbol{D}$。

体积力的势能为

$$W_b = -\iiint_V \boldsymbol{\psi}^{\mathrm{T}}\boldsymbol{X}\,\mathrm{d}V \tag{6.51}$$

式中，$\boldsymbol{\psi}$ 是一般的位移场函数，$\boldsymbol{X}$ 是重量密度矩阵。

集中荷载的势能为

$$W_p = -\boldsymbol{d}^{\mathrm{T}}\boldsymbol{P} \tag{6.52}$$

式中，$\boldsymbol{d}$ 表示一般节点位移，$\boldsymbol{P}$ 表示集中的外载荷。

分布载荷（或表面牵引力）引起的势能为

$$W_s = -\iint_S \boldsymbol{\psi}_S^{\mathrm{T}}\boldsymbol{T}_S\,\mathrm{d}S \tag{6.53}$$

式中，$\boldsymbol{T}_S$ 表示表面受到的力，$\boldsymbol{\psi}_S$ 表示在该力作用下的位移场函数，S 表示力 $\boldsymbol{T}_S$ 的作用面。与式(6.31)类似，$\boldsymbol{\psi}_S=\boldsymbol{N}_S\boldsymbol{d}$，其中 $\boldsymbol{N}_S$ 表示表面力作用下的计算形函数。

结合以上各式可得

$$\Pi = \frac{1}{2}\iiint_V \boldsymbol{d}^{\mathrm{T}}\boldsymbol{B}^{\mathrm{T}}\boldsymbol{D}\boldsymbol{B}\boldsymbol{d}\,\mathrm{d}V - \iiint_V \boldsymbol{d}^{\mathrm{T}}\boldsymbol{N}^{\mathrm{T}}\boldsymbol{X}\,\mathrm{d}V - \boldsymbol{d}^{\mathrm{T}}\boldsymbol{P} - \iint_S \boldsymbol{d}^{\mathrm{T}}\boldsymbol{N}_S^{\mathrm{T}}\boldsymbol{T}_S\,\mathrm{d}S \tag{6.54}$$

节点位移 $\boldsymbol{d}$ 独立于坐标，因此可提到积分号之外：

$$\Pi = \frac{1}{2}\boldsymbol{d}^{\mathrm{T}}\iiint_V \boldsymbol{B}^{\mathrm{T}}\boldsymbol{D}\boldsymbol{B}\,\mathrm{d}V\boldsymbol{d} - \boldsymbol{d}^{\mathrm{T}}\iiint_V \boldsymbol{N}^{\mathrm{T}}\boldsymbol{X}\,\mathrm{d}V - \boldsymbol{d}^{\mathrm{T}}\boldsymbol{P} - \boldsymbol{d}^{\mathrm{T}}\iint_S \boldsymbol{N}_S^{\mathrm{T}}\boldsymbol{T}_S\,\mathrm{d}S \tag{6.55}$$

最后三项表示单元总的载荷：

$$\boldsymbol{f} = \iiint_V \boldsymbol{N}^{\mathrm{T}}\boldsymbol{X}\,\mathrm{d}V + \boldsymbol{P} + \iint_S \boldsymbol{N}_S^{\mathrm{T}}\boldsymbol{T}_S\,\mathrm{d}S \tag{6.56}$$

则式(6.56)可写为

$$\Pi = \frac{1}{2}\boldsymbol{d}^{\mathrm{T}}\iiint_V \boldsymbol{B}^{\mathrm{T}}\boldsymbol{D}\boldsymbol{B}\,\mathrm{d}V\boldsymbol{d} - \boldsymbol{d}^{\mathrm{T}}\boldsymbol{f} \tag{6.57}$$

此时由 $\dfrac{\partial \Pi}{\partial \boldsymbol{d}}=\boldsymbol{0}$ 可得

$$\iiint_V \boldsymbol{B}^{\mathrm{T}}\boldsymbol{D}\boldsymbol{B}\,\mathrm{d}V\boldsymbol{d} = \boldsymbol{f} \tag{6.58}$$

这就是单元的刚度方程，其中单元刚度矩阵为

$$\boldsymbol{K} = \iiint_V \boldsymbol{B}^{\mathrm{T}}\boldsymbol{D}\boldsymbol{B}\,\mathrm{d}V \tag{6.59}$$

对于一个厚度恒为 t 的单元,式(6.59)可写为

$$\boldsymbol{K}=t\iint_A \boldsymbol{B}^{\mathrm{T}}\boldsymbol{DB}\,\mathrm{d}x\,\mathrm{d}y \tag{6.60}$$

当考虑常应变三角形单元,也就是应变矩阵不随坐标变化时,可以得到

$$\boldsymbol{K}=tA\boldsymbol{B}^{\mathrm{T}}\boldsymbol{DB} \tag{6.61}$$

其中,A 表示单元的面积。在平面应力情况下可将 $\boldsymbol{D}$ 和 $\boldsymbol{B}$ 代入式(6.61),得到

$$\boldsymbol{K}=\frac{tE}{4A(1-v^2)}\begin{bmatrix}\beta_i & 0 & \gamma_i\\ 0 & \gamma_i & \beta_i\\ \beta_j & 0 & \gamma_j\\ 0 & \gamma_j & \beta_j\\ \beta_m & 0 & \gamma_m\\ 0 & \gamma_m & \beta_m\end{bmatrix}\times \begin{bmatrix}1 & v & 0\\ v & 1 & 0\\ 0 & 0 & \dfrac{1-v}{2}\end{bmatrix}\begin{bmatrix}\beta_i & 0 & \beta_j & 0 & \beta_m & 0\\ 0 & \gamma_i & 0 & \gamma_j & 0 & \gamma_m\\ \gamma_i & \beta_i & \gamma_j & \beta_j & \gamma_m & \beta_m\end{bmatrix} \tag{6.62}$$

上面矩阵相乘后就可以显式得到常应变三角形面元的刚度矩阵了。

以上烦琐的矩阵运算可以利用 Mathematica 计算得到

```
Bm=1/(2A){{βi,0, βj,  0,βm,0},{0,γi, 0,  γj,0,γm},{γi,βi, γj, βj,γm,βm}};
Dm=E0/(1-v^2){{1,v,0},{v,1,0},{0,0,(1-v)/2}};
ts=t E0/(4 A (1-v^2));
Ke=A t Transpose[Bm].Dm.Bm;
Print[ts,Ke[[1]]/ts//Simplify//MatrixForm]
```

输出结果为

$$\frac{\mathrm{E0\ t}}{4\mathrm{A}(1-\mathrm{v}^2)}\begin{pmatrix}\frac{1}{2}(2\beta\mathrm{i}^2-(-1+\mathrm{v})\gamma\mathrm{i}^2)\\ \frac{1}{2}(1+\mathrm{v})\beta\mathrm{i}\gamma\mathrm{i}\\ \frac{1}{2}(2\beta\mathrm{i}\beta\mathrm{j}-(-1+\mathrm{v})\gamma\mathrm{i}\gamma\mathrm{j})\\ \frac{1}{2}(\beta\mathrm{j}(\gamma\mathrm{i}-\mathrm{v}\gamma\mathrm{i})+2\mathrm{v}\beta\mathrm{i}\gamma\mathrm{j})\\ \frac{1}{2}(2\beta\mathrm{i}\beta\mathrm{m}-(-1+\mathrm{v})\gamma\mathrm{i}\gamma\mathrm{m})\\ \frac{1}{2}(\beta\mathrm{m}(\gamma\mathrm{i}-\mathrm{v}\gamma\mathrm{i})+2\mathrm{v}\beta\mathrm{i}\gamma\mathrm{m})\end{pmatrix}$$

程序中计算了单元刚度矩阵,为显示方便,这里仅输出了刚度矩阵的第一列,读者可修改代码,给出完整的刚度矩阵输出。对于平面应变情况,我们只需要修改 $\boldsymbol{D}$ 矩阵即可。此外,为了进行总体刚度矩阵的集成,下面给出单元刚度矩阵的分块矩阵表示。此时 6×6 的单元矩阵可以写为

$$\boldsymbol{K}=\begin{bmatrix}\boldsymbol{K}_{ii} & \boldsymbol{K}_{ij} & \boldsymbol{K}_{im}\\ \boldsymbol{K}_{ji} & \boldsymbol{K}_{jj} & \boldsymbol{K}_{jm}\\ \boldsymbol{K}_{mi} & \boldsymbol{K}_{mj} & \boldsymbol{K}_{mm}\end{bmatrix} \tag{6.63}$$

各分块矩阵为 2×2 的形式,并可按照下式计算得到

$$\begin{cases}\boldsymbol{K}_{ii}=\boldsymbol{B}_i^{\mathrm{T}}\boldsymbol{D}\boldsymbol{B}_i tA\\ \boldsymbol{K}_{ij}=\boldsymbol{B}_i^{\mathrm{T}}\boldsymbol{D}\boldsymbol{B}_j tA\\ \boldsymbol{K}_{im}=\boldsymbol{B}_i^{\mathrm{T}}\boldsymbol{D}\boldsymbol{B}_m tA\end{cases} \tag{6.64}$$

式中,$\boldsymbol{B}_i$,$\boldsymbol{B}_j$ 和 $\boldsymbol{B}_m$ 是由式(6.45)定义的。得到了单元刚度矩阵后,我们下面进一步讨论单元载荷列阵,主要介绍体积力和表面力。

6.3.4 体积力和表面力

这里讨论分布载荷的等效计算问题,包括体积力和表面力。首先讨论体积力,根据式(6.56)右边的第一项,可以计算节点处的体积力:

$$\boldsymbol{f}_b=\iiint\limits_V \boldsymbol{N}^{\mathrm{T}}\boldsymbol{X}\,\mathrm{d}V \tag{6.65}$$

其中,

$$\boldsymbol{X}=\begin{bmatrix}X_b\\ Y_b\end{bmatrix}$$

式中,X_b 和 Y_b 分别表示体积力在 x 和 y 方向上的重量密度,体积力可以是重力、离心力或者惯性力等,一般的 $\boldsymbol{N}$ 是关于 x 和 y 的函数,因此需要进行积分运算。由于坐标原点的选取不影响这里的计算结果,我们可将单元的质心选为坐标原点,从而由质心的定义可知 $\iint x\,\mathrm{d}A=\iint y\,\mathrm{d}A=0$,因此:

$$\iint \beta_i x\,\mathrm{d}A=\iint \gamma_i y\,\mathrm{d}A=0$$

且

$$\alpha_i=\alpha_j=\alpha_m=\frac{2A}{3}$$

将结果代入式(6.65)后,可得节点 i 处的体积力为

$$\boldsymbol{f}_{bi}=\begin{bmatrix}X_b\\ Y_b\end{bmatrix}\frac{At}{3} \tag{6.66}$$

类似地,可以计算节点 j 和 m 处的体积力,因此单元的体积力可以表示为

$$\boldsymbol{f}_b=\begin{bmatrix}f_{bix}\\ f_{biy}\\ f_{bjx}\\ f_{bjy}\\ f_{bmx}\\ f_{bmy}\end{bmatrix}=\begin{bmatrix}X_b\\ Y_b\\ X_b\\ Y_b\\ X_b\\ Y_b\end{bmatrix}\frac{At}{3} \tag{6.67}$$

从中可以看出,体积力在三个节点是平均分布的。当只考虑重力时,假设其方向为 y 向,这时仅有 Y_b,而 $X_b=0$。

接下来讨论表面力,根据式(6.56)右边的第三项,可以计算节点上的表面力:

$$\boldsymbol{f}_s=\iint_S \boldsymbol{N}_S^{\mathrm{T}}\boldsymbol{T}_S\,\mathrm{d}S \tag{6.68}$$

注意,$\boldsymbol{N}_S$ 是指用于表面力计算的形函数,通常可以在单元的边界上设置局部线坐标,之后得到该形函数。

如图 6.5 所示,以 ij 边为例,坐标值取为 s,此时插值形函数可以写为

$$N_{si}=1-\frac{s}{l},\quad N_{sj}=\frac{s}{l},\quad N_{sm}=0 \tag{6.69}$$

其中,s 为长度坐标,l 为 ij 的长度。对于等厚度的单元,有

$$\boldsymbol{f}_s=\int_l \boldsymbol{N}_S\boldsymbol{T}_S t\,\mathrm{d}s \tag{6.70}$$

考虑图 6.5 中的两种情况,第一种为 x 方向的均布力,第二种为 x 方向的三角形分布载荷,各表面力分布可以写为

$$\boldsymbol{T}_S=\begin{bmatrix}q\\0\end{bmatrix}\quad 和\quad \boldsymbol{T}_S=\begin{bmatrix}\left(1-\dfrac{s}{l}\right)q\\0\end{bmatrix} \tag{6.71}$$

将其代入式(6.70)可以得到等效节点载荷,分别是

$$\boldsymbol{f}_s=\frac{1}{2}qlt\begin{bmatrix}1 & 0 & 1 & 0 & 0 & 0\end{bmatrix}^{\mathrm{T}} \tag{6.72}$$

$$\boldsymbol{f}_s=\frac{1}{2}qlt\begin{bmatrix}\dfrac{2}{3} & 0 & \dfrac{1}{3} & 0 & 0 & 0\end{bmatrix}^{\mathrm{T}} \tag{6.73}$$

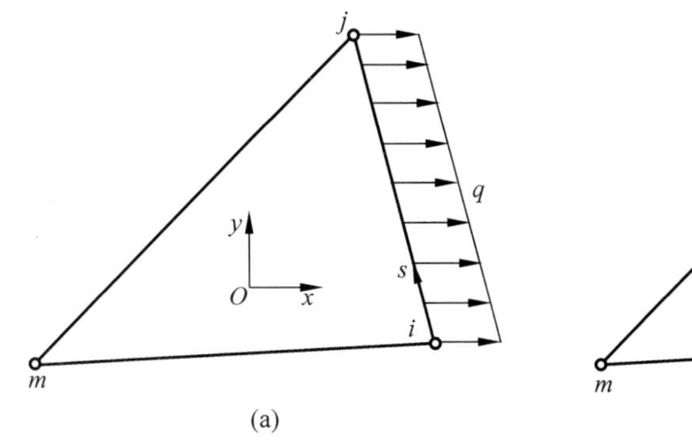

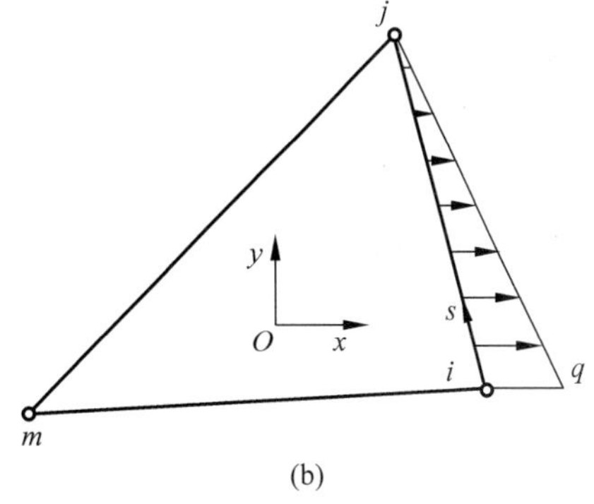

图 6.5 三角形单元线载荷

(a) 均布载荷;(b) 三角形载荷

这可以利用 Mathematica 得到,输入 cell 为

```
Nn={{1-s/l,0,s/l,0,0,0},{0,1-s/l,0,s/l,0,0}};T1={q,0};
T2={(1-s/l) q,0};
Integrate[T.Nn t,{s,0,l}]
Integrate[T2.Nn t,{s,0,l}]
```

计算结果为

$$\left\{\frac{\text{lqt}}{2},0,\frac{\text{lqt}}{2},0,0,0\right\}$$
$$\left\{\frac{\text{lqt}}{3},0,\frac{\text{lqt}}{6},0,0,0\right\}$$

例 6.1 对于图 6.6 所示的受表面力的薄板，计算其节点位移和单元应力，其中平板厚度 $t=1$ mm，材料参数 $E=30\times10^6$ MPa，泊松比 $\nu=0.3$。

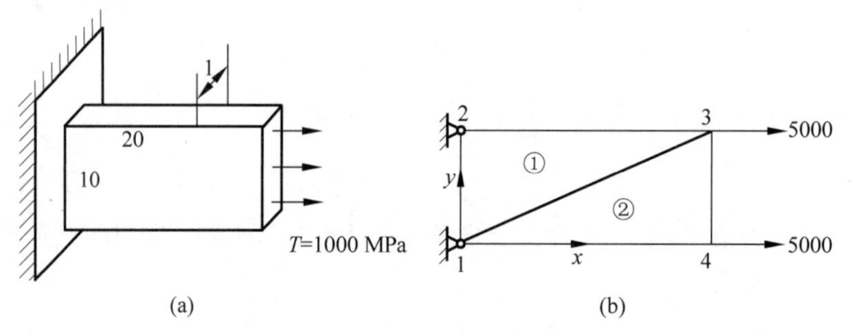

图 6.6 例 6.1 示意图
(a) 几何模型；(b) 网格

解：首先离散化，这里将平板离散成两个单元，节点和单元编号见图 6.6(b)，粗糙的网格虽然会有较大的离散误差，但易于手动计算，根据公式将均布载荷转换为节点力：

$$F=\frac{1}{2}TA,\quad 其中\ A=1\times10=10,\quad 所以\ F=5000\text{N}$$

全局刚度方程为

$$\boldsymbol{f}=\boldsymbol{Kd}$$

其中，

$$\boldsymbol{f}=\begin{bmatrix}f_{1x} & f_{1y} & f_{2x} & f_{2y} & f_{3x} & f_{3y} & f_{4x} & f_{4y}\end{bmatrix}^{\mathrm{T}}$$
$$\boldsymbol{d}=\begin{bmatrix}u_1 & v_1 & u_2 & v_2 & u_3 & v_3 & u_4 & v_4\end{bmatrix}^{\mathrm{T}}$$

本问题中，共有四个节点，每个节点有两个自由度，所以刚度矩阵 $\boldsymbol{K}$ 是一个 8×8 的矩阵，为得到整体刚度矩阵，需要先计算各单元的单元刚度矩阵。

单元的刚度矩阵根据下式计算：

$$\boldsymbol{K}=tA\boldsymbol{B}^{\mathrm{T}}\boldsymbol{DB}$$

根据图 6.7 中的编号，单元 1 的刚度矩阵具有如下形式：

$$\boldsymbol{K}^{(1)}=\begin{bmatrix}\boldsymbol{K}_{11} & \boldsymbol{K}_{13} & \boldsymbol{K}_{12}\\ \boldsymbol{K}_{31} & \boldsymbol{K}_{33} & \boldsymbol{K}_{32}\\ \boldsymbol{K}_{21} & \boldsymbol{K}_{23} & \boldsymbol{K}_{22}\end{bmatrix}$$

如图 6.7 所示，全局坐标系的原点设置在节点 1 处，此时单元 1 中各节点的坐标为 $x_i=0$，$y_i=0$，$x_j=20$，$y_j=10$，$x_m=0$，$y_m=0$。

单元 1 的面积也容易计算：

$$A=\frac{1}{2}bh=\frac{1}{2}\times20\times10=100$$

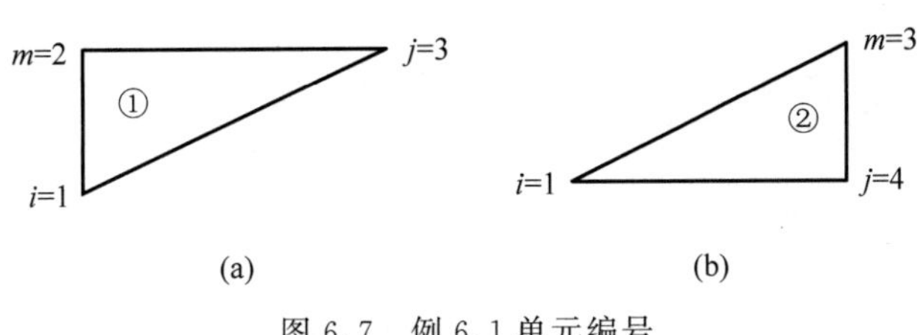

图 6.7　例 6.1 单元编号

(a) 单元 1；(b) 单元 2

下面计算应变矩阵，根据

$$B=\frac{1}{2A}\begin{bmatrix}\beta_i & 0 & \beta_j & 0 & \beta_m & 0\\ 0 & \gamma_i & 0 & \gamma_j & 0 & \gamma_m\\ \gamma_i & \beta_i & \gamma_j & \beta_j & \gamma_m & \beta_m\end{bmatrix}$$

代入各坐标值，有

$$\begin{cases}\beta_i=y_j-y_m=10-10=0\\ \beta_j=y_m-y_i=10-0=10\\ \beta_m=y_i-y_j=0-10=-10\\ \gamma_i=x_m-x_j=0-20=-20\\ \gamma_j=x_i-x_m=0-0=0\\ \gamma_m=x_j-x_i=20-0=20\end{cases}$$

可得

$$B=\frac{1}{200}\begin{bmatrix}0 & 0 & 10 & 0 & -10 & 0\\ 0 & -20 & 0 & 0 & 0 & 20\\ -20 & 0 & 0 & 10 & 20 & -10\end{bmatrix}$$

对于平面应力问题，D 可表示为

$$D=\frac{E}{1-\nu^2}\begin{bmatrix}1 & \nu & 0\\ \nu & 1 & 0\\ 0 & 0 & \frac{1-\nu}{2}\end{bmatrix}$$

代入材料参数后得

$$D=\frac{30\times 10^6}{0.91}\begin{bmatrix}1 & 0.3 & 0\\ 0.3 & 1 & 0\\ 0 & 0 & 0.35\end{bmatrix}$$

由此可以得到单元 1 的单元刚度矩阵：

$$K^{(1)}=1\times 100\,\frac{0.15\times 10^6}{0.91}\begin{bmatrix}0 & 0 & -7\\ -6 & -20 & 0\\ 10 & 3 & 0\\ 0 & 0 & 3.5\\ -10 & -3 & 7\\ 6 & 20 & -3.5\end{bmatrix}\times$$

$$\frac{1}{2\times 100}\begin{bmatrix} 0 & 0 & 10 & 0 & -10 & 0 \\ 0 & -20 & 0 & 0 & 0 & 20 \\ -20 & 0 & 0 & 10 & 20 & -10 \end{bmatrix}$$

计算后得

$$\begin{matrix} & & u_1 & v_1 & u_3 & v_3 & u_2 & v_2 \end{matrix}$$

$$\boldsymbol{K}^{(1)}=\frac{75000}{0.91}\begin{bmatrix} 140 & 0 & 0 & -70 & -140 & 70 \\ 0 & 400 & -60 & 0 & 60 & -400 \\ 0 & -60 & 100 & 0 & -100 & 60 \\ -70 & 0 & 0 & 35 & 70 & -35 \\ -140 & 60 & -100 & 70 & 240 & -130 \\ 70 & -400 & 60 & -35 & -130 & 435 \end{bmatrix}$$

其中,列上面的标记表示各列所对应的自由度。

下面讨论单元 2,根据图 6.7(b)中单元 2 的节点编号,其刚度矩阵具有如下形式:

$$\boldsymbol{K}^{(2)}=\begin{bmatrix} \boldsymbol{K}_{11} & \boldsymbol{K}_{14} & \boldsymbol{K}_{13} \\ \boldsymbol{K}_{41} & \boldsymbol{K}_{44} & \boldsymbol{K}_{43} \\ \boldsymbol{K}_{31} & \boldsymbol{K}_{34} & \boldsymbol{K}_{33} \end{bmatrix}$$

首先写出各节点坐标 $x_i=0, y_i=0, x_j=20, y_j=0, x_m=20, y_m=10$,由此可以计算:

$$\beta_i=y_j-y_m=0-10=-10$$

$$\beta_j=y_m-y_i=10-0=10$$

$$\beta_m=y_i-y_j=0-0=0$$

$$\gamma_i=x_m-x_j=20-20=0$$

$$\gamma_j=x_i-x_m=0-20=-20$$

$$\gamma_m=x_j-x_i=20-0=20$$

将以上结果代入几何矩阵可得

$$\boldsymbol{B}=\frac{1}{200}\begin{bmatrix} -10 & 0 & 10 & 0 & 0 & 0 \\ 0 & 0 & 0 & -20 & 0 & 20 \\ 0 & -10 & -20 & 10 & 20 & 0 \end{bmatrix}$$

D 矩阵为

$$\boldsymbol{D}=\frac{30\times 10^6}{0.91}\begin{bmatrix} 1 & 0.3 & 0 \\ 0.3 & 1 & 0 \\ 0 & 0 & 0.35 \end{bmatrix}$$

同样地,可以得到单元 2 的刚度矩阵:

$$\boldsymbol{K}^{(2)}=1\times 100\,\frac{0.15\times 10^6}{0.91}\begin{bmatrix} -10 & -3 & 0 \\ 0 & 0 & -3.5 \\ 10 & 3 & -7 \\ -6 & -20 & 3.5 \\ 0 & 0 & 7 \\ 6 & 20 & 0 \end{bmatrix}\times$$

$$\frac{1}{2\times 100}\begin{bmatrix} -10 & 0 & 10 & 0 & 0 & 0 \\ 0 & 0 & 0 & -20 & 0 & 20 \\ 0 & -10 & -20 & 10 & 20 & 0 \end{bmatrix}$$

计算后为

$$\boldsymbol{K}^{(2)}=\frac{75000}{0.91}\begin{bmatrix} 100 & 0 & -100 & 60 & 0 & -60 \\ 0 & 35 & 70 & -35 & -70 & 0 \\ -100 & 70 & 240 & -130 & -140 & 60 \\ 60 & -35 & -130 & 435 & 70 & -400 \\ 0 & -70 & -140 & 70 & 140 & 0 \\ -60 & 0 & 60 & -400 & 0 & 400 \end{bmatrix}$$

（列自由度依次为 u_1　v_1　u_4　v_4　u_3　v_3）

为合成总体刚度矩阵，可以对单元刚度矩阵进行扩展，使其成为总体刚度矩阵的大小，这里新增加的要素设为 0，同时调整自由度的顺序，结果为

对于单元 1，有

$$\boldsymbol{K}^{(1)}=\frac{375000}{0.91}\begin{bmatrix} 28 & 0 & -28 & 14 & 0 & -14 & 0 & 0 \\ 0 & 80 & 12 & -80 & -12 & 0 & 0 & 0 \\ -28 & 12 & 48 & -26 & -20 & 14 & 0 & 0 \\ 14 & -80 & -26 & 87 & 12 & -7 & 0 & 0 \\ 0 & -12 & -20 & 12 & 20 & 0 & 0 & 0 \\ -14 & 0 & 14 & -7 & 0 & 7 & 0 & 0 \\ 0 & 0 & 0 & 0 & 0 & 0 & 0 & 0 \\ 0 & 0 & 0 & 0 & 0 & 0 & 0 & 0 \end{bmatrix}$$

（列自由度依次为 u_1　v_1　u_2　v_2　u_3　v_3　u_4　v_4）

对于单元 2，有

$$\boldsymbol{K}^{(2)}=\frac{375000}{0.91}\begin{bmatrix} 20 & 0 & 0 & 0 & 0 & -12 & -20 & 12 \\ 0 & 7 & 0 & 0 & -14 & 0 & 14 & -7 \\ 0 & 0 & 0 & 0 & 0 & 0 & 0 & 0 \\ 0 & 0 & 0 & 0 & 0 & 0 & 0 & 0 \\ 0 & -14 & 0 & 0 & 28 & 0 & -28 & 14 \\ -12 & 0 & 0 & 0 & 0 & 80 & 12 & -80 \\ -20 & 14 & 0 & 0 & -28 & 12 & 48 & -26 \\ 12 & -7 & 0 & 0 & 14 & -80 & -26 & 87 \end{bmatrix}$$

（列自由度依次为 u_1　v_1　u_2　v_2　u_3　v_3　u_4　v_4）

由于自由度的阶数相同，二者相加就得到了全局刚度矩阵：

$$
\boldsymbol{K}=\frac{375000}{0.91}\begin{bmatrix}
48 & 0 & -28 & 14 & 0 & -26 & -20 & 12\\
0 & 87 & 12 & -80 & -26 & 0 & 14 & -7\\
-28 & 12 & 48 & -26 & -20 & 14 & 0 & 0\\
14 & -80 & -26 & 87 & 12 & -7 & 0 & 0\\
0 & -26 & -20 & 12 & 48 & 0 & -28 & 14\\
-26 & 0 & 14 & -7 & 0 & 87 & 12 & -80\\
-20 & 14 & 0 & 0 & -28 & 12 & 48 & -26\\
12 & -7 & 0 & 0 & 14 & -80 & -26 & 87
\end{bmatrix}
$$

（列依次对应 u_1, v_1, u_2, v_2, u_3, v_3, u_4, v_4）

此外，这里也可以将单元刚度分块表示，之后按照矩阵法的处理方法进行叠加，从而得到总体刚度矩阵，此时单元刚度为

$$
\boldsymbol{K}^{(1)}=\begin{bmatrix}
\boldsymbol{K}_{11}^{(1)} & \boldsymbol{K}_{13}^{(1)} & \boldsymbol{K}_{12}^{(1)}\\
\boldsymbol{K}_{31}^{(1)} & \boldsymbol{K}_{33}^{(1)} & \boldsymbol{K}_{32}^{(1)}\\
\boldsymbol{K}_{21}^{(1)} & \boldsymbol{K}_{23}^{(1)} & \boldsymbol{K}_{22}^{(1)}
\end{bmatrix},\quad
\boldsymbol{K}^{(2)}=\begin{bmatrix}
\boldsymbol{K}_{11}^{(2)} & \boldsymbol{K}_{14}^{(2)} & \boldsymbol{K}_{13}^{(2)}\\
\boldsymbol{K}_{41}^{(2)} & \boldsymbol{K}_{44}^{(2)} & \boldsymbol{K}_{43}^{(2)}\\
\boldsymbol{K}_{31}^{(2)} & \boldsymbol{K}_{34}^{(2)} & \boldsymbol{K}_{33}^{(2)}
\end{bmatrix}
$$

合成后的总刚为

$$
\boldsymbol{K}=\begin{bmatrix}
\boldsymbol{K}_{11}^{(1)}+\boldsymbol{K}_{11}^{(2)} & \boldsymbol{K}_{12} & \boldsymbol{K}_{13}^{(1)}+\boldsymbol{K}_{13}^{(2)} & \boldsymbol{K}_{14}\\
\boldsymbol{K}_{21} & \boldsymbol{K}_{22} & \boldsymbol{K}_{23} & 0\\
\boldsymbol{K}_{31}^{(1)}+\boldsymbol{K}_{31}^{(2)} & \boldsymbol{K}_{32} & \boldsymbol{K}_{33}^{(1)}+\boldsymbol{K}_{33}^{(2)} & \boldsymbol{K}_{34}\\
\boldsymbol{K}_{41} & 0 & \boldsymbol{K}_{43} & \boldsymbol{K}_{44}
\end{bmatrix}
$$

在得到总体刚度矩阵之后，需要进一步考虑问题的边界条件，显然在本问题中位移边界条件为 $u_1=v_1=u_2=v_2=0$，此外，力的边界条件为 $f_{3x}=f_{4x}=5000$，$f_{3y}=f_{4y}=0$。

将以上结果代入总体刚度方程后，可得

$$
\begin{bmatrix}R_{1x}\\R_{1y}\\R_{2x}\\R_{2y}\\5000\\0\\5000\\0\end{bmatrix}=\frac{375000}{0.91}\begin{bmatrix}
48 & 0 & -28 & 14 & 0 & -26 & -20 & 12\\
0 & 87 & 12 & -80 & -26 & 0 & 14 & -7\\
-28 & 12 & 48 & -26 & -20 & 14 & 0 & 0\\
14 & -80 & -26 & 87 & 12 & -7 & 0 & 0\\
0 & -26 & -20 & 12 & 48 & 0 & -28 & 14\\
-26 & 0 & 14 & -7 & 0 & 87 & 12 & -80\\
-20 & 14 & 0 & 0 & -28 & 12 & 48 & -26\\
12 & -7 & 0 & 0 & 14 & -80 & -26 & 87
\end{bmatrix}\begin{bmatrix}0\\0\\0\\0\\d_{3x}\\d_{3y}\\d_{4x}\\d_{4y}\end{bmatrix}
$$

其中，R_{ix} 和 R_{iy} 表示节点 i 处的支反力，可以采用代入消去法，即消除刚度矩阵中与 0 位移对应的行和列，之后得到

$$
\begin{bmatrix}5000\\0\\5000\\0\end{bmatrix}=\frac{375000}{0.91}\begin{bmatrix}
48 & 0 & -28 & 14\\
0 & 87 & 12 & -80\\
-28 & 12 & 48 & -26\\
14 & -80 & -26 & 87
\end{bmatrix}\begin{bmatrix}d_{3x}\\d_{3y}\\d_{4x}\\d_{4y}\end{bmatrix}
$$

求解上式得到

$$\begin{bmatrix} d_{3x} \\ d_{3y} \\ d_{4x} \\ d_{4y} \end{bmatrix} = \begin{bmatrix} 609.6 \\ 4.2 \\ 663.7 \\ 104.1 \end{bmatrix} \times 10^{-6}\ \text{mm}$$

对于上面的计算结果，简单分析如下：

当将问题简化为拉压杆时，可以计算其 x 向位移为

$$\delta = \frac{PL}{AE} = \frac{10000 \times 20}{10 \times (30 \times 10^6)} = 670 \times 10^{-6}\ \text{mm}, \quad 其中\ P = 2F = 10000\ \text{N}, L = 20\ \text{mm}$$

对比这里的位移结果可以发现，节点 3 和节点 4 的 x 向位移差别不大；但 y 向很不理想，由于泊松效应，y 向位移节点 3 应该是向下的，而在节点 4 应该是向上的，但计算结果显示二者同号，差别较大。

下面可以根据式(6.47)确定每个单元的应力

$$\boldsymbol{\sigma} = \boldsymbol{DBd}$$

对单元 1 代入相应的 $\boldsymbol{B}$ 和 $\boldsymbol{D}$ 后，得到

$$\boldsymbol{\sigma} = \frac{30 \times 10^6 \times 10^{-6}}{0.91 \times 200} \begin{bmatrix} 1 & 0.3 & 0 \\ 0.3 & 1 & 0 \\ 0 & 0 & 0.35 \end{bmatrix} \times \begin{bmatrix} 0 & 0 & 10 & 0 & -10 & 0 \\ 0 & -20 & 0 & 0 & 0 & 20 \\ -20 & 0 & 0 & 10 & 20 & 10 \end{bmatrix} \begin{bmatrix} 0 \\ 0 \\ 609.6 \\ 4.2 \\ 0 \\ 0 \end{bmatrix}$$

整理后得

$$\begin{bmatrix} \sigma_x \\ \sigma_y \\ \tau_{xy} \end{bmatrix} = \begin{bmatrix} 1005 \\ 301 \\ 2.4 \end{bmatrix}\ \text{MPa}$$

对单元 2，有

$$\boldsymbol{\sigma} = \frac{30 \times 10^6 \times 10^{-6}}{0.91 \times 200} \begin{bmatrix} 1 & 0.3 & 0 \\ 0.3 & 1 & 0 \\ 0 & 0 & 0.35 \end{bmatrix} \times \begin{bmatrix} -10 & 0 & 10 & 0 & 0 & 0 \\ 0 & 0 & 0 & -20 & 0 & 20 \\ 0 & -10 & -20 & 10 & 20 & 0 \end{bmatrix} \begin{bmatrix} 0 \\ 0 \\ 663.7 \\ 104.1 \\ 609.6 \\ 4.2 \end{bmatrix}$$

整理后得

$$\begin{bmatrix} \sigma_x \\ \sigma_y \\ \tau_{xy} \end{bmatrix} = \begin{bmatrix} 995 \\ -1.2 \\ -2.4 \end{bmatrix}$$

下面做简单分析，由于平板边缘作用有沿 x 方向的均匀拉力，大小为 1000，可以粗略判断每个单元的 x 向正应力应接近 1000，而 σ_y 和 τ_{xy} 比较小，由得到的结果可见，本问题的

解答对于 σ_x 是不错的，显然随着单元数量的增加，计算结果将更加准确。另外，为解决多个单元的仿真计算，推荐采用商业有限元软件，这将避免繁杂的前处理工作。

6.4 四节点四边形单元

在三角形单元的基础上，下面介绍四节点矩形单元，首先采用与前面类似的全局坐标形式进行推导，随后还讨论了四边形单元的等参数公式描述，等参数公式允许创建非矩形及有曲边的单元，许多商业软件已经为这种描述编写了各种单元，对于一些繁杂的计算我们利用Mathematica程序加以实现。

6.4.1 单元的常规推导

矩形单元相比三角形单元，在计算精度方面会有提升，二者的构造方法类似，较简单，矩形单元的不足之处在于对实际问题的边界离散不如三角形单元灵活。下面按照之前所述的一般步骤推导矩形单元的刚度矩阵和相关方程。

1. 选择单元类型

图6.8所示的矩形单元的4个节点同样按逆时针方向编号，边长分别为 $2b$ 和 $2h$，节点位移可表示为

$$\boldsymbol{d}=[u_1 \quad v_1 \quad u_2 \quad v_2 \quad u_3 \quad v_3 \quad u_4 \quad v_4]^{\mathrm{T}} \tag{6.74}$$

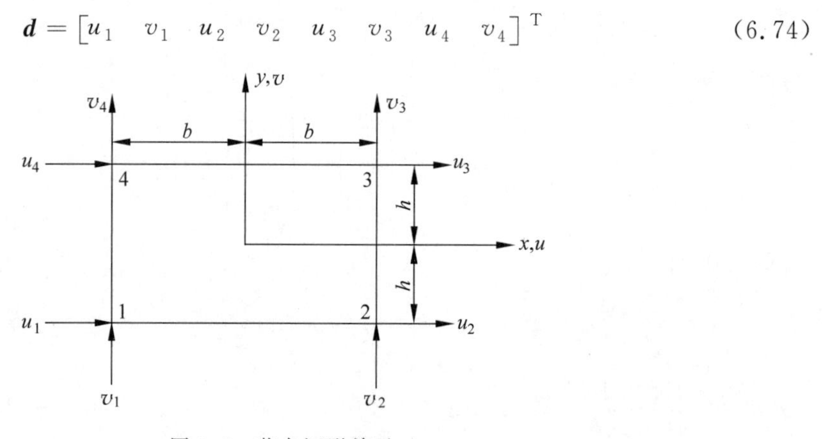

图6.8 节点矩形单元

2. 选择位移函数

本节讨论的单元在每条边上只有两个节点，对于相容的位移场，单元位移函数 u 和 v 在各边上显然是线性的，这里线性位移函数为

$$\begin{cases} u(x,y)=a_1+a_2x+a_3y+a_4xy \\ v(x,y)=a_5+a_6x+a_7y+a_8xy \end{cases} \tag{6.75}$$

可以按照常规的方式计算式(6.75)中的 a_i，得到

$$\begin{cases} u(x,y)=\dfrac{1}{4bh}[(b-x)(h-y)u_1+(b+x)(h-y)u_2+(b+x)(h+y)u_3+(b-x)(h+y)u_4] \\ v(x,y)=\dfrac{1}{4bh}[(b-x)(h-y)v_1+(b+x)(h-y)v_2+(b+x)(h+y)v_3+(b-x)(h+y)v_4] \end{cases} \tag{6.76}$$

这一过程可以利用 Mathematica 实现，输入 cell 为

```
u[x_,y_] := a1+a2 x+a3 y+a4 x y;
sol=Solve[{u[-b,-h]==u1,u[b,-h]==u2,u[b,h]==u3,u[-b,h]==u4},{a1,a2,a3,a4}];
N1=(a1+a2 x+a3 y+a4 x y)/.sol[[1]]/.{u1->1,u2->0,u3->0,u4->0};
Print["N1=", N1]
```

输出结果为

```
N1=1/4-x/(4b)-y/(4h)+xy/(4bh)
```

上述代码中仅给出了 N_1 的计算，同理不难得到其他形函数。因此位移表达式可以用形函数和节点位移表示：

$$\boldsymbol{\psi}=\boldsymbol{N}\boldsymbol{d} \tag{6.77}$$

其中，

$$\boldsymbol{N}=\begin{bmatrix} N_1 & 0 & N_2 & 0 & N_3 & 0 & N_4 & 0 \\ 0 & N_1 & 0 & N_2 & 0 & N_3 & 0 & N_4 \end{bmatrix} \tag{6.78}$$

各形函数为

$$\begin{cases} N_1=\dfrac{(b-x)(h-y)}{4bh} \\ N_2=\dfrac{(b+x)(h-y)}{4bh} \\ N_3=\dfrac{(b+x)(h+y)}{4bh} \\ N_4=\dfrac{(b-x)(h+y)}{4bh} \end{cases} \tag{6.79}$$

3. 应变-位移和应力-应变关系

对于二维应力状态的单元，无论何种形式其几何关系为

$$\begin{bmatrix} \varepsilon_x \\ \varepsilon_y \\ \gamma_{xy} \end{bmatrix}=\begin{bmatrix} \dfrac{\partial u}{\partial x} \\ \dfrac{\partial v}{\partial y} \\ \dfrac{\partial u}{\partial y}+\dfrac{\partial v}{\partial x} \end{bmatrix}$$

对式(6.76)中的 u 和 v 求导，可以用待求的节点位移来表示应变：

$$\boldsymbol{\varepsilon}=\boldsymbol{B}\boldsymbol{d} \tag{6.80}$$

其中，

$$\boldsymbol{B}=\frac{1}{4bh}\begin{bmatrix}-(h-y) & 0 & (h-y) & 0 & (h+y) & 0 & -(h+y) & 0\\ 0 & -(b-x) & 0 & -(b+x) & 0 & (b+x) & 0 & (b-x)\\ -(b-x) & -(h-y) & -(b+x) & (h-y) & (b+x) & (h+y) & (b-x) & -(h+y)\end{bmatrix}\tag{6.81}$$

从中不难看出，ε_x 是 y 的函数，ε_y 是 x 的函数，γ_{xy} 则是 x 和 y 的函数。应力计算与三角形单元的形式相同，即 $\boldsymbol{\sigma}=\boldsymbol{DBd}$，只是这里的 $\boldsymbol{B}$ 由式(6.81)给出，$\boldsymbol{d}$ 由式(6.74)给出。

4. 单元刚度矩阵和方程推导

6.3 节给出的三角形单元刚度矩阵的计算公式，在这里同样适用，从而可以得到

$$\boldsymbol{K}=\int_{-h}^{h}\int_{-b}^{b}\boldsymbol{B}^{\mathrm{T}}\boldsymbol{DB}t\,\mathrm{d}x\,\mathrm{d}y\tag{6.82}$$

其中，$\boldsymbol{D}$ 根据平面应力或平面应变条件给出，这里的矩阵 $\boldsymbol{B}$ 是 x 和 y 的函数，需要进行积分运算。矩阵 $\boldsymbol{K}$ 现在是 8×8 阶。

节点力向量也有类似的计算，即

$$\boldsymbol{f}=\iiint_V \boldsymbol{N}^{\mathrm{T}}\boldsymbol{X}\,\mathrm{d}V+\boldsymbol{P}+\iint_S \boldsymbol{N}_s^{\mathrm{T}}\boldsymbol{T}\,\mathrm{d}S$$

其中，$\boldsymbol{N}$ 是式(6.78)中的矩阵，单元刚度方程为

$$\boldsymbol{f}=\boldsymbol{Kd}$$

除以上步骤外，后续的计算过程与三角形单元的处理步骤基本相同，包括整体刚度矩阵和节点力向量的组装，以及节点位移和应力的求解等，只不过此时各个单元内的应力在 x 和 y 方向上都有变化。

6.4.2 单元的等参数描述

有限元法中的等参数指的是定义单元形状变换的形(插值)函数与定义单元位移场的形(插值)函数相同，其中也包括采用相同的节点。对于一般的四边形单元，在全局坐标系下构造形函数的方法不复杂，但过程比较烦琐，特别是在积分运算中，将会遇到一定的困难。如果可以利用坐标变换将具有复杂外形的单元转化为具有规则形状的单元，之后再进行分析和计算将会使问题变得简便。

对于在全局坐标系 x-y 中的具有一般形状的单元，如图 6.9(b)所示，可以通过坐标变换将其转换成几何形状规则的单元，此处局部坐标系为 ξ-η 坐标系(边界取值为−1～+1，这种取法可充分发挥数值积分的优势)，如图 6.9(a)所示，这里通常将全局坐标系中扭曲的称为子单元，局部坐标系中形状规则的称为母单元，图 6.9 给出的是二维线性单元的情况，子单元各边为直线，包含 2 个节点。

图 6.10 给出了二维二次单元变换的示意图，此时子单元各边为二次曲线，且包含 3 个节点。

1. 坐标变换

本节仅考虑线性单元的情况，每个单元有 4 个节点，该单元各边为直线，但形状可以是任意的，此时可假设全局坐标 x-y 与自然坐标 ξ-η 的关系如下：

$$\begin{cases}x=a_1+a_2\xi+a_3\eta+a_4\xi\eta\\ y=a_5+a_6\xi+a_7\eta+a_8\xi\eta\end{cases}\tag{6.83}$$

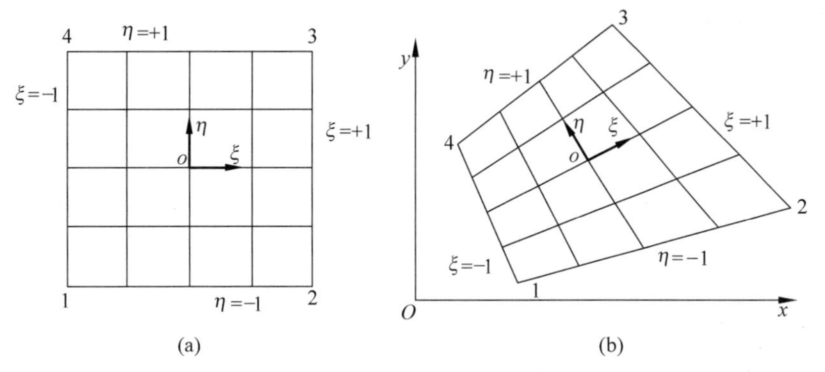

图 6.9　二维线性单元坐标变换

(a) 母单元；(b) 子单元

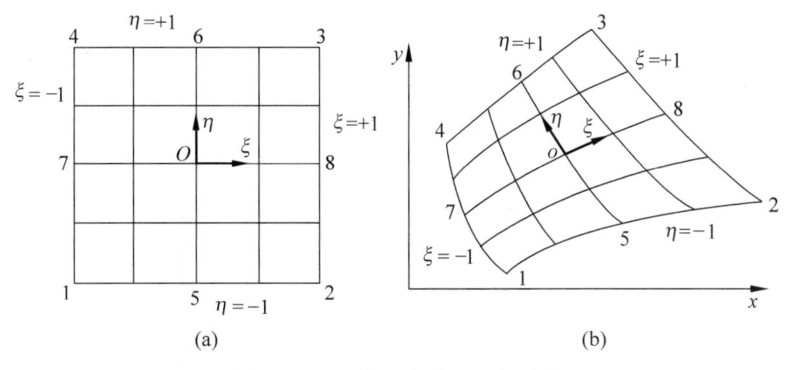

图 6.10　二维二次单元坐标变换

(a) 母单元；(b) 子单元

将各节点处的坐标值代入，求解 a_i 后可得

$$
\begin{cases}
x=\dfrac{1}{4}[(1-\xi)(1-\eta)x_1+(1+\xi)(1-\eta)x_2+\\
\qquad(1+\xi)(1+\eta)x_3+(1-\xi)(1+\eta)x_4]\\
y=\dfrac{1}{4}[(1-\xi)(1-\eta)y_1+(1+\xi)(1-\eta)y_2+\\
\qquad(1+\xi)(1+\eta)y_3+(1-\xi)(1+\eta)y_4]
\end{cases}
\tag{6.84}
$$

式(6.84)可写为矩阵形式：

$$
\begin{bmatrix} x \\ y \end{bmatrix}=\begin{bmatrix} N_1 & 0 & N_2 & 0 & N_3 & 0 & N_4 & 0 \\ 0 & N_1 & 0 & N_2 & 0 & N_3 & 0 & N_4 \end{bmatrix}\begin{bmatrix} x_1 \\ y_1 \\ x_2 \\ y_2 \\ x_3 \\ y_3 \\ x_4 \\ y_4 \end{bmatrix}
\tag{6.85}
$$

这里的 N_i 也称为形函数，也就是局部坐标表示的插值函数，具体为

$$\begin{cases} N_1 = \dfrac{(1-\xi)(1-\eta)}{4} \\ N_2 = \dfrac{(1+\xi)(1-\eta)}{4} \\ N_3 = \dfrac{(1+\xi)(1+\eta)}{4} \\ N_4 = \dfrac{(1-\xi)(1+\eta)}{4} \end{cases} \tag{6.86}$$

式(6.86)中的形函数是线性的，将这 4 个函数在 ξ-η 坐标系中绘出，这里利用 Mathematica 实现，这些函数的作用是将图 6.9(a)所示的正方形单元中的任意点 s 和 t 映射到图 6.9(b)所示的四边形单元中的 x 和 y 处。例如，考虑正方形单元节点 1 的坐标，其中 $\xi=-1,\eta=-1$，将其代入方程(6.84)中，则变为 $x=x_1, y=y_1$。同理，也可以映射节点 2,3 和节点 4，从而可将 ξ-η 等参坐标中的正方形单元映射为全局坐标所表示的四边形单元。

形函数绘制的 Mathematica 代码，输入 cell 为

```
N1[x_,y_] := 1/4(1-x/a) (1-y/b);
N2[x_,y_] := 1/4(1+x/a) (1-y/b);
a=b=1;
Plot3D[N1[x,y],{x,-a,a},{y,-b,b}]
Plot3D[N2[x,y],{x,-a,a},{y,-b,b}]
```

上面的代码仅给出了 N_1 和 N_2，输出结果为三维曲面图形，如图 6.11 所示。由图中可以看出，形函数 $N_1 \sim N_4$ 具有下列性质：$N_i(i=1,2,3,4)$ 在节点 i 处等于 1，在其他节点处等于 0，此外，若我们将式(6.86)中的四个式子相加，可以得到 $N_1+N_2+N_3+N_4=1$，也就是对任意 ξ 和 η，四个形函数之和为 1。

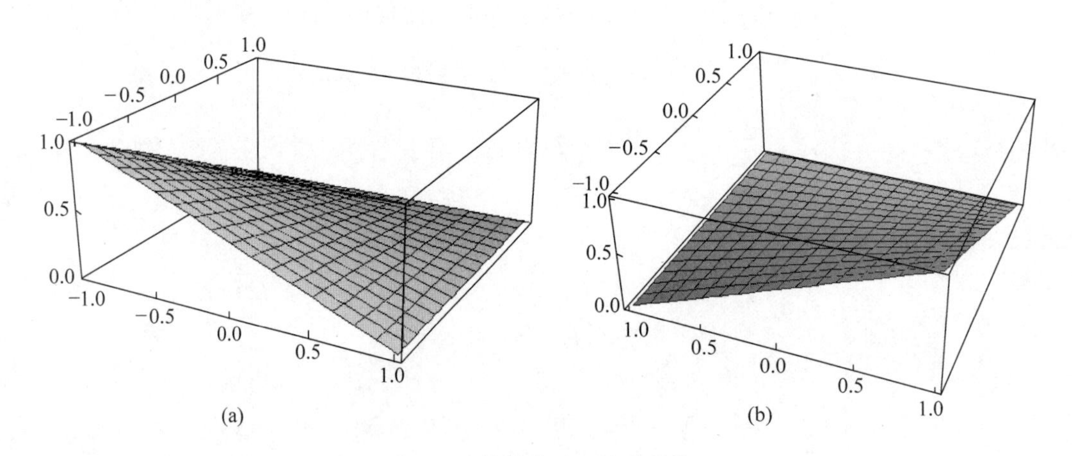

图 6.11 线性单元上的形函数

(a) N_1；(b) N_2

例 6.2 根据坐标映射的形函数，完成母单元与子单元之间的转换，两个子单元如图 6.12 所示。

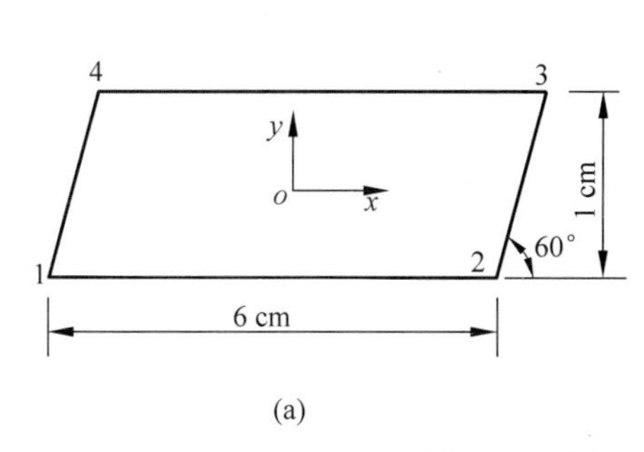

(a)

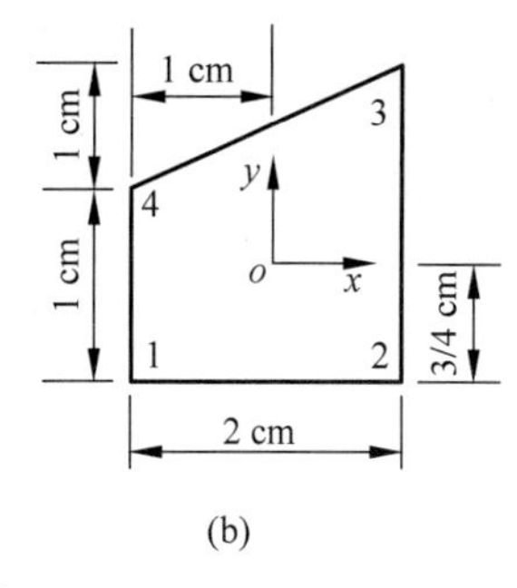

(b)

图 6.12 例 6.2 示意图

解：对于给定的子单元，首先建立如图 6.12 所示的坐标系，分别写出两个单元的各节点坐标，其中单元 1：

$$[x_1 \quad y_1 \quad x_2 \quad y_2 \quad x_3 \quad y_3 \quad x_4 \quad y_4]$$
$$=[-3-\sqrt{3}/3 \quad -1/2 \quad 3-\sqrt{3}/3 \quad -1/2 \quad 3 \quad 1/2 \quad -3 \quad 1/2]$$

单元 2：

$$[x_1 \quad y_1 \quad x_2 \quad y_2 \quad x_3 \quad y_3 \quad x_4 \quad y_4]=[-1 \quad -3/4 \quad 1 \quad -3/4 \quad 1 \quad 5/4 \quad -1 \quad 1/4]$$

对于上述坐标变换，可以利用 Mathematica 绘制图形，这里用到了参数曲线命令 ParametricPlot，输入 cell 如下：

```
N1[ξ_,η_] := (1/4-ξ/4 -η/4 +(ξ η)/4);
N2[ξ_,η_] := (1/4+ξ/4-η/4-(ξ η)/4);
N3[ξ_,η_] := (1/4+ξ/4+η/4+(ξ η)/4);
N4[ξ_,η_] := (1/4-ξ/4+η/4-(ξ η)/4);
x[ξ_,η_] := N1[ξ,η] x1+N2[ξ,η] x2+N3[ξ,η] x3+N4[ξ,η] x4;
y[ξ_,η_] := N1[ξ,η] y1+N2[ξ,η] y2+N3[ξ,η] y3+N4[ξ,η] y4;
x1=-3-√3/3;y1=-1/2;x2=3-√3/3;y2=-1/2;x3=3;y3=1/2;x4=-3;y4=1/2;
ParametricPlot[{ξ, η},{ξ,-1,1},{η,-1,1}]
ParametricPlot[{x[ξ,η], y[ξ,η]},{ξ,-1,1},{η,-1,1}]
x1=-1;y1=-3/4;x2=1;y2=-3/4;x3=1;y3=5/4;x4=-1;y4=1/4;
ParametricPlot[{ x[ξ,η], y[ξ,η]},{ξ,-1,1},{η,-1,1}]
```

输出 cell 如下：

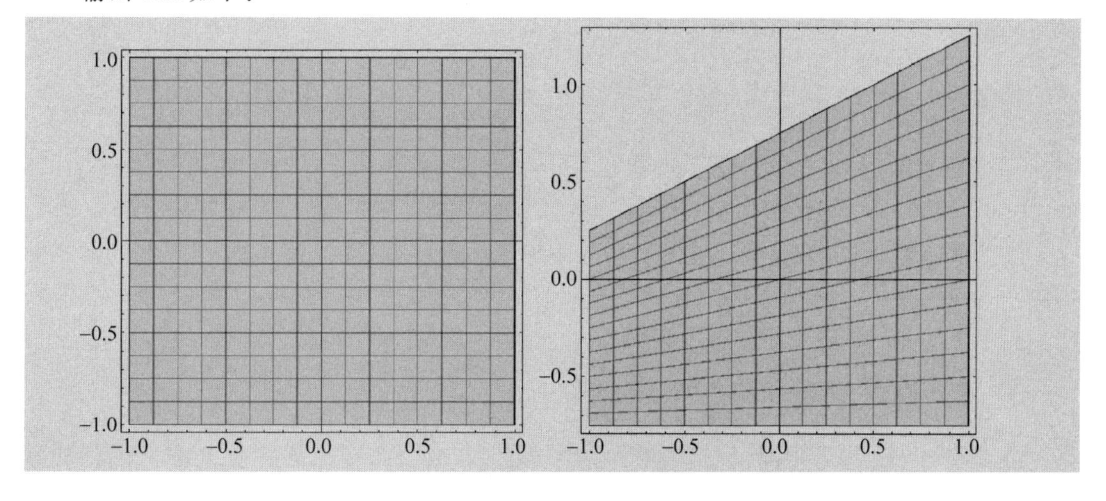

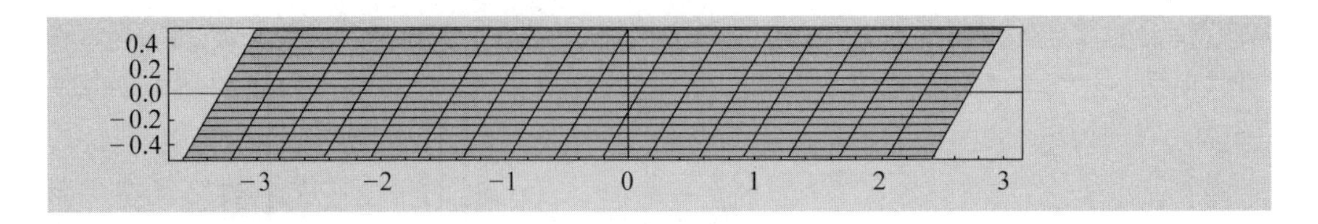

2. 位移形函数

等参数单元的形函数一般使用局部坐标表示，并且坐标形函数与位移形函数是相同的，因此可以写出：

$$\begin{cases} u = \sum_{i=1}^{4} N_i(\xi,\eta) u_i \\ v = \sum_{i=1}^{4} N_i(\xi,\eta) v_i \end{cases} \tag{6.87}$$

其中，N_i 由式(6.86)给出。一般来说，单元形函数也可以使用全局坐标表示，在此基础上如果考虑坐标变换，就转化为局部坐标的形式，从这个意义来说，二者实际上是相同的。

前面讨论了边长为 $2b$ 和 $2h$ 的矩形单元，并给出了全局坐标系下的形函数，下面说明式(6.79)与式(6.86)的关联。一方面可以取 $b=1$ 和 $h=1$，容易发现此时二者形式相同，另一方面可以采用更一般的方法，也就是基于坐标变换关系给出二者的相互转换，我们还是以矩形单元为例加以说明，这个计算可以利用 Mathematica 帮助实现，输入 cell 为

```
N10[x_,y_] := (1/4-x/(4b )-y/(4h )+(x y)/(4b h));
N20[x_,y_] := (1/4+x/(4b)-y/(4h)-(x y)/(4b h));
N30[x_,y_] := (1/4+x/(4b)+y/(4h)+(x y)/(4b h));
N40[x_,y_] := (1/4-x/(4b)+y/(4h)-(x y)/(4b h));
N1[ξ_,η_] := (1/4-ξ/4 -η/4 +(ξ η)/4);
N2[ξ_,η_] := (1/4+ξ/4-η/4-(ξ η)/4);
N3[ξ_,η_] := (1/4+ξ/4+η/4+(ξ η)/4);
N4[ξ_,η_] := (1/4-ξ/4+η/4-(ξ η)/4);
x1=-b;y1=-h;x2=b;y2=-h;x3=b;y3=h;x4=-b;y4=h;
x[ξ_,η_] := N1[ξ,η] x1+N2[ξ,η] x2+N3[ξ,η] x3+N4[ξ,η] x4;
y[ξ_,η_] := N1[ξ,η] y1+N2[ξ,η] y2+N3[ξ,η] y3+N4[ξ,η] y4;
N10[x[ξ,η],y[ξ,η]]//Simplify
```

输出 cell 为

$$\frac{1}{4}(-1+\eta)(-1+\xi)$$

在上面的代码中，N_{10}，N_{20} 等是以全局坐标表示的形函数，而 N_1，N_2 等则是局部坐标的形式。这里以 N_{10} 为例说明两种表示形式的关联，通过坐标变换后，可以发现 N_{10} 就是 N_1，从而验证了两种表示方法的一致性。

3. 定义应变-位移和应力-应变关系

为了构造单元刚度矩阵，首先需要确定应变，这些应变是根据位移对 x 和 y 坐标的导

数定义的。然而，位移现在是由式(6.87)给出的 ξ 和 η 坐标的函数，换言之，f 一般是代表位移函数 u 或 v 的函数，而 u 和 v 现在是用 ξ 和 η 表示的，因此欲求 $\partial f/\partial x$ 和 $\partial f/\partial y$，我们就需要应用微分的链式法则。可以认为 $f(x(\xi,\eta),y(\xi,\eta))=f(\xi,\eta)$，应用链式法则导出：

$$\begin{cases}\dfrac{\partial f}{\partial \xi}=\dfrac{\partial f}{\partial x}\dfrac{\partial x}{\partial \xi}+\dfrac{\partial f}{\partial y}\dfrac{\partial y}{\partial \xi}\\[2ex]\dfrac{\partial f}{\partial \eta}=\dfrac{\partial f}{\partial x}\dfrac{\partial x}{\partial \eta}+\dfrac{\partial f}{\partial y}\dfrac{\partial y}{\partial \eta}\end{cases}\tag{6.88}$$

进一步写为矩阵形式：

$$\begin{bmatrix}\dfrac{\partial f}{\partial \xi}\\[2ex]\dfrac{\partial f}{\partial \eta}\end{bmatrix}=\begin{bmatrix}\dfrac{\partial x}{\partial \xi} & \dfrac{\partial y}{\partial \xi}\\[2ex]\dfrac{\partial x}{\partial \eta} & \dfrac{\partial y}{\partial \eta}\end{bmatrix}\begin{bmatrix}\dfrac{\partial f}{\partial x}\\[2ex]\dfrac{\partial f}{\partial y}\end{bmatrix}\tag{6.89}$$

其中右边的系数矩阵是雅可比矩阵，一般写为

$$\boldsymbol{J}=\begin{bmatrix}\dfrac{\partial x}{\partial \xi} & \dfrac{\partial y}{\partial \xi}\\[2ex]\dfrac{\partial x}{\partial \eta} & \dfrac{\partial y}{\partial \eta}\end{bmatrix}\tag{6.90}$$

在此基础上，应用克拉默法可以解出 $\partial f/\partial x$ 和 $\partial f/\partial y$：

$$\begin{bmatrix}\dfrac{\partial f}{\partial x}\\[2ex]\dfrac{\partial f}{\partial y}\end{bmatrix}=\boldsymbol{J}^{-1}\begin{bmatrix}\dfrac{\partial f}{\partial \xi}\\[2ex]\dfrac{\partial f}{\partial \eta}\end{bmatrix}\tag{6.91}$$

逆矩阵根据式(6.92)计算：

$$\boldsymbol{J}^{-1}=\frac{\boldsymbol{J}^{*}}{|\boldsymbol{J}|}\tag{6.92}$$

其中，

$$\boldsymbol{J}^{*}=\begin{bmatrix}\dfrac{\partial y}{\partial \eta} & -\dfrac{\partial y}{\partial \xi}\\[2ex]-\dfrac{\partial x}{\partial \eta} & \dfrac{\partial x}{\partial \xi}\end{bmatrix}\tag{6.93}$$

综上，可以得到

$$\frac{\partial f}{\partial x}=\frac{\begin{vmatrix}\dfrac{\partial f}{\partial \xi} & \dfrac{\partial y}{\partial \xi}\\[2ex]\dfrac{\partial f}{\partial \eta} & \dfrac{\partial y}{\partial \eta}\end{vmatrix}}{\begin{vmatrix}\dfrac{\partial x}{\partial \xi} & \dfrac{\partial y}{\partial \xi}\\[2ex]\dfrac{\partial x}{\partial \eta} & \dfrac{\partial y}{\partial \eta}\end{vmatrix}},\quad \frac{\partial f}{\partial y}=\frac{\begin{vmatrix}\dfrac{\partial x}{\partial \xi} & \dfrac{\partial f}{\partial \xi}\\[2ex]\dfrac{\partial x}{\partial \eta} & \dfrac{\partial f}{\partial \eta}\end{vmatrix}}{\begin{vmatrix}\dfrac{\partial x}{\partial \xi} & \dfrac{\partial y}{\partial \xi}\\[2ex]\dfrac{\partial x}{\partial \eta} & \dfrac{\partial y}{\partial \eta}\end{vmatrix}}\tag{6.94}$$

现在将单元应变表示为

$$\boldsymbol{\varepsilon}=\boldsymbol{Bd}$$

式中，矩阵 $\boldsymbol{B}$ 中的各要素为 ξ 和 η 的函数。首先以矩阵形式表示的几何关系为

$$\begin{bmatrix}\varepsilon_x\\ \varepsilon_y\\ \gamma_{xy}\end{bmatrix}=\begin{bmatrix}\dfrac{\partial(\ )}{\partial x} & 0\\ 0 & \dfrac{\partial(\ )}{\partial y}\\ \dfrac{\partial(\ )}{\partial y} & \dfrac{\partial(\ )}{\partial x}\end{bmatrix}\begin{bmatrix}u\\ v\end{bmatrix} \tag{6.95}$$

其中，右边的矩阵可看作一个算子矩阵，$\partial(\ )/\partial x$ 和$\partial(\ )/\partial y$ 表示对括号里的函数求偏导数。根据式(6.94)，可得

$$\begin{cases}\dfrac{\partial(\ )}{\partial x}=\dfrac{1}{|\boldsymbol{J}|}\left(\dfrac{\partial y}{\partial \eta}\dfrac{\partial(\ )}{\partial \xi}-\dfrac{\partial y}{\partial \xi}\dfrac{\partial(\ )}{\partial \eta}\right)\\ \dfrac{\partial(\ )}{\partial y}=\dfrac{1}{|\boldsymbol{J}|}\left(\dfrac{\partial x}{\partial \xi}\dfrac{\partial(\ )}{\partial \eta}-\dfrac{\partial x}{\partial \eta}\dfrac{\partial(\ )}{\partial \xi}\right)\end{cases} \tag{6.96}$$

从而可以得到由自然坐标表示的应变：

$$\begin{bmatrix}\varepsilon_x\\ \varepsilon_y\\ \gamma_{xy}\end{bmatrix}=\frac{1}{|\boldsymbol{J}|}\begin{bmatrix}\dfrac{\partial y}{\partial \eta}\dfrac{\partial(\ )}{\partial \xi}-\dfrac{\partial y}{\partial \xi}\dfrac{\partial(\ )}{\partial \eta} & 0\\ 0 & \dfrac{\partial x}{\partial \xi}\dfrac{\partial(\ )}{\partial \eta}-\dfrac{\partial x}{\partial \eta}\dfrac{\partial(\ )}{\partial \xi}\\ \dfrac{\partial x}{\partial \xi}\dfrac{\partial(\ )}{\partial \eta}-\dfrac{\partial x}{\partial \eta}\dfrac{\partial(\ )}{\partial \xi} & \dfrac{\partial y}{\partial \eta}\dfrac{\partial(\ )}{\partial \xi}-\dfrac{\partial y}{\partial \xi}\dfrac{\partial(\ )}{\partial \eta}\end{bmatrix}\begin{bmatrix}u\\ v\end{bmatrix} \tag{6.97}$$

进一步应用式(6.31)，可以得到如下的矩阵形式：

$$\boldsymbol{\varepsilon}=\boldsymbol{D}'\boldsymbol{N}\boldsymbol{d} \tag{6.98}$$

其中，$\boldsymbol{D}'$是由式(6.99)给出的算子矩阵：

$$\boldsymbol{D}'=\frac{1}{|\boldsymbol{J}|}\begin{bmatrix}\dfrac{\partial y}{\partial \eta}\dfrac{\partial(\ )}{\partial \xi}-\dfrac{\partial y}{\partial \xi}\dfrac{\partial(\ )}{\partial \eta} & 0\\ 0 & \dfrac{\partial x}{\partial \xi}\dfrac{\partial(\ )}{\partial \eta}-\dfrac{\partial x}{\partial \eta}\dfrac{\partial(\ )}{\partial \xi}\\ \dfrac{\partial x}{\partial \xi}\dfrac{\partial(\ )}{\partial \eta}-\dfrac{\partial x}{\partial \eta}\dfrac{\partial(\ )}{\partial \xi} & \dfrac{\partial y}{\partial \eta}\dfrac{\partial(\ )}{\partial \xi}-\dfrac{\partial y}{\partial \xi}\dfrac{\partial(\ )}{\partial \eta}\end{bmatrix} \tag{6.99}$$

$\boldsymbol{N}$ 是 2×8 的形函数矩阵，由此可知：

$$\underset{(3\times 8)}{\boldsymbol{B}}=\underset{(3\times 2)}{\boldsymbol{D}'}\ \underset{(2\times 8)}{\boldsymbol{N}} \tag{6.100}$$

$\boldsymbol{B}$ 已经表示为ξ 和 η 的函数，此外矩阵 $\boldsymbol{B}$ 还可以分块表示：

$$\boldsymbol{B}(\xi,\eta)=\frac{1}{|\boldsymbol{J}|}[\boldsymbol{B}_1\quad \boldsymbol{B}_2\quad \boldsymbol{B}_3\quad \boldsymbol{B}_4] \tag{6.101}$$

式中，$\boldsymbol{B}$ 的子矩阵由式(6.102)给出：

$$\boldsymbol{B}_i=\begin{bmatrix}\dfrac{\partial y}{\partial \eta}(N_{i,\xi})-\dfrac{\partial y}{\partial \xi}(N_{i,\eta}) & 0\\ 0 & \dfrac{\partial x}{\partial \xi}(N_{i,\eta})-\dfrac{\partial x}{\partial \eta}(N_{i,\xi})\\ \dfrac{\partial x}{\partial \xi}(N_{i,\eta})-\dfrac{\partial x}{\partial \eta}(N_{i,\xi}) & \dfrac{\partial y}{\partial \eta}(N_{i,\xi})-\dfrac{\partial y}{\partial \xi}(N_{i,\eta})\end{bmatrix} \tag{6.102}$$

式中，i 分别等于 1,2,3 和 4，根据式(6.84)可知：

$$\begin{cases}\dfrac{\partial y}{\partial \eta}=\dfrac{1}{4}[y_1(\xi-1)+y_2(-1-\xi)+y_3(1+\xi)+y_4(1-\xi)] \\ \dfrac{\partial y}{\partial \xi}=\dfrac{1}{4}[y_1(\eta-1)+y_2(1-\eta)+y_3(1+\eta)+y_4(-1-\eta)] \\ \dfrac{\partial x}{\partial \xi}=\dfrac{1}{4}[x_1(\eta-1)+x_2(1-\eta)+x_3(1+\eta)+x_4(-1-\eta)] \\ \dfrac{\partial x}{\partial \eta}=\dfrac{1}{4}[x_1(\xi-1)+x_2(-1-\xi)+x_3(1+\xi)+x_4(1-\xi)]\end{cases} \tag{6.103}$$

$$\begin{cases}N_{1,\xi}=\dfrac{1}{4}(\eta-1), & N_{1,\eta}=\dfrac{1}{4}(\xi-1) \\ N_{2,\xi}=\dfrac{1}{4}(1-\eta), & N_{2,\eta}=-\dfrac{1}{4}(\xi+1) \\ N_{3,\xi}=\dfrac{1}{4}(\eta+1), & N_{3,\eta}=\dfrac{1}{4}(\xi+1) \\ N_{4,\xi}=-\dfrac{1}{4}(\eta+1), & N_{4,\eta}=\dfrac{1}{4}(1-\xi)\end{cases} \tag{6.104}$$

式中，变量 ξ 或 η 跟在逗号之后表示要对该变量取微分，例如 $N_{1,\xi}\equiv\partial N_1/\partial\xi$。$|\boldsymbol{J}|$ 是关于 ξ 和 η 的函数。因此，$\boldsymbol{B}$ 也是 ξ 和 η 的函数，应力-应变关系仍是 $\boldsymbol{\sigma}=\boldsymbol{DBd}$，显然应力矩阵 $\boldsymbol{\sigma}$ 也是 ξ 和 η 的函数。

即使对于最简单的线性平面单元，要计算 $|\boldsymbol{J}|$ 以及矩阵 $\boldsymbol{B}$ 等也是很烦琐的，但可以利用 Mathematica 实现。下面是计算矩阵 $\boldsymbol{B}$ 的输入 cell，其中也定义了求解雅可比矩阵的函数，这将在例 6.3 中用到。

```
N1[ξ_,η_] := (1/4-ξ/4 -η/4 +(ξ η)/4);
N2[ξ_,η_] := (1/4+ξ/4-η/4-(ξ η)/4);
N3[ξ_,η_] := (1/4+ξ/4+η/4+(ξ η)/4);
N4[ξ_,η_] := (1/4-ξ/4+η/4-(ξ η)/4);
x[ξ_,η_] := N1[ξ,η] x1+N2[ξ,η] x2+N3[ξ,η] x3+N4[ξ,η] x4;
y[ξ_,η_] := N1[ξ,η] y1+N2[ξ,η] y2+N3[ξ,η] y3+N4[ξ,η] y4;
J[ξ_,η_] := {{D[x[ξ,η],ξ],D[y[ξ,η],ξ]},{D[x[ξ,η],η],D[y[ξ,η],η]}};
Nr1={N1[ξ,η],0,N2[ξ,η],0,N3[ξ,η],0,N4[ξ,η],0};
Nr2={0,N1[ξ,η],0,N2[ξ,η],0,N3[ξ,η],0,N4[ξ,η]};
Br1=1/Det[J[ξ,η]] (D[y[ξ,η],η]D[Nr1,ξ]-D[y[ξ,η],ξ]D[Nr1,η]);
Br2=1/Det[J[ξ,η]] (D[x[ξ,η],ξ]D[Nr2,η]-D[x[ξ,η],η]D[Nr2,ξ])//Simplify;
Br3=1/Det[J[ξ,η]] ((D[x[ξ,η],ξ]D[Nr1,η]-D[x[ξ,η],η]D[Nr1,ξ])+(D[y[ξ,η],η]D[Nr2,ξ]
      -D[y[ξ,η],ξ]D[Nr2,η]))//Simplify;
B={Br1,Br2,Br3};
Print[B//Simplify//MatrixForm];
```

输出结果为

$$\begin{bmatrix} -\frac{1-2\eta+\xi}{6+2\xi} & 0 & \frac{2-\eta+\xi}{6+2\xi} & 0 & \frac{1+\eta}{6+2\xi} & 0 & -\frac{1+\eta}{3+\xi} & 0 \\ 0 & \frac{-1+\xi}{3+\xi} & 0 & -\frac{1+\xi}{3+\xi} & 0 & \frac{1+\xi}{3+\xi} & 0 & \frac{1-\xi}{3+\xi} \\ \frac{-1+\xi}{3+\xi} & -\frac{1-2\eta+\xi}{6+2\xi} & -\frac{1+\xi}{3+\xi} & \frac{2-\eta+\xi}{6+2\xi} & \frac{1+\xi}{3+\xi} & \frac{1+\eta}{6+2\xi} & \frac{1-\xi}{3+\xi} & -\frac{1+\eta}{3+\xi} \end{bmatrix}$$

例 6.3 对于给出的两个单元，见图 6.12，分别计算其雅可比矩阵。

解：单元 1 的节点坐标为

$$\begin{aligned} &[x_1 \quad y_1 \quad x_2 \quad y_2 \quad x_3 \quad y_3 \quad x_4 \quad y_4] \\ =&[-3-\sqrt{3}/3 \quad -1/2 \quad 3-\sqrt{3}/3 \quad -1/2 \quad 3 \quad 1/2 \quad -3 \quad 1/2] \end{aligned}$$

将其代入式(6.84)中，可得

$$x=\frac{1}{6}(-\sqrt{3}+\sqrt{3}\eta+18\xi), \quad y=\frac{\eta}{2}$$

从而根据式(6.90)计算得

$$\boldsymbol{J}=\begin{bmatrix} 3 & 0 \\ \frac{1}{2\sqrt{3}} & \frac{1}{2} \end{bmatrix}$$

单元 2：

$$[x_1 \quad y_1 \quad x_2 \quad y_2 \quad x_3 \quad y_3 \quad x_4 \quad y_4]=[-1 \quad -3/4 \quad 1 \quad -3/4 \quad 1 \quad 5/4 \quad -1 \quad 1/4]$$

将其代入式(6.84)可得

$$x=\xi, \quad y=\frac{1}{4}[\xi+\eta(3+\xi)]$$

从而根据式(6.90)计算得

$$\boldsymbol{J}=\frac{1}{4}\begin{bmatrix} 4 & 1+\eta \\ 0 & 3+\xi \end{bmatrix}$$

上述计算也可以利用 Mathematica 代码计算，这利用了前面定义的 $J[\xi,\eta]$ 函数，输入 cell 为

```
x1=-3-√3/3;y1=-1/2;x2=3-√3/3;y2=-1/2;x3=3;y3=1/2;x4=-3;y4=1/2;
J[ξ,η]
x1=-1;y1=-3/4;x2=1;y2=-3/4;x3=1;y3=5/4;x4=-1;y4=1/4;
J[ξ,η]
```

输出结果为

$$\left\{\left\{1,\frac{1+\eta}{4}\right\},\left\{0,\frac{3+\xi}{4}\right\}\right\}$$

$$\left\{\{3,0\},\left\{\frac{1}{2\sqrt{3}},\frac{1}{2}\right\}\right\}$$

4. 推导单元刚度矩阵和方程

现在我们要用 ξ-η 坐标来表示刚度矩阵，对于一个厚度为常数 t 的单元，有

$$\boldsymbol{K}=\iint_{A}\boldsymbol{B}^{\mathrm{T}}\boldsymbol{DB}t\,\mathrm{d}x\,\mathrm{d}y \tag{6.105}$$

其中，$\boldsymbol{B}$ 是 ξ 和 η 的函数，因此还需对 ξ 和 η 进行积分。为了将变量和区域从 x 和 y 变换到 ξ 和 η，需要用到下面的关系式：

$$\iint_{A}f(x,y)\,\mathrm{d}x\,\mathrm{d}y=\iint_{A}f(\xi,\eta)\,|\boldsymbol{J}|\,\mathrm{d}\xi\mathrm{d}\eta \tag{6.106}$$

在式(6.106)的积分中包括 $|\boldsymbol{J}|$ 的计算，雅可比行列式将全局坐标系中的单元区域 $\mathrm{d}x\mathrm{d}y$ 与自然坐标系中的单元区域 $\mathrm{d}\xi\mathrm{d}\eta$ 关联起来了。

对于矩形和平行四边形来说，J 为常量，且 $J=A/4$，其中 A 表示单元的面积。根据式(6.105)和式(6.106)可得

$$\boldsymbol{K}=\int_{-1}^{1}\int_{-1}^{1}\boldsymbol{B}^{\mathrm{T}}\boldsymbol{DB}t\,|\boldsymbol{J}|\,\mathrm{d}\xi\mathrm{d}\eta \tag{6.107}$$

$|\boldsymbol{J}|$ 和 $\boldsymbol{B}$ 使得该积分计算比较复杂，因此积分计算通常采用数值积分方法。下一节给出了对式(6.107)进行数值积分的方法。

以上单元刚度矩阵的推导同样可借助 Mathematica 实现，读者可以练习完成。

6.5 数值积分——高斯积分

本节将介绍四边形单元刚度矩阵的数值积分方法，主要介绍高斯积分。它是积分数值计算的众多方法之一，已被证明在有限元法中是十分有效的。

6.5.1 高斯积分

与其他数值积分方法一样，高斯积分的基本思想也是构造一个多项式，然后用该多项式的积分近似原被积函数的积分，并将积分运算进一步近似为级数求和的形式，从而使积分计算十分简便。在此过程中，积分点或采样点的选取是计算的关键，包括积分点的数量及位置，它将直接决定数值积分的精度。

高斯积分中的积分点不是等间距布置，积分点的位置及积分权系数可以根据下面的步骤计算。对于 n 点高斯积分，可以定义 n 次多项式：

$$P(\xi)=(\xi-\xi_1)(\xi-\xi_2)\cdots(\xi-\xi_n) \tag{6.108}$$

根据 $2n-1$ 次方程组(6.109)确定 n 个积分点的位置 ξ_i：

$$\int_{a}^{b}\xi^{i}P(\xi)\,\mathrm{d}\xi=0,\quad i=0,1,\cdots,n-1 \tag{6.109}$$

再根据公式(6.110)计算积分权系数 W_i：

$$W_i=\int_{a}^{b}l_i^{(n-1)}\,\mathrm{d}\xi \tag{6.110}$$

其中，$l_i^{(n-1)}$ 为 $n-1$ 阶拉格朗日插值函数，参见式(4.8)。

被积函数 $F(\xi)$ 可由 $2n-1$ 次多项式 $\varphi(\xi)$ 近似，具体形式为

$$\varphi(\xi)=\sum_{i=1}^{n} l_i^{(n-1)} F(\xi_i)+\sum_{i=0}^{n-1}\beta_i \xi^i P(\xi) \tag{6.111}$$

用 $\int_a^b \varphi(\xi)\mathrm{d}\xi$ 近似 $\int_a^b F(\xi)\mathrm{d}\xi$，从而有

$$\int_a^b F(\xi)\mathrm{d}\xi \approx \int_a^b \varphi(\xi)\mathrm{d}\xi=\sum_{i=1}^{n} W_i F(\xi_i) \tag{6.112}$$

依据式(6.112)，在得到了各积分点的位置及对应的权系数后，数值积分就可以计算得到了，下面给出求解两点高斯积分的积分点位置及权系数的算例。

例 6.4 求解一维两点积分的积分点位置及积分权系数，积分区间为[−1,1]。

解：当采用两个积分点时，选取二次多项式：

$$P(\xi)=(\xi-\xi_1)(\xi-\xi_2)$$

求积分点的位置：

当 $i=0$ 时，$\int_{-1}^{1}\xi^0 P(\xi)\mathrm{d}\xi=\int_{-1}^{1}\xi^0(\xi-\xi_1)(\xi-\xi_2)\mathrm{d}\xi=0$

当 $i=1$ 时，$\int_{-1}^{1}\xi^1 P(\xi)\mathrm{d}\xi=\int_{-1}^{1}\xi^1(\xi-\xi_1)(\xi-\xi_2)\mathrm{d}\xi=0$

联立上面两式，求解得到

$$\xi_1=-\xi_2\approx 0.577$$

根据式(6.110)，求积分权系数：

$$W_1=\int_{-1}^{1} l_1^{(1)}\mathrm{d}\xi=\int_{-1}^{1}\frac{\xi-\xi_2}{\xi_1-\xi_2}\mathrm{d}\xi=1$$

$$W_2=\int_{-1}^{1} l_2^{(1)}\mathrm{d}\xi=\int_{-1}^{1}\frac{\xi-\xi_1}{\xi_2-\xi_1}\mathrm{d}\xi=1$$

例 6.5 利用两点高斯积分方法计算 $\int_0^3(2^x-x)\mathrm{d}x$。

解：该积分是可以解析计算的，即

$$\int_0^3(2^x-x)\mathrm{d}x\approx 5.599$$

积分点的位置与权系数的计算与例 6.4 类似，只是积分区域为[0,3]，这里可以利用 Mathematica 实现，输入 cell 为

```
ClearAll[ξ];
n=2;
Array[ξ,n];
sol=Solve[Table[Integrate[ξ^j Product[ξ-ξ[i],{i,1,n}],{ξ,0,3}]==0,{j,0,n-1}],Array[ξ,
n]];
loc=Array[ξ,n]/.sol[[1]]
wi={Integrate[(ξ-loc[[2]])/(loc[[1]]-loc[[2]]),{ξ,0,3}],Integrate[(ξ-loc[[1]])/(loc[[2]]-
loc[[1]]),{ξ,0,3}]}
F[x_]:=2^x-x;
wi.F[loc]//N
```

输出 cell 为

```
{1/2(3-√3), 1/2(3+√3)}
{3/2, 3/2}
5.56054
```

上面输出的第一行为积分点的位置，第二行为积分权系数，第三行为数值积分的结果，对比精确解可以看出，这里的计算精度是比较高的。

下面讨论二维情况，通过先对第一个坐标积分，然后对另一个坐标积分，可以得到二维求积公式，这里假设两个坐标的积分区间都是[-1,1]，则有

$$
\begin{aligned}
I &= \int_{-1}^{1}\int_{-1}^{1} f(\xi,\eta)\mathrm{d}\xi\mathrm{d}\eta = \int_{-1}^{1}\left[\sum_i W_i f(\xi_i,\eta)\right]\mathrm{d}\eta \\
&= \sum_j W_j\left[\sum_i W_i f(\xi_i,\eta_j)\right] = \sum_i\sum_j W_i W_j f(\xi_i,\eta_j)
\end{aligned} \tag{6.113}
$$

在式(6.113)中，虽然不必在每个方向使用相同数量的高斯点，但一般情况下都采用相同的高斯点数。对于常用的四点高斯法则(经常为 2×2)，如图 6.13 所示，此时式(6.113)可写为

$$
I = W_1W_1 f(\xi_1,\eta_1) + W_1W_2 f(\xi_1,\eta_2) + W_2W_1 f(\xi_2,\eta_1) + W_2W_2 f(\xi_2,\eta_2)
$$

式中，四个取样点位于 $\xi_i,\eta_i = \pm 1/\sqrt{3} \approx \pm 0.5773$，权系数都为 1。

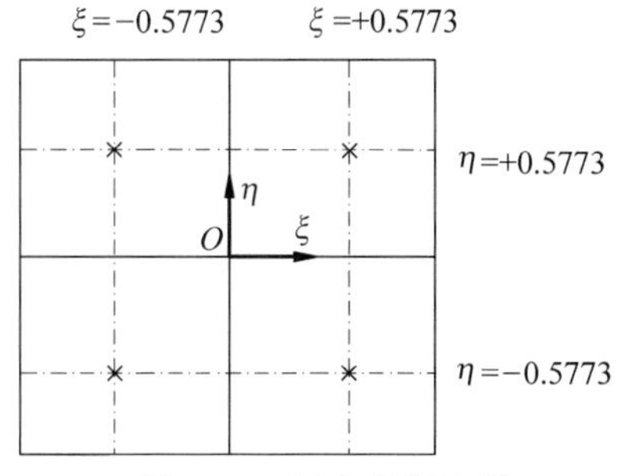

图 6.13 四点高斯法则

类似地，三维情况下一般有

$$
I = \int_{-1}^{1}\int_{-1}^{1}\int_{-1}^{1} f(\xi,\eta,z)\mathrm{d}\xi\mathrm{d}\eta\mathrm{d}z = \sum_i\sum_j\sum_k W_i W_j W_k f(\xi_i,\eta_j,z_k) \tag{6.114}
$$

6.5.2 用高斯积分法计算刚度矩阵

1. 刚度矩阵的计算

对于一个四边形单元，矩阵 $\boldsymbol{K}$ 可以使用局部坐标系或全局节点坐标加以表示和计算，而使用局部坐标系时可以发挥数值积分的优势，下面取单元局部坐标的范围从 −1～1，根据式(6.107)，单元刚度矩阵为

$$
\boldsymbol{K} = \int_{-1}^{1}\int_{-1}^{1} \boldsymbol{B}(\xi,\eta)^{\mathrm{T}}\boldsymbol{D}\boldsymbol{B}(\xi,\eta)\,|\boldsymbol{J}|\,t\,\mathrm{d}\xi\mathrm{d}\eta
$$

这里根据四点高斯法则加以计算，因为四点高斯法则相对容易使用，并且可取得良好的效果。对于这里的 $\boldsymbol{K}$，四点高斯法则按式(6.115)给出显式的计算要素，即

$$\begin{aligned}\boldsymbol{K}=&\boldsymbol{B}(\xi_1,\eta_1)^{\mathrm{T}}\boldsymbol{DB}(\xi_1,\eta_1)\left|\boldsymbol{J}(\xi_1,\eta_1)\right|tW_1^2+\\&\boldsymbol{B}(\xi_2,\eta_2)^{\mathrm{T}}\boldsymbol{DB}(\xi_2,\eta_2)\left|\boldsymbol{J}(\xi_2,\eta_2)\right|tW_2^2+\\&\boldsymbol{B}(\xi_3,\eta_3)^{\mathrm{T}}\boldsymbol{DB}(\xi_3,\eta_3)\left|\boldsymbol{J}(\xi_3,\eta_3)\right|tW_3^2+\\&\boldsymbol{B}(\xi_4,\eta_4)^{\mathrm{T}}\boldsymbol{DB}(\xi_4,\eta_4)\left|\boldsymbol{J}(\xi_4,\eta_4)\right|tW_4^2\end{aligned}\tag{6.115}$$

例 6.6 计算图 6.14 所示四边形的单元刚度矩阵，材料参数 $E=30\times10^6$ MPa，$\nu=0.25$，厚度 $t=1$ mm；此外，在给定节点位移的情况下计算 $\xi=0,\eta=0$ 处的应力 σ_x,σ_y 和 γ_{xy}，给定位移为 $u_1=0$ mm，$v_1=0$ mm，$u_2=0.001$ mm，$v_2=0.0015$ mm，$u_3=0.003$ mm，$v_3=0.0016$ mm，$u_4=0$ mm，$v_4=0$ mm。

解：首先，应用四点高斯法则来计算矩阵 $\boldsymbol{K}$，四个积分点的位置分别是

$$(\xi_1,\eta_1)=(-0.5773,-0.5773)$$
$$(\xi_2,\eta_2)=(-0.5773,0.5773)$$
$$(\xi_3,\eta_3)=(0.5773,-0.5773)$$
$$(\xi_4,\eta_4)=(0.5773,0.5773)$$

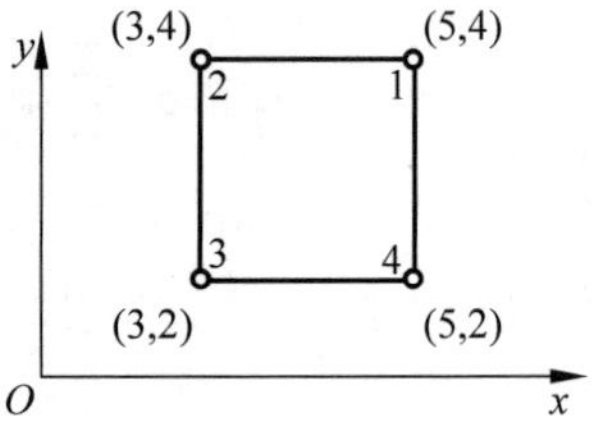

图 6.14 例 6.6 示意图

积分权系数相同，即 $W_1=W_2=W_3=W_4=1.000$

将上述数值代入式(6.115)后，可得

$$\begin{aligned}\boldsymbol{K}=&\boldsymbol{B}(-0.5773,-0.5773)^{\mathrm{T}}\boldsymbol{DB}(-0.5773,-0.5773)\times\\&\left|\boldsymbol{J}(-0.5773,-0.5773)\right|\times1\times1.000\times1.000+\\&\boldsymbol{B}(-0.5773,0.5773)^{\mathrm{T}}\boldsymbol{DB}(-0.5773,0.5773)\times\\&\left|\boldsymbol{J}(-0.5773,0.5773)\right|\times1\times1.000\times1.000+\\&\boldsymbol{B}(0.5773,-0.5773)^{\mathrm{T}}\boldsymbol{DB}(0.5773,-0.5773)\times\\&\left|\boldsymbol{J}(0.5773,-0.5773)\right|\times1\times1.000\times1.000+\\&\boldsymbol{B}(0.5773,0.5773)^{\mathrm{T}}\boldsymbol{DB}(0.5773,0.5773)\times\\&\left|\boldsymbol{J}(0.5773,0.5773)\right|\times1\times1.000\times1.000\end{aligned}$$

为计算矩阵 $\boldsymbol{K}$，首先计算每个高斯点的 $|\boldsymbol{J}|$，考虑到对于矩形单元，$|J(\xi,\eta)|$ 与 $A/4$ 相等，其中单元面积 $A=4$，所以本例中 $|\boldsymbol{J}|=1$，之后，根据式(6.101)求解 $\boldsymbol{B}$，首先计算(−0.5773，−0.5773)处的 $\boldsymbol{B}$，即

$$\boldsymbol{B}(-0.5773,-0.5773)=\frac{1}{\left|\boldsymbol{J}(-0.5573,-0.5773)\right|}\begin{bmatrix}\boldsymbol{B}_1 & \boldsymbol{B}_2 & \boldsymbol{B}_3 & \boldsymbol{B}_4\end{bmatrix}$$

其中，$\boldsymbol{B}$ 中的分块矩阵按下式计算：

$$\boldsymbol{B}_i=\begin{bmatrix}\dfrac{\partial y}{\partial\eta}(N_{i,\xi})-\dfrac{\partial y}{\partial\xi}(N_{i,\eta}) & 0\\ 0 & \dfrac{\partial x}{\partial\xi}(N_{i,\eta})-\dfrac{\partial x}{\partial\eta}(N_{i,\xi})\\ \dfrac{\partial x}{\partial\xi}(N_{i,\eta})-\dfrac{\partial x}{\partial\eta}(N_{i,\xi}) & \dfrac{\partial y}{\partial\eta}(N_{i,\xi})-\dfrac{\partial y}{\partial\xi}(N_{i,\eta})\end{bmatrix}$$

其中，形函数为

$$N_1=\frac{(1-\xi)(1-\eta)}{4},\quad N_2=\frac{(1+\xi)(1-\eta)}{4}$$

$$N_3=\frac{(1+\xi)(1+\eta)}{4},\quad N_4=\frac{(1-\xi)(1+\eta)}{4}$$

考虑到本例中，局部坐标与整体坐标的关系为 $x=4+\xi, y=3+\eta$，所以有

$$\frac{\partial y}{\partial \eta}=1 \quad \frac{\partial y}{\partial \xi}=0 \quad \frac{\partial x}{\partial \xi}=1 \quad \frac{\partial x}{\partial \eta}=0$$

此外，计算形函数 N_1 关于 ξ 和 η 的导数，然后计算在(−0.5773，−0.5773)处的值，可得

$$N_{1,\xi}=\frac{1}{4}(\eta-1)=\frac{1}{4}\times(-0.5773-1)=-0.3943$$

$$N_{1,\eta}=\frac{1}{4}(\xi-1)=\frac{1}{4}\times(-0.5773-1)=-0.3943$$

这样就可以得到 $\boldsymbol{B}_1$ 了，同样可以计算 $\boldsymbol{B}_2$，$\boldsymbol{B}_3$ 和 $\boldsymbol{B}_4$，这样就得到了(−0.5773，−0.5773)处的 $\boldsymbol{B}$：

$$\boldsymbol{B}(-0.5773,-0.5773)=$$

$$\begin{bmatrix} -0.3943 & 0 & 0.3943 & 0 & 0.1057 & 0 & -0.1057 & 0 \\ 0 & -0.3943 & 0 & -0.1057 & 0 & 0.1057 & 0 & 0.3943 \\ -0.3943 & -0.3943 & -0.1057 & 0.3943 & 0.1057 & 0.1057 & 0.3943 & -0.1057 \end{bmatrix}$$

按照同样的方法，可以计算得到其他三个积分点处的 $\boldsymbol{B}$，接下来，根据式(6.9)讨论矩阵 $\boldsymbol{D}$ 的计算，这是比较简单的。

$$\boldsymbol{D}=\frac{E}{1-\nu^2}\begin{bmatrix} 1 & \nu & 0 \\ \nu & 1 & 0 \\ 0 & 0 & \frac{1-\nu}{2} \end{bmatrix}=\begin{bmatrix} 32 & 8 & 0 \\ 8 & 32 & 0 \\ 0 & 0 & 12 \end{bmatrix}\times 10^6$$

基于这些结果，就可以得到如下的单元刚度矩阵 $\boldsymbol{K}$，为书写方便这里做了取整处理。

$$\boldsymbol{K}=10^4\times\begin{bmatrix} 1466 & 500 & -866 & -99 & -733 & -500 & 133 & 99 \\ 500 & 1466 & 99 & 133 & -500 & -733 & -99 & -866 \\ -866 & 99 & 1466 & -500 & 133 & -99 & -733 & 500 \\ -99 & 133 & -500 & 1466 & 99 & -866 & 500 & -733 \\ -733 & -500 & 133 & 99 & 1466 & 500 & -866 & -99 \\ -500 & -733 & -99 & -866 & 500 & 1466 & 99 & 133 \\ 133 & -99 & -733 & 500 & -866 & 99 & 1466 & -500 \\ 99 & -866 & 500 & -733 & -99 & 133 & -500 & 1466 \end{bmatrix}$$

2. 单元应力的计算

由于 $\boldsymbol{B}$ 是 ξ 和 η 坐标的函数，所以四边形单元中的应力 $\boldsymbol{\sigma}=\boldsymbol{DBd}$ 不是常数，通常应用中会在高斯点上计算应力，对于采用四点积分的四边形单元，可得到四组应力数据，有些情况为了简化处理，也可以计算单元内一点处的应力，一般就是计算 $\xi=0, \eta=0$ 处的应力 $\boldsymbol{\sigma}$。下面将采用高斯求积法计算在单元 $\xi=0, \eta=0$ 处的应力矩阵，这里的主要工作是计算 $\xi=0$，$\eta=0$ 处的 $\boldsymbol{B}$，其他方面前面已经给出了。

计算 $\xi=0,\eta=0$ 处形函数的导数,可得

$$N_{1,\xi}=-\frac{1}{4},\quad N_{1,\eta}=-\frac{1}{4},\quad N_{2,\xi}=\frac{1}{4},\quad N_{2,\eta}=-\frac{1}{4}$$

$$N_{3,\xi}=\frac{1}{4},\quad N_{3,\eta}=\frac{1}{4},\quad N_{4,\xi}=-\frac{1}{4},\quad N_{4,\eta}=\frac{1}{4}$$

因此,

$$\boldsymbol{B}_1=\begin{bmatrix}-\frac{1}{4} & 0\\ 0 & -\frac{1}{4}\\ -\frac{1}{4} & -\frac{1}{4}\end{bmatrix},\quad \boldsymbol{B}_2=\begin{bmatrix}\frac{1}{4} & 0\\ 0 & -\frac{1}{4}\\ -\frac{1}{4} & \frac{1}{4}\end{bmatrix},\quad \boldsymbol{B}_3=\begin{bmatrix}\frac{1}{4} & 0\\ 0 & \frac{1}{4}\\ -\frac{1}{4} & \frac{1}{4}\end{bmatrix},\quad \boldsymbol{B}_4=\begin{bmatrix}-\frac{1}{4} & 0\\ 0 & \frac{1}{4}\\ \frac{1}{4} & -\frac{1}{4}\end{bmatrix}$$

在得到 $\boldsymbol{B}$ 之后,结合前面计算得到的 $\boldsymbol{D}$ 和 J,以及题目中给定的节点位移值,可以写出单元应力向量$\boldsymbol{\sigma}$:

$$\boldsymbol{\sigma}=\boldsymbol{DBd}=30\times\frac{10^6\times\begin{bmatrix}1 & 0.25 & 0\\ 0.25 & 1 & 0\\ 0 & 0 & 0.375\end{bmatrix}}{1-0.0625}\times$$

$$\begin{bmatrix}-0.25 & 0 & 0.25 & 0 & 0.25 & 0 & -0.25 & 0\\ 0 & -0.25 & 0 & -0.25 & 0 & 0.25 & 0 & 0.25\\ -0.25 & -0.25 & -0.25 & 0.25 & 0.25 & 0.25 & 0.25 & -0.25\end{bmatrix}\begin{bmatrix}0\\0\\0.001\\0.0015\\0.003\\0.0016\\0\\0\end{bmatrix}$$

整理后,可得

$$\boldsymbol{\sigma}=\begin{bmatrix}644\\176\\306\end{bmatrix}\ \text{MPa}$$

上述计算也可以利用 Mathematica 代码实现,其中输入 cell 为

```
x1=3;y1=2;x2=5;y2=2;x3=5;y3=4;x4=3;y4=4;
E0=30 10^6;v=0.25;
x[ξ_,η_] := 4+ξ;
y[ξ_,η_] := 3+η;
J[ξ_,η_] := {{D[x[ξ,η],ξ],D[y[ξ,η],ξ]},{D[x[ξ,η],η],D[y[ξ,η],η]}};
Nr1={N1[ξ,η],0,N2[ξ,η],0,N3[ξ,η],0,N4[ξ,η],0};
Nr2={0,N1[ξ,η],0,N2[ξ,η],0,N3[ξ,η],0,N4[ξ,η]};
Br1=1/Det[J[ξ,η]] (D[y[ξ,η],η]D[Nr1,ξ]-D[y[ξ,η],ξ]D[Nr1,η]);
```

```
Br2=1/Det[J[ξ,η]] (D[x[ξ,η],ξ]D[Nr2,η]-D[x[ξ,η],η]D[Nr2,ξ])//Simplify;
Br3=1/Det[J[ξ,η]] ((D[x[ξ,η],ξ]D[Nr1,η]-D[x[ξ,η],η]D[Nr1,ξ])+(D[y[ξ,η],η]D[Nr2,ξ]
-D[y[ξ,η],ξ]D[Nr2,η]))//Simplify;
B={Br1,Br2,Br3};
Dm=E0/(1-v^2){{1,v,0},{v,1,0},{0,0,(1-v)/2}};
(* Integrate[Det[J[ξ,η]]Transpose[B].Dm.B,{ξ,-1,1},{η,-1,1}] *)
d1=10^(-3) {0,0,0.02,0.03,0.06,0.032,0,0};
f=Det[J[ξ,η]]Transpose[B].Dm.B;
k1=f/.{ξ->-0.5773,η->-0.5773};
k2=f/.{ξ->0.5773,η->-0.5773};
k3=f/.{ξ->0.5773,η->0.5773};
k4=f/.{ξ->-0.5773,η->0.5773};
Ke=k1+k2+k3+k4;
Print[Dm//MatrixForm];
Print[B/.{ξ->-0.5773,η->-0.5773}//MatrixForm];
Print[Ke//MatrixForm];
Print[Dm.B.d1/.{ξ->0,η->0}//MatrixForm];
```

输出结果为

$$\begin{bmatrix} 3.2\times10^7 & 8.\times10^6 & 0. \\ 8.\times10^6 & 3.2\times10^7 & 0. \\ 0. & 0. & 1.2\times10^7 \end{bmatrix}$$

$$\begin{bmatrix} -0.394325 & 0 & 0.394325 & 0 & 0.105675 & 0 & -0.105675 & 0 \\ 0 & -0.394325 & 0 & -0.105675 & 0 & 0.105675 & 0 & -0.394325 \\ -0.394325 & -0.394325 & -0.105675 & 0.394325 & 0.105675 & 0.105675 & 0.394325 & -0.105675 \end{bmatrix}$$

$$\begin{bmatrix} 1.4666\times10^7 & 5.\times10^6 & -8.66603\times10^6 & -1.\times10^6 & -7.33397\times10^6 \\ 5.\times10^6 & 1.4666\times10^7 & 1.\times10^6 & 1.33397\times10^6 & -5.\times10^6 \\ -8.66603\times10^6 & 1.\times10^6 & 1.4666\times10^7 & -5.\times10^6 & 1.33397\times10^6 \\ -1.\times10^6 & 1.33397\times10^6 & -5.\times10^6 & 1.4666\times10^7 & 1.\times10^6 \\ -7.33397\times10^6 & -5.\times10^6 & 1.33397\times10^6 & 1.\times10^6 & 1.4666\times10^7 \\ -5.\times10^6 & -7.33397\times10^6 & -1.\times10^6 & -8.66603\times10^6 & 5.\times10^6 \\ 1.33397\times10^6 & -1.\times10^6 & -7.33397\times10^6 & 5.\times10^6 & -8.66603\times10^6 \\ 1.\times10^6 & -8.66603\times10^6 & 5.\times10^6 & -7.33397\times10^6 & -1.\times10^6 \end{bmatrix}$$

$$\begin{matrix} -5.\times10^6 & 1.33397\times10^6 & 1.\times10^6 \\ -7.33397\times10^6 & -1.\times10^6 & -8.66603\times10^6 \\ -1.\times10^6 & -7.33397\times10^6 & 5.\times10^6 \\ -8.66603\times10^6 & 5.\times10^6 & -7.33397\times10^6 \\ 5.\times10^6 & -8.66603\times10^6 & -1.\times10^6 \\ 1.4666\times10^7 & 1.\times10^6 & 1.33597\times10^6 \\ 1.\times10^6 & 1.4666\times10^7 & -5.\times10^6 \\ 1.33397\times10^6 & -5.\times10^6 & 1.4666\times10^6 \end{matrix}\Bigg]$$

$$\begin{bmatrix} 644. \\ 176. \\ 306. \end{bmatrix}$$

6.6 Abaqus 中的平面问题分析

针对例 6.1,这里利用 Abaqus 进行分析,其中平面应力单元选用 CPS3 单元,也就是常应变三角形单元,此外,常用的四边形单元为 CPS4 单元,下面给出了该问题对应的 inp 输入文件,文件中还包含了单元刚度矩阵及整体刚度矩阵的输出命令,从而会生成多个 *.mtx 文件,读者可以将这里的结果与前面的计算结果进行对比。

```
*Heading
** Job-ch6-1 Model name: Model-1
*Preprint, echo=NO, model=NO, history=NO, contact=NO
*Node
      1,         20.,         10.
      2,          0.,          0.
      3,         20.,          0.
      4,          0.,         10.
*Element, type=CPS3
1, 1, 2, 3
2, 2, 1, 4
**
*Nset, nset=_PickedSet4
 2, 4
*Nset, nset=_PickedSet5
 1, 3
*Elset, elset=_PickedSet6
 1, 2
** Section: Section-1
*Solid Section, elset=_PickedSet6, material=Material-1
1.,
**
** MATERIALS
**
*Material, name=Material-1
*Elastic
 3e+07, 0.3
**
** BOUNDARY CONDITIONS
**
** Name: BC-1 Type: 位移/转角
*Boundary
_PickedSet4, 1, 1
_PickedSet4, 2, 2
** ----------------------------------------------------------------
**
** STEP: Step-1
**
*Step, name=Step-1, nlgeom=NO, perturbation
*Static
**
```

```
** LOADS
**
** Name: Load-1    Type: Concentrated force
*Cload
_PickedSet5, 1, 5000.
**
** OUTPUT REQUESTS
**
**
** FIELD OUTPUT: F-Output-1
**
*Output, field, variable=PRESELECT
**
** HISTORY OUTPUT: H-Output-1
**
*Output, history, variable=PRESELECT
*File Format, Ascii
*Element Matrix Output, Elset=_PickedSet6, File Name=abc, Frequency=50, Output File=
User Defined, Stiffness=Yes
**
*NODE PRINT, NSET=_PickedSet5
U
*End Step
*Step
*MATRIX GENERATE, STIFFNESS, Load
**MATRIX OUTPUT, STIFFNESS, load, FORMAT=MATRIX INPUT
*MATRIX OUTPUT, STIFFNESS, load, FORMAT=COORDINATE
*Cload
_PickedSet5, 1, 5000.
*End Step
```

提交上述 inp 文件可以分析计算，得到的单元刚度矩阵文件为 abc.mtx，内容为

```
**
** ELEMENT NUMBER          1 STEP NUMBER          1 INCREMENT NUMBER          1
** ELEMENT TYPE   CPS3
*USER ELEMENT, NODES=          3, LINEAR
** ELEMENT NODES
**            1,            2,            3
           1,            2
*MATRIX, TYPE=STIFFNESS
  11538461.538462      ,
  0.0000000000000      ,  32967032.967033
  0.0000000000000      , -4945054.9450549     ,  8241758.2417582
 -5769230.7692308      ,  0.0000000000000     ,  0.0000000000000      ,  2884615.3846154
 -11538461.538462      ,  4945054.9450549     , -8241758.2417582      ,  5769230.7692308
  19780219.780220      ,
  5769230.7692308      , -32967032.967033     ,  4945054.9450549      , -2884615.3846154
 -10714285.714286      ,  35851648.351648
**
** ELEMENT NUMBER          2 STEP NUMBER          1 INCREMENT NUMBER          1
```

```
** ELEMENT TYPE   CPS3
* USER ELEMENT, NODES=          3, LINEAR
** ELEMENT NODES
**          2,          1,          4
        1,          2
* MATRIX,TYPE=STIFFNESS
  11538461.538462     ,
  0.0000000000000     ,  32967032.967033
  0.0000000000000     , -4945054.9450549    ,  8241758.2417582
 -5769230.7692308     ,  0.0000000000000    ,  0.0000000000000    ,  2884615.3846154
 -11538461.538462     ,  4945054.9450549    , -8241758.2417582    ,  5769230.7692308
  19780219.780220     ,
  5769230.7692308     , -32967032.967033    ,  4945054.9450549    , -2884615.3846154
 -10714285.714286     ,  35851648.351648
```

此外，总体刚度矩阵文件 Job-ch6-1_STIF2.mtx 为

```
1 1   1.978021978021978e+07
1 4  -1.071428571428571e+07
4 1  -1.071428571428571e+07
1 5  -1.153846153846154e+07
5 1  -1.153846153846154e+07
1 6   5.769230769230769e+06
6 1   5.769230769230769e+06
1 7  -8.241758241758242e+06
7 1  -8.241758241758242e+06
1 8   4.945054945054945e+06
8 1   4.945054945054945e+06
2 2   3.585164835164835e+07
2 3  -1.071428571428571e+07
3 2  -1.071428571428571e+07
2 5   4.945054945054945e+06
5 2   4.945054945054945e+06
2 6  -3.296703296703297e+07
6 2  -3.296703296703297e+07
2 7   5.769230769230769e+06
7 2   5.769230769230769e+06
2 8  -2.884615384615385e+06
8 2  -2.884615384615385e+06
3 3   1.000000000000000e+36
3 5  -8.241758241758242e+06
5 3  -8.241758241758242e+06
3 6   4.945054945054945e+06
6 3   4.945054945054945e+06
3 7  -1.153846153846154e+07
7 3  -1.153846153846154e+07
3 8   5.769230769230769e+06
8 3   5.769230769230769e+06
4 4   1.000000000000000e+36
4 5   5.769230769230769e+06
5 4   5.769230769230769e+06
4 6  -2.884615384615385e+06
```

```
6 4 −2.884615384615385e+06
4 7   4.945054945054945e+06
7 4   4.945054945054945e+06
4 8 −3.296703296703297e+07
8 4 −3.296703296703297e+07
5 5   1.978021978021978e+07
5 6 −1.071428571428571e+07
6 5 −1.071428571428571e+07
6 6   3.585164835164835e+07
7 7   1.000000000000000e+36
7 8 −1.071428571428571e+07
8 7 −1.071428571428571e+07
8 8   1.000000000000000e+36
```

输出结果文件还包括载荷列阵文件 Job-ch6-1_LOAD2.mtx，内容为

```
** Assembled nodal loads
*CLOAD, REAL
1  5.000000000000000e+03
5  5.000000000000000e+03
```

习　题

6.1　习题6.1图中给出了三角形单元的节点坐标，另外，三角形内 P 点处的 x 坐标值为3.5，$N_1=0.25$，求解 P 点处的 N_2，N_3 和坐标值 y。

6.2　习题6.2图所示的三角形单元内的 P 点的形函数 N_1，N_2 分别为0.2和0.3，求解 P 点的坐标值 x 和 y。

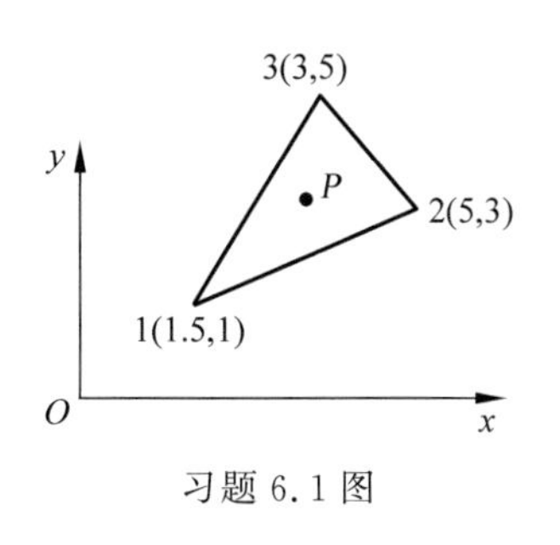

习题6.1图

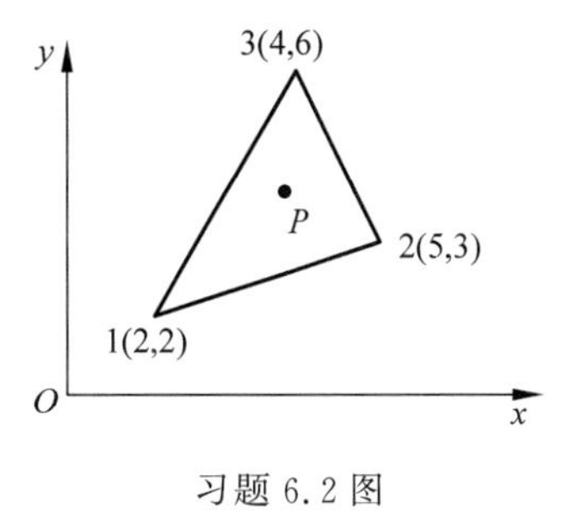

习题6.2图

6.3　习题6.3图结构仅采用一个单元离散，求解载荷作用点处的变形。进一步采用两个和三个单元进行求解，对载荷作用点处的变形和应力结果进行对比分析。

6.4　采用三种网格划分方式，对习题6.4图中的平面应力问题进行计算，并将得到的变形与应力结果与梁理论的结果进行比较。尝试采用2×2，4×4和4×8的四边形网格，对问题进行对比分析，网格数量较多时可以采用 Abaqus 软件。

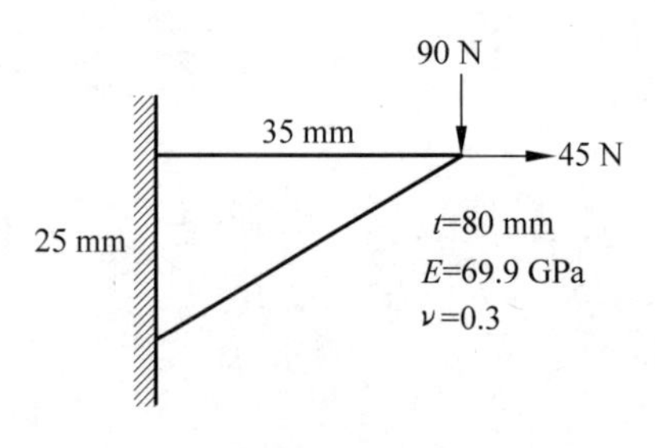

习题 6.3 图

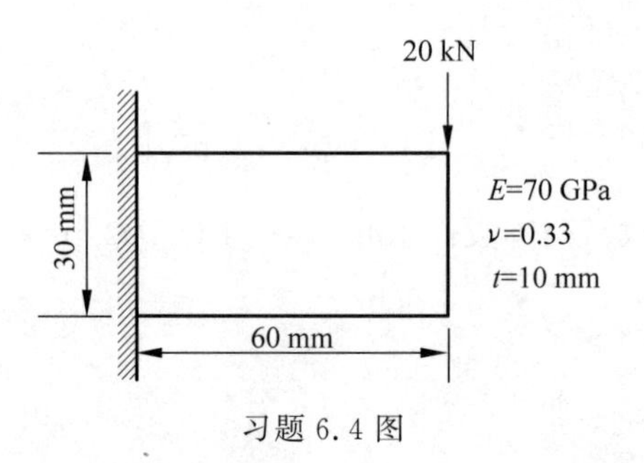

习题 6.4 图

6.5　对于习题 6.5 图所示的四边形单元，采用四点高斯法则计算刚度矩阵，$E=200$ MPa，$\nu=0.25$，图中给出了节点坐标。

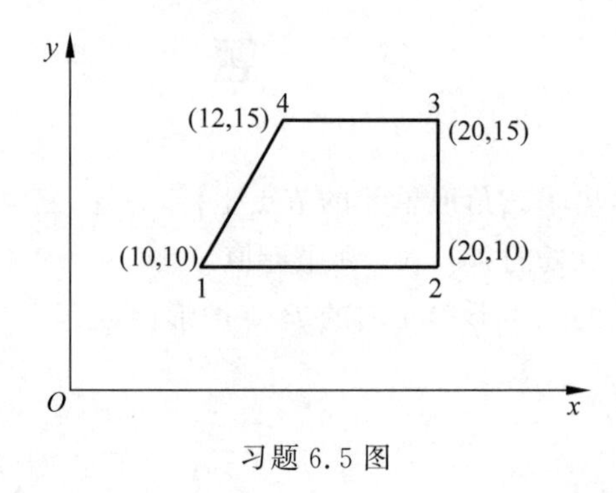

习题 6.5 图

第 7 章

平板弯曲问题

7.1 引　　言

本章首先阐述弹性薄板弯曲的基本概念，平板可以看成是弯曲梁问题的二维延伸，其研究方法与弯曲梁有类似之处，但由于是二维问题，所以处理起来会稍加复杂。本章在阐述板弯曲的概念后，将讨论形式简单的四边形平板单元，在给出其刚度矩阵与刚度方程的推导后，基于此给出了算例，计算结果与相关解析解进行了比较分析，本章同样应用了 Mathematica 帮助我们进行问题的推导与求解。

7.2 弹性薄板的弯曲问题

7.2.1 弹性薄板的变形假设

梁和板均承受横向或垂直于平面的荷载，并通过弯曲作用支撑荷载。这里所谓的薄板指的是，板的厚度远小于它的平面尺寸，当厚度大于板跨度的 1/10 时，一般需考虑横向剪切变形，此时即认定此板为厚板或中厚板。在受到垂直于板面的荷载后，薄板将产生弯曲。如果板的挠度 w 与其厚度相比较小，在分析板的弯曲问题时可采用下列假定：

(1) 可忽略板厚度方向的正应力，并假定薄板的厚度没有变化。

(2) 薄板的法线在产生弯曲后，仍保持为薄板弹性曲面的法线。

(3) 薄板中面上的各点没有平行于中面的位移。

利用上述假定，板的全部应力和应变分量可用板的挠度 w 表示。取板的中面为 xy 面，z 轴垂直于中面，如图 7.1 所示。

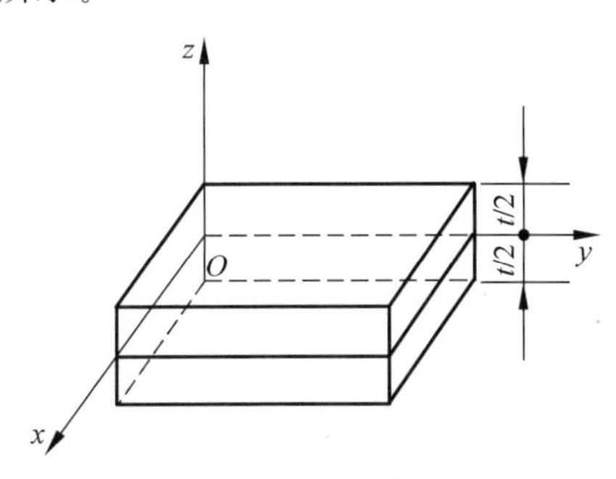

图 7.1　薄板示意图

由第(1)假定可知：

$$\varepsilon_z = \frac{\partial w}{\partial z} = 0 \tag{7.1}$$

从而可得 $w = w(x, y)$，也就是说，薄板中面每一法线上的各点有相同的位移 w。

由第(2)假定，薄板弯曲后，板的法线与弹性曲面在 x 方向或 y 方向的切线都保持互相垂直，没有剪应变，即 $\gamma_{yz} = 0, \gamma_{zx} = 0$，即

$$\frac{\partial v}{\partial z} + \frac{\partial w}{\partial y} = 0, \quad \frac{\partial w}{\partial x} + \frac{\partial u}{\partial z} = 0$$

则可得

$$\frac{\partial v}{\partial z} = -\frac{\partial w}{\partial y}, \quad \frac{\partial u}{\partial z} = -\frac{\partial w}{\partial x} \tag{7.2}$$

由 $w = w(x, y)$ 可知，$\frac{\partial w}{\partial x}$ 和 $\frac{\partial w}{\partial y}$ 都不随 z 而变，由式(7.2)对 z 积分，可得

$$v = -z \frac{\partial w}{\partial y} + f_1(x, y), \quad u = -z \frac{\partial w}{\partial x} + f_2(x, y)$$

式中，$f_1(x, y)$ 和 $f_2(x, y)$ 为任意函数。

此时，考虑假定(3)，即 $(v)_{z=0} = (u)_{z=0} = 0$，由此可知上面两个任意函数为 0，从而有

$$u = -z\left(\frac{\partial w}{\partial x}\right), \quad v = -z\left(\frac{\partial w}{\partial y}\right) \tag{7.3}$$

将以上结果代入几何关系中，可得面内应变与法向位移(或挠度)的关系为

$$\varepsilon_x = \frac{\partial u}{\partial x} = -z \frac{\partial^2 w}{\partial x^2}, \quad \varepsilon_y = \frac{\partial v}{\partial y} = -z \frac{\partial^2 w}{\partial y^2}, \quad \gamma_{xy} = \frac{\partial u}{\partial y} + \frac{\partial v}{\partial x} = -2z \frac{2\partial^2 w}{\partial x \partial y} \tag{7.4}$$

在小变形的情况下，$-\frac{\partial^2 w}{\partial x^2}$ 和 $-\frac{\partial^2 w}{\partial y^2}$ 分别表示薄板在 x 方向和 y 方向的曲率，而 $-2\frac{2\partial^2 w}{\partial x \partial y}$ 表示薄板在 x 方向和 y 方向的扭率，这三者可以确定板内任意处的应变，称为薄板的形变，使用符号表示为

$$\kappa_x = -\frac{\partial^2 w}{\partial x^2}, \quad \kappa_y = -\frac{\partial^2 w}{\partial y^2}, \quad \kappa_{xy} = -\frac{2\partial^2 w}{\partial x \partial y} \tag{7.5}$$

式(7.5)中的 κ_x 已出现在梁理论中，其他各式则是板理论中的新内容，将式(7.5)代入式(7.4)中可得

$$\varepsilon_x = z\kappa_x, \quad \varepsilon_y = z\kappa_y, \quad \gamma_{xy} = z\kappa_{xy} \tag{7.6}$$

7.2.2 薄板平衡方程

由于薄板中 $\sigma_z = 0$，其应力和应变之间遵循平面应力下的物理关系，即

$$\begin{cases} \sigma_x = \dfrac{E}{1-\nu^2}(\varepsilon_x + \nu\varepsilon_y) \\ \sigma_y = \dfrac{E}{1-\nu^2}(\varepsilon_y + \nu\varepsilon_x) \\ \tau_{xy} = G\gamma_{xy} \end{cases} \tag{7.7}$$

将式(7.6)代入式(7.7),可以看出板内各点处的应力可用挠度 w 表示。

下面讨论平板截面中单位宽带上力和力矩的计算,考虑平板中的微元体,如图 7.2 所示,可见其上作用有正应力和剪应力,值得注意的是,虽然我们假定 $\gamma_{yz}=0,\gamma_{zx}=0$,但其对应的剪应力不能忽略,也就是 $\tau_{yz}\neq 0,\tau_{zx}\neq 0$,因为二者在平衡关系中将要发挥作用。

图 7.2(b)给出了图 7.2(a)中应力合成之后的效果,也就是在板内将存在弯矩 M_x、M_y 和扭矩 M_{xy},以及沿厚度方向的剪力 N_x 和 N_y。

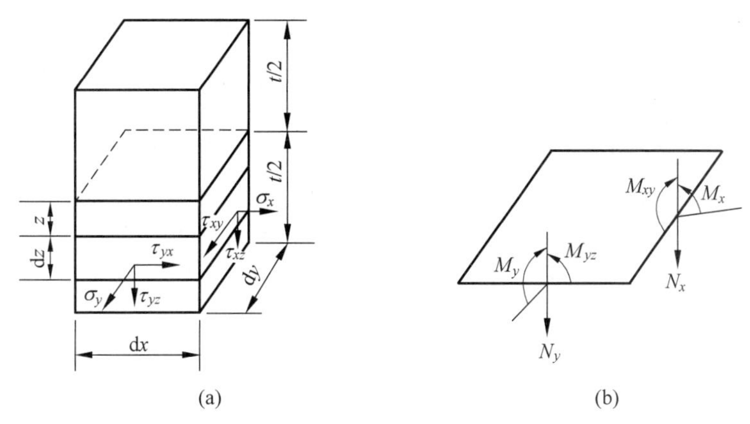

图 7.2 薄板的应力与合力

(a) 在板的边界上的应力;(b) 微元的力矩和力

在微元 x 面内作用的正应力 σ_x 在厚度方向呈线性分布,合力为 0,而只有合力矩,单位宽度的结果为

$$M_x=\int_{-t/2}^{t/2} z\sigma_x \,\mathrm{d}z \tag{7.8}$$

这里的力矩单位为(N·m)/m,同样地,在 y 面内的弯矩为

$$M_y=\int_{-t/2}^{t/2} z\sigma_y \,\mathrm{d}z \tag{7.9}$$

在这两个面内的剪应力 τ_{xy} 和 τ_{yx} 的合力矩为扭矩,可以表示为

$$M_{xy}=\int_{-t/2}^{t/2} z\tau_{xy} \,\mathrm{d}z,\quad M_{yx}=\int_{-t/2}^{t/2} z\tau_{yx} \,\mathrm{d}z \tag{7.10}$$

根据剪应力互等定理可知 $\tau_{xy}=\tau_{yx}$,所以 $M_{xy}=M_{yx}$。另外,在 x 面和 y 面中的 τ_{xz} 和 τ_{yz} 将合成为剪力,可以表示为

$$N_x=\int_{-t/2}^{t/2} \tau_{xz} \,\mathrm{d}z,\quad N_y=\int_{-t/2}^{t/2} \tau_{yz} \,\mathrm{d}z \tag{7.11}$$

将式(7.7)代入式(7.8),并进行积分计算后,可得力矩和曲率的关系:

$$M_x=D(\kappa_x+\nu\kappa_y),\quad M_y=D(\kappa_y+\nu\kappa_x),\quad M_{xy}=\frac{D(1-\nu)}{2}\kappa_{xy} \tag{7.12}$$

式(7.12)可表示为矩阵形式:

$$\boldsymbol{M}=\begin{bmatrix} M_x \\ M_y \\ M_{xy} \end{bmatrix}=\boldsymbol{D}\begin{bmatrix} \kappa_x \\ \kappa_y \\ \kappa_{xy} \end{bmatrix} \tag{7.13}$$

式中，$\boldsymbol{M}$ 称为薄板的内力，$\boldsymbol{D}$ 是各向同性材料的本构矩阵。

$$\boldsymbol{D}=D\begin{bmatrix}1 & \nu & 0\\ \nu & 1 & 0\\ 0 & 0 & \dfrac{1-\nu}{2}\end{bmatrix} \tag{7.14}$$

其中，D 称为板的弯曲刚度，单位为 N·m，其表达式为

$$D=\frac{Et^3}{12(1-\nu^2)}$$

根据图 7.3，我们可以进一步建立板中面微元的平衡方程，以 Oy 轴的合力矩为 0，可得

$$-M_x\mathrm{d}y+\left(M_x+\frac{\partial M_x}{\partial x}\mathrm{d}x\right)\mathrm{d}y-M_{yx}\mathrm{d}x+\left(M_{yx}+\frac{\partial M_{yx}}{\partial y}\mathrm{d}y\right)\mathrm{d}x-\left(N_x+\frac{\partial N_x}{\partial x}\mathrm{d}x\right)\mathrm{d}x\mathrm{d}y+$$
$$N_y\mathrm{d}x\cdot\frac{\mathrm{d}x}{2}-\left(N_y+\frac{\partial N_y}{\partial y}\mathrm{d}y\right)\mathrm{d}x\cdot\frac{\mathrm{d}x}{2}-q(x,y)\mathrm{d}x\mathrm{d}y\cdot\frac{\mathrm{d}x}{2}=0 \tag{7.15}$$

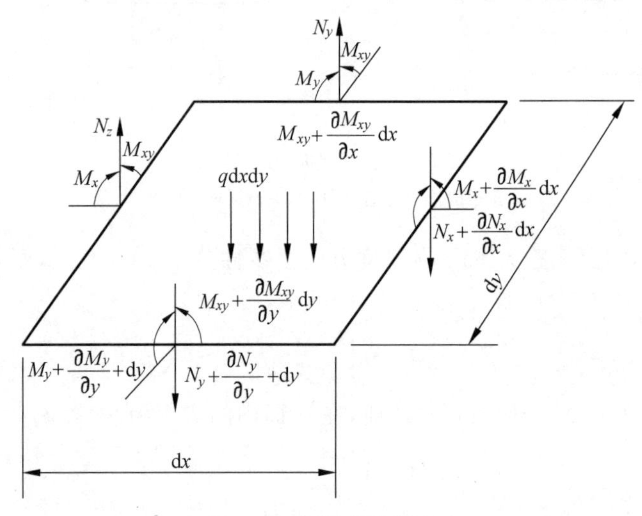

图 7.3 薄板的平衡关系

略去高阶小量，整理后可得

$$\frac{\partial M_x}{\partial x}+\frac{\partial M_{xy}}{\partial y}-N_x=0 \tag{7.16}$$

同理可列出对 Ox 轴的合力矩平衡方程：

$$\frac{\partial M_y}{\partial y}+\frac{\partial M_{xy}}{\partial x}-N_y=0 \tag{7.17}$$

此外还可列出 z 轴方向的合力平衡方程：

$$\frac{\partial N_x}{\partial x}+\frac{\partial N_y}{\partial y}+q=0 \tag{7.18}$$

其中，q 是横向分布载荷（单位为 Pa）。可将式(7.12)的力矩-曲率关系代入式(7.16)和式(7.17)，并由此解出 N_x 和 N_y，最后将得到的表达式代入式(7.18)中，就可以得到各向同性薄板弯曲问题的控制方程：

$$D\left(\frac{\partial^4 w}{\partial x^4}+\frac{2\partial^4 w}{\partial x^2\partial y^2}+\frac{\partial^4 w}{\partial y^4}\right)=q \tag{7.19}$$

由此可以看出，利用位移进行薄板弯曲求解，取决于单位移分量 w 的选择，即横向位移的选择。假使忽略对 y 坐标的微分，式(7.19)可简化为梁的方程，如果泊松比取为零，板宽度变为单位宽度时，板的弯曲刚度 D 变为梁的抗弯刚度 EI。

根据以上推导，可以得出薄板总势能的一般表示，即应变能的一般形式：

$$U=\frac{1}{2}\int(\sigma_x\varepsilon_x+\sigma_y\varepsilon_y+\tau_{xy}\gamma_{xy})\mathrm{d}V \tag{7.20}$$

将式(7.6)、式(7.8)、式(7.9)和式(7.10)代入式(7.20)，就可以得到用力矩和曲率表示的势能：

$$U=\frac{1}{2}\int(M_x\kappa_x+M_y\kappa_y+M_{xy}\kappa_{xy})\mathrm{d}x\,\mathrm{d}y \tag{7.21}$$

7.2.3　薄板弯曲问题求解

得到控制方程后我们讨论方程的求解问题，这里包括级数解法、能量解法，并介绍了矩形板的弯曲要素表。

1. 级数解法——四边简支薄板问题

对于四边简支薄板，可以应用双三角级数进行求解，薄板的挠曲面函数需满足下列条件：

$$\begin{cases} w=\dfrac{\partial^2 w}{\partial x^2}=0, & x=0,x=a \\ w=\dfrac{\partial^2 w}{\partial y^2}=0, & y=0,y=b \end{cases} \tag{7.22}$$

此时为了求解微分方程式(7.22)，我们可以将 $w(x,y)$ 写成下面的级数形式：

$$w(x,y)=\sum_m\sum_n A_{mn}\sin\frac{m\pi x}{a}\sin\frac{n\pi y}{b} \tag{7.23}$$

式中，A_{mn} 为未知的待定系数。

式(7.23)满足边界条件，将其代入式(7.22)得

$$D\sum_m\sum_n A_{mn}\left[\left(\frac{m\pi}{a}\right)^2+\left(\frac{n\pi}{b}\right)^2\right]^2\sin\frac{m\pi x}{a}\sin\frac{n\pi y}{b}=q(x,y) \tag{7.24}$$

可将外载 $q(x,y)$ 也展成和 w 函数相似的级数形式，即

$$q(x,y)=\sum_m\sum_n q_{mn}\sin\frac{m\pi x}{a}\sin\frac{n\pi y}{b} \tag{7.25}$$

式中，q_{mn} 为傅里叶级数的系数，即

$$q_{mn}=\frac{4}{ab}\int_0^a\int_0^b q(x,y)\sin\frac{m\pi x}{a}\sin\frac{n\pi y}{b}\mathrm{d}x\,\mathrm{d}y \tag{7.26}$$

将此 $q(x,y)$ 代入式(7.24)中，可求出 A_{mn}：

$$A_{mn}=\frac{q_{mn}}{D\left[\left(\dfrac{m\pi}{a}\right)^2+\left(\dfrac{n\pi}{b}\right)^2\right]^2} \tag{7.27}$$

于是得板的挠度函数为

$$w(x,y)=\sum_{m}\sum_{n}\frac{q_{mn}}{D\left[\left(\frac{m\pi}{a}\right)^{2}+\left(\frac{n\pi}{b}\right)^{2}\right]^{2}}\sin\frac{m\pi x}{a}\sin\frac{n\pi y}{b} \tag{7.28}$$

下面我们考虑两种载荷情况：

(1) 若板上受均布荷重 q_0，这时有

$$\begin{cases}q_{mn}=\dfrac{4}{ab}\displaystyle\int_0^a\int_0^b q_0\sin\frac{m\pi x}{a}\sin\frac{n\pi y}{b}\mathrm{d}x\,\mathrm{d}y\\ q_{mn}=\dfrac{16q_0}{mn\pi^2}, \qquad m,n=1,3,5,\cdots\\ q_{mn}=0, \qquad m,n=2,4,6,\cdots\end{cases} \tag{7.29}$$

所以有

$$w(x,y)=\frac{16q_0}{\pi^2 D}\sum_{m,n=1,3,5,\cdots}\sum\frac{\sin\frac{m\pi x}{a}\sin\frac{n\pi y}{b}}{mn\left[\left(\frac{m\pi}{a}\right)^{2}+\left(\frac{n\pi}{b}\right)^{2}\right]^{2}} \tag{7.30}$$

由此可以看到，级数的分母是 m,n 的五次式，因此这个级数的收敛性比较好，计算时，级数往往取一、二项就足够精确了。但是，在求弯矩时需求二次导数，收敛性要差些。

(2) 若板上受集中力 P，它的作用点的坐标为 ξ,η，如图 7.4 所示。

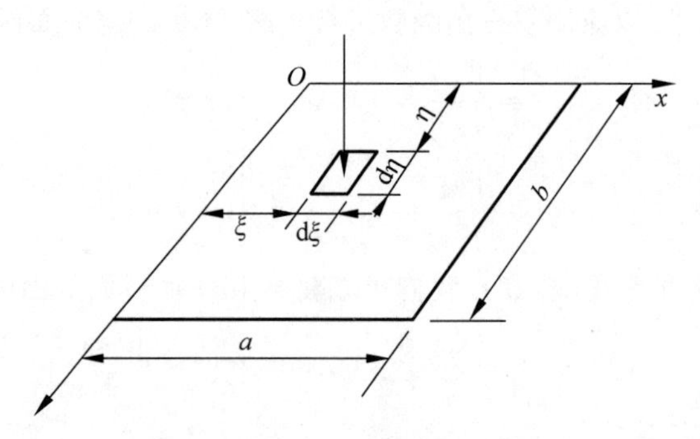

图 7.4 四边简支薄板受集中力作用

这时系数 q_{mn} 可这样来确定：在集中力的作用处，取边长为 $\mathrm{d}\xi\mathrm{d}\eta$ 的矩形微块，并且认为在此微块上作用着强度为式(7.31)的分布荷重：

$$q(\xi,\eta)=\frac{P}{\mathrm{d}\xi\mathrm{d}\eta} \tag{7.31}$$

应用式(7.26)，可得

$$q_{mn}=\frac{4P}{ab}\int_{\xi}^{\xi+\mathrm{d}\xi}\int_{\eta}^{\eta+\mathrm{d}\eta}\frac{\sin\frac{m\pi x}{a}\sin\frac{n\pi y}{b}}{\mathrm{d}\xi\mathrm{d}\eta}\mathrm{d}x\,\mathrm{d}y$$

当 $\mathrm{d}\xi,\mathrm{d}\eta$ 趋于零时，其极限为

$$q_{mn}=\frac{4P}{ab}\sin\frac{m\pi\xi}{a}\sin\frac{n\pi\eta}{b} \tag{7.32}$$

于是有

$$w(x,y)=\frac{4P}{abD}\sum_m\sum_n\frac{\sin\frac{m\pi\xi}{a}\sin\frac{n\pi\eta}{b}}{\left[\left(\frac{m\pi}{a}\right)^2+\left(\frac{n\pi}{b}\right)^2\right]^2}\sin\frac{m\pi x}{a}\sin\frac{n\pi y}{b}\tag{7.33}$$

上面得到的薄板弯曲问题的解称为纳维叶解。

2. 能量解法——四边固支薄板问题

对于四边固支的薄板，直接应用级数法求解比较困难，这部分的详细过程读者可以参考相关文献。这里采用李兹法进行问题求解，讨论均布荷重 q_0 作用下四边刚性固支的矩形板的弯曲，如图 7.5 所示。

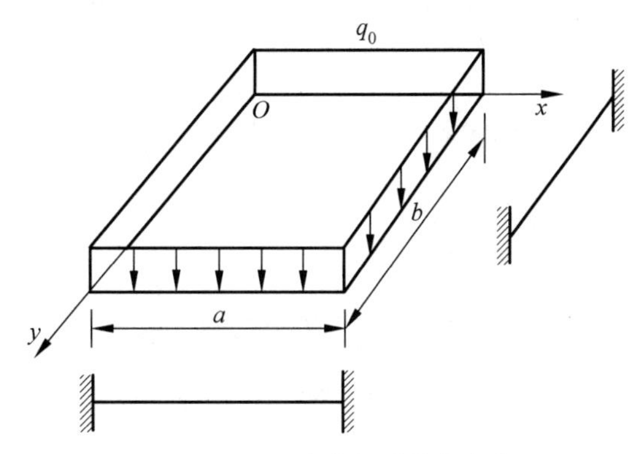

图 7.5　四边固支薄板受分布力作用

此时我们可将板的挠曲面取为级数形式：

$$w=\sum_m\sum_n\frac{C_{mn}}{4}\left(1-\cos\frac{2m\pi x}{a}\right)\left(1-\cos\frac{2n\pi y}{b}\right)\tag{7.34}$$

其中每一项都满足给定的刚性固定边界条件。

板弯曲的应变能仍由式(7.21)确定，外力功函数则为

$$W=-\int_0^a\int_0^b q_0 w\,\mathrm{d}x\,\mathrm{d}y=-q_0\int_0^a\int_0^b w\,\mathrm{d}x\,\mathrm{d}y\tag{7.35}$$

为了简单起见，在挠曲面级数中只取对挠度影响最大的第一项，即

$$w=\frac{C_{11}}{4}\left(1-\cos\frac{2\pi x}{a}\right)\left(1-\cos\frac{2\pi y}{b}\right)$$

可得板的应变能为

$$U=\frac{D}{2}\int_0^a\int_0^b\left(\frac{\partial^2 w}{\partial x^2}-\frac{\partial^2 w}{\partial y^2}\right)^2\mathrm{d}x\,\mathrm{d}y=\frac{DC_{11}^2\pi^4}{2}\left(\frac{3b^2}{4a^2}+\frac{3a^2}{4b^2}+\frac{1}{2}\right)\tag{7.36}$$

外力功为

$$W=-q_0\int_0^a\int_0^b w(x,y)\,\mathrm{d}x\,\mathrm{d}y=-\frac{1}{4}q_0C_{11}ab$$

体系的总位能为

$$\Pi=U+W=\frac{DC_{11}^2\pi^4}{2ab}\left(\frac{3b^2}{4a^2}+\frac{3a^2}{4b^2}+\frac{1}{2}\right)-\frac{1}{4}q_0C_{11}ab\tag{7.37}$$

使体系的总位能为最小，即$\dfrac{\partial \Pi}{\partial C_{11}}=0$，可得

$$\frac{DC_{11}\pi^4}{ab}\left(\frac{3b^2}{4a^2}+\frac{3a^2}{4b^2}+\frac{1}{2}\right)-\frac{1}{4}q_0ab=0$$

从而得

$$C_{11}=\frac{q_0}{D\pi^4}\cdot\frac{a^4b^4}{3a^4+2a^2b^2+3b^4}$$

当 $a=b$ 时，得正方形板之挠曲面函数为

$$w=\frac{q_0a^4}{32D\pi^4}\left(1-\cos\frac{2\pi x}{a}\right)\left(1-\cos\frac{2\pi y}{a}\right) \tag{7.38}$$

此时中心点处的挠度为

$$w\left(\frac{a}{2},\frac{a}{2}\right)=\frac{q_0a^4}{8D\pi^4}=0.0140\,\frac{q_0a^4}{Et^3}$$

为了与已有解析解相比较，查表 7.2，当 $a/b=1.0$ 时，$k_1=0.0138$，可得在板中心点的最大挠度为

$$w_{\max}=0.0138\,\frac{qa^4}{Et^3}$$

可见两者之间仅有 1.5%的误差。因此，对于计算板的挠度，能量解法的挠度级数形式只要取少数几项，就可以得到一个比较准确的结果。当然，对于弯矩及板内各点的应力，就需要取更多项才能得到比较满意的结果。

3. 矩形板的弯曲要素表

常见边界条件下的矩形板在均布载荷下的挠度和弯矩的计算也可制成表格，方便查看结果。下面给出两种边界下的情况，表 7.1 给出了四边自由支持的矩形板在均布载荷作用下用于计算挠度、弯矩、剪力、支反力系数，表 7.2 对应的是四边固支情况的，这里仅给出了少量的数据，更多的结果可参见相关文献。

其中，$w_{\max}=k_1\dfrac{qb^4}{Et^3}$为板中点的最大挠度；$M_x=k_2qb^2$ 为板中点垂直于 x 轴的断面弯矩；$M_y=k_3qb^2$ 为板中点垂直于 y 轴的断面弯矩；$N_x=k_4qb$ 为板短边中点的剪力；$N_y=k_5qb$ 为板长边中点的剪力；$r_x=N_x+\dfrac{\partial M_{xy}}{\partial y}=k_6qb$ 为板短边中点的支反力；$r_y=N_y+\dfrac{\partial M_{xy}}{\partial x}=k_7qb$ 为板长边中点的支反力；$R=k_8qab$ 为板四角的集中反力。

表 7.1　四边简支薄板的挠度、弯矩、剪力、支反力系数

a/b	k_1	k_2	k_3	k_4	k_5	k_6	k_7	k_8
1.0	0.0443	0.0479	0.0479	0.338	0.338	0.420	0.420	0.065
2.0	0.1105	0.1017	0.370	0.465	0.465	0.496	0.503	0.046

表 7.2 四边固支薄板的挠度、弯矩、剪力、支反力系数

a/b	k_1	k_2	k_3	k_4	k_5	k_6	k_7
1.0	0.0138	0.0231	0.0231	0.0613	0.0613	0.452	0.452
2.0	0.0277	0.0158	0.0412	0.0571	0.0829	—	—

7.3 四节点四边形板单元

本节介绍矩形平板单元，如图 7.6 所示，单元各边分别平行于 x 轴和 y 轴，板的边长分别为 $2a$ 和 $2b$，共有 12 个自由度。

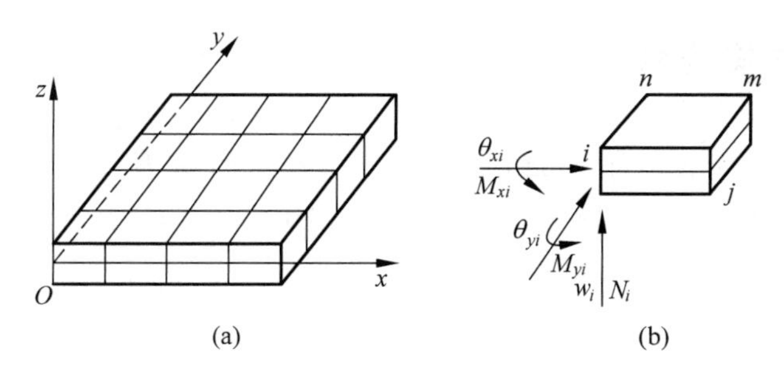

图 7.6 基本矩形板单元和节点自由度

7.3.1 选择单元类型

考虑图 7.6(b)所示的平板弯曲单元，每个节点有 3 个自由度，分别为 z 方向的横向位移 w，绕 x 轴的转角 θ_x，绕 y 轴的转角 θ_y，挠度沿 z 轴正方向为正，转角正方向符合沿坐标轴正向的右手螺旋法则。

节点 i 处的位移矩阵表示为

$$\boldsymbol{d}_i = \begin{bmatrix} w_i \\ \theta_{xi} \\ \theta_{yi} \end{bmatrix} \tag{7.39}$$

单元位移矩阵表示为

$$\boldsymbol{d} = \begin{bmatrix} \boldsymbol{d}_i & \boldsymbol{d}_j & \boldsymbol{d}_m & \boldsymbol{d}_n \end{bmatrix}^{\mathrm{T}} \tag{7.40}$$

由图 7.7 可以看出，式(7.40)中，转角与横向位移之间有下列关系：

$$\theta_x = +\frac{\partial w}{\partial y}, \quad \theta_y = -\frac{\partial w}{\partial x} \tag{7.41}$$

为了产生绕 y 轴的正转角，需要负位移 w，所以 θ_y 前为负号。因此，场变量为

$$\boldsymbol{\psi} = \begin{bmatrix} w & \theta_x & \theta_y \end{bmatrix}^{\mathrm{T}} = \begin{bmatrix} w & \dfrac{\partial w}{\partial y} & -\dfrac{\partial w}{\partial x} \end{bmatrix}^{\mathrm{T}} \tag{7.42}$$

z
y
C'
w+δw/δy dy
D'
D
C
w+δw/δx dx
B'
w
A'
dy
O
A
dx
B
x

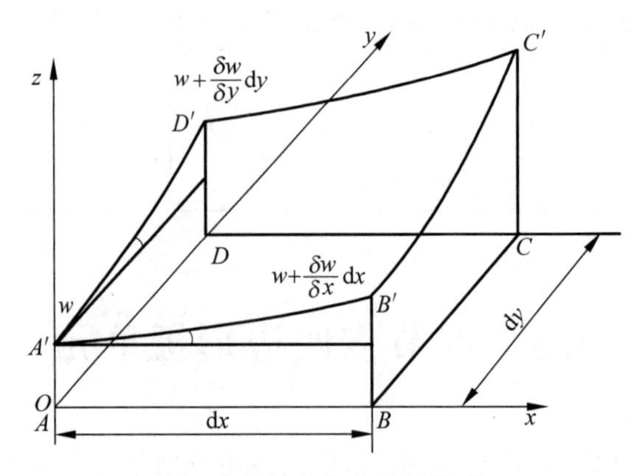

图 7.7 转角与位移的关系

7.3.2 选择位移函数

因为单元共有 12 个自由度，可选择如下关于 x 和 y 的 12 项多项式：

$$
\begin{aligned}
w = & a_1 + a_2 x + a_3 y + a_4 x^2 + a_5 xy + a_6 y^2 + a_7 x^3 + a_8 x^2 y + \\
& a_9 xy^2 + a_{10} y^3 + a_{11} x^3 y + a_{12} xy^3
\end{aligned}
\tag{7.43}
$$

系数向量为

$$
\boldsymbol{a} = [a_1 \quad a_2 \quad \cdots \quad a_{12}]^{\mathrm{T}}
$$

其对应的是 Pascal 三角形范围中的不完全 4 次多项式，如图 7.8 所示。

1
x y
x² xy y²
x³ x²y xy² y³
x⁴ x³y x²y² xy³ y⁴

图 7.8 Pascal 三角形

函数到三阶(10 项)是完全的，此外需从完全 4 次多项式的 5 项中选择 2 项，为保证单元间的边界上位移连续，选择的是 x^3y 和 xy^3 项，这样得到的函数允许刚体运动和常应变，而这也是位移函数必须满足的要求，但该函数不能保证沿单元公共边界上单元间斜率的连续性。

具体来说，位移函数中的前三项 $a_1 + a_2 x + a_3 y$ 代表薄板的刚体位移，其中 a_1 代表薄板在 z 方向上的移动，a_2 和 a_3 分别代表薄板单元绕 y 轴和 x 轴的刚体转动，式中，$a_4 x^2 + a_5 xy + a_6 y^2$ 代表了薄板弯曲的常应变(常曲率和常扭率)项，因为将它们代入式(7.5)中可以得到

$$
\kappa_x = -\frac{\partial^2 w}{\partial x^2} = -2a_4, \quad \kappa_y = -\frac{\partial^2 w}{\partial y^2} = -2a_6, \quad \kappa_{xy} = -2\frac{\partial^2 w}{\partial x \partial y} = -2a_5 \tag{7.44}
$$

可见，这里的 w 是满足完备性要求的。为了观察斜率的不连续性，可选择单元某边界进行分析，这里选用图 7.6 中的 $i-j$ 边($y=0$)进行讨论，计算此处的挠度和斜率，可以得到

$$
\begin{cases}
w = a_1 + a_2 x + a_4 x^2 + a_7 x^3 \\
\dfrac{\partial w}{\partial x} = a_2 + 2a_4 x + 3a_7 x^2 \\
\dfrac{\partial w}{\partial y} = a_3 + a_5 x + a_8 x^2 + a_{11} x^3
\end{cases}
\tag{7.45}
$$

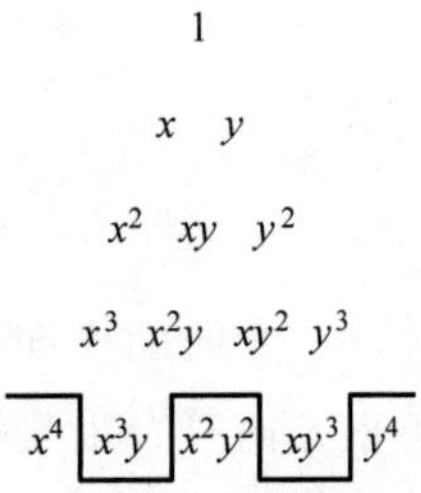

位移 w 是与梁单元相似的三次式，斜率$\partial w/\partial x$ 为二次式，但法向斜率$\partial w/\partial y$ 是 x 的三次式。对于一条边界两个节点的情况，可以提供 6 个节点值，即($w_i, w_j, \theta_{yi}, \theta_{yj}, \theta_{xi}, \theta_{xj}$)，但这不足以求解式(7.45)中的 8 个未知量。当 4 个常数 a_1, a_2, a_4 和 a_7 通过端点条件，即 $w_i, w_j, \theta_{yi}, \theta_{yj}$ 一一求得后，w 和$\partial w/\partial x$ 沿这个边界可以被完全定义。但对于 θ_x 的求解，需要 4 个常数，即 a_3, a_5, a_8 和 a_{11}，考虑到此时端点条件只剩 2 个，因此这个斜率不能唯一确定，或者说，在 i-j 边将出现斜率不连续的情况，因此这里 w 的位移函数是不协调的，而使用这个单元进行分析时得到的解不是最小势能解。然而，实际计算结果表明，随着这种单元适当减小，其给出的计算结果是可以收敛于准确解的。

下面计算位移函数的系数向量 $\boldsymbol{a}$，以节点自由度加以表示，为此首先可写出：

$$\boldsymbol{\psi} = \begin{bmatrix} w \\ \dfrac{\partial w}{\partial y} \\ -\dfrac{\partial w}{\partial x} \end{bmatrix}$$

$$= \begin{bmatrix} 1 & x & y & x^2 & xy & y^2 & x^3 & x^2y & xy^2 & y^3 & x^3y & xy^3 \\ 0 & 0 & 1 & 0 & x & 2y & 0 & x^2 & 2xy & 3y^2 & x^3 & 3xy^2 \\ 0 & -1 & 0 & -2x & -y & 0 & -3x^2 & -2xy & -y^2 & 0 & -3x^2y & -y^3 \end{bmatrix} \times \begin{bmatrix} a_1 \\ a_2 \\ a_3 \\ \vdots \\ a_{12} \end{bmatrix} \tag{7.46}$$

或用矩阵的形式表示：

$$\boldsymbol{\psi} = \boldsymbol{Pa} \tag{7.47}$$

式中，$\boldsymbol{P}$ 是方程(7.46)右端第一个矩阵，为 3×12 的形式。

随后，代入各节点的坐标值，给出单元自由度向量的表示

$$\boldsymbol{d} = \begin{bmatrix} w_i \\ \theta_{x_i} \\ \theta_{y_i} \\ w_j \\ \vdots \\ \theta_{y_n} \end{bmatrix} = \begin{bmatrix} 1 & x_i & y_i & x_i^2 & x_iy_i & y_i^2 & x_i^3 & x_i^2y_i & x_iy_i^3 & y_i^3 & x_i^3y_i & x_iy_i^3 \\ 0 & 0 & 1 & 0 & x_i & 2y_i & 0 & x_i^2 & 2x_iy_y & 3y_i^2 & x_i^3 & 3x_iy_i^2 \\ \vdots & \vdots & & & & & & & & & & \vdots \\ \vdots & \vdots & & & & & & & & & & \vdots \\ \cdots & \cdots & \cdots & \cdots & \cdots & \cdots & \cdots & \cdots & \cdots & \cdots & \cdots & \cdots \end{bmatrix} \times \begin{bmatrix} a_1 \\ a_2 \\ \vdots \\ a_{12} \end{bmatrix}$$

可以将其表示为矩阵的形式：

$$\boldsymbol{d} = \boldsymbol{Ca} \tag{7.48}$$

式(7.48)中 $\boldsymbol{C}$ 是 12×12 矩阵，因此，系数向量 $\boldsymbol{a}$ 可以通过式(7.49)求解：

$$\boldsymbol{a} = \boldsymbol{C}^{-1}\boldsymbol{d} \tag{7.49}$$

而场变量可表示为

$$\boldsymbol{\psi} = \boldsymbol{PC}^{-1}\boldsymbol{d} \tag{7.50}$$

或

$$\boldsymbol{\psi} = \boldsymbol{Nd} \tag{7.51}$$

其中，矩阵 $\boldsymbol{N}=\boldsymbol{P}\boldsymbol{C}^{-1}$ 为 3×12 的形式。

这里的 $\boldsymbol{P}$ 和 $\boldsymbol{C}$ 的逆矩阵的计算可以利用 Mathematica 实现，其中求解 $\boldsymbol{P}$ 的输入 cell 为

```
Clear[x1,y1,x2,y2,x3,y3,x4,y4]
a0={a1,a2,a3,a4,a5,a6,a7,a8,a9,a10,a11,a12};
x0={1,x,y,x^2,x y,y^2,x^3,x^2 y,x y^2,y^3,x^3 y,x y^3};
w[x_,y_] := a0.x0;
pm={};
ww={w[x,y],D[w[x,y],y],-D[w[x,y],x]};For[j=1,j⩽3,j++,ss=Coefficient[ww[[j]],
{a1,a2,a3,a4,a5,a6,a7,a8,a9,a10,a11,a12}];pm=Append[pm,ss]];
Print[pm//MatrixForm]
```

输出结果为

$$\begin{bmatrix} 1 & x & y & x^2 & xy & y^2 & x^3 & x^2y & xy^2 & y^3 & x^3y & xy^3 \\ 0 & 0 & 1 & 0 & x & 2y & 0 & x^2 & 2xy & 3y^2 & x^3 & 3xy^2 \\ 0 & -1 & 0 & -2x & -y & 0 & -3x^2 & -2xy & -y^2 & 0 & -3x^2y & -y^3 \end{bmatrix}$$

而计算 $\boldsymbol{C}$ 的逆矩阵的输入 cell 为

```
x1=-a;y1=-b;x2=a;y2=-b;x3=a;y3=b;x4=-a;y4=b;
kn={k1,k2,k3,k4}={{w[x,y],D[w[x,y],y],-D[w[x,y],x]}/.{x→x1,y→y1},{w[x,y],D[w
[x,y],y],-D[w[x,y],x]}/.{x→x2,y→y2},{w[x,y],D[w[x,y],y],-D[w[x,y],x]}/.{x→x3,y→
y3},{w[x,y],D[w[x,y],y],-D[w[x,y],x]}/.{x→x4,y→y4}};
cm={};
For[i=1,i⩽4,i++,For[j=1,j⩽3,j++,ss=Coefficient[kn[[i]][[j]],{a1,a2,a3,a4,a5,a6,a7,
a8,a9,a10,a11,a12}];cm=Append[cm,ss]]];
Print[cm//MatrixForm]
```

输出结果为

$$\begin{bmatrix} 1 & -a & -b & a^2 & ab & b^2 & -a^3 & -a^2b & -ab^2 & -b^3 & a^3b & ab^3 \\ 0 & 0 & 1 & 0 & -a & -2b & 0 & a^2 & 2ab & 3b^2 & -a^3 & -3ab^2 \\ 0 & -1 & 0 & 2a & b & 0 & -3a^2 & -2ab & -b^2 & 0 & 3a^2b & b^3 \\ 1 & a & -b & a^2 & -ab & b^2 & a^3 & -a^2b & ab^2 & -b^3 & -a^3b & -ab^3 \\ 0 & 0 & 1 & 0 & a & -2b & 0 & a^2 & -2ab & 3b^2 & a^3 & 3ab^2 \\ 0 & -1 & 0 & -2a & b & 0 & -3a^2 & 2ab & -b^2 & 0 & 3a^2b & b^3 \\ 1 & a & b & a^2 & ab & b^2 & a^3 & a^2b & ab^2 & b^3 & a^3b & ab^3 \\ 0 & 0 & 1 & 0 & a & 2b & 0 & a^2 & 2ab & 3b^2 & a^3 & 3ab^2 \\ 0 & -1 & 0 & -2a & -b & 0 & -3a^2 & -2ab & -b^2 & 0 & -3a^2b & -b^3 \\ 1 & -a & b & a^2 & -ab & b^2 & -a^3 & a^2b & -ab^2 & b^3 & -a^3b & -ab^3 \\ 0 & 0 & 1 & 0 & -a & 2b & 0 & a^2 & -2ab & 3b^2 & -a^3 & -3ab^2 \\ 0 & -1 & 0 & 2a & -b & 0 & -3a^2 & 2ab & -b^2 & 0 & -3a^2b & -b^3 \end{bmatrix}$$

逆矩阵的计算可以利用 Mathematica 的内置函数 Inverse 求得，在此基础上，根据式(7.51)中可以得到形函数，此处仅给出形函数矩阵第 1 列的 3 个要素，更多的计算，读者可尝试自行完成。

```
cm1=Inverse[cm];Nn=pm.cm1;
Print[{Nn[[1]][[1]],Nn[[1]][[2]] ,Nn[[1]][[3]]}]
```

输出结果为

$$\left\{\frac{1}{4}-\frac{3x}{8a}+\frac{x^3}{8a^3}-\frac{3y}{8b}+\frac{xy}{2ab}-\frac{x^3y}{8a^3b}+\frac{y^3}{8b^3}-\frac{xy^3}{8ab^3},\right.$$
$$\frac{b}{8}-\frac{bx}{8a}-\frac{y}{8}+\frac{xy}{8a}-\frac{y^2}{8b}+\frac{xy^2}{8ab}+\frac{y^3}{8b^2}-\frac{xy^3}{8ab^2},$$
$$\left.-\frac{a}{8}+\frac{x}{8}+\frac{x^2}{8a}-\frac{x^3}{8a^2}+\frac{ay}{8b}-\frac{xy}{8b}-\frac{x^2y}{8ab}+\frac{x^3y}{8a^2b}\right\}$$

这里的形函数可以使用自然坐标表示，两种坐标的关系为

$$\begin{cases}\xi=(x-x_c)/a\\ \eta=(y-y_c)/b\end{cases}\tag{7.52}$$

局部坐标的取值区间为[−1,1]，局部坐标系下的形函数为

$$\boldsymbol{N}=[\boldsymbol{N}_i\quad \boldsymbol{N}_j\quad \boldsymbol{N}_m\quad \boldsymbol{N}_n]\tag{7.53}$$

其中，

$$\begin{aligned}\boldsymbol{N}_i=&\frac{1}{8}\big[(\xi_0+1)(\eta_0+1)(2+\xi_0+\eta_0-\xi^2-\eta^2)\cdot\\&b\eta_i(\xi_0+1)(\eta_0+1)^2(\eta_0-1)\quad -a\xi_i(\xi_0+1)^2(\xi_0-1)(\eta_0+1)\big]\end{aligned}\tag{7.54}$$
$$\xi_0=\xi\xi_i$$
$$\eta_0=\eta\eta_i$$

x_c 和 y_c 是单元中心的坐标，对于前面的推导，二者都取 0。读者可以自行练习，将自然坐标下的形函数与上面代码给出的形函数进行相互转换。

7.3.3 薄板形变与内力的矩阵表示

根据式(7.5)和式(7.43)，薄板形变可表示为

$$\boldsymbol{\kappa}=\begin{bmatrix}\kappa_x\\ \kappa_y\\ \kappa_{xy}\end{bmatrix}=\begin{bmatrix}-2a_4-6a_7x-2a_8y-6a_{11}xy\\ -2a_6-2a_9x-6a_{10}y-6a_{12}xy\\ -2a_5-4a_8x-4a_9y-6a_{11}x^2-6a_{12}y^2\end{bmatrix}\tag{7.55}$$

或者以矩阵形式表示为

$$\boldsymbol{\kappa}=\boldsymbol{Qa}=\boldsymbol{QC}^{-1}\boldsymbol{d}\tag{7.56}$$

进一步地，薄板形变可表示为

$$\boldsymbol{\kappa}=\boldsymbol{Bd}\tag{7.57}$$

其中，

$$B = QC^{-1} \tag{7.58}$$

这里的几何矩阵 $\boldsymbol{B}$ 是 3×12 矩阵，可利用 Mathematica 计算得到，输入 cell 为

```
kk={-D[w[x,y],{x,2}],-D[w[x,y],{y,2}],-2 D[w[x,y],x,y]};
qm={};
For[j=1,j≤3,j++,ss=Coefficient[kk[[j]],{a1,a2,a3,a4,a5,a6,a7,a8,a9,a10,a11,a12}];qm=
Append[qm,ss]];Print[qm//MatrixForm]
Bm=qm.cm1;
Print[Transpose[Bm][[1]]//MatrixForm]
```

这里利用了前面计算得到的“cm1”，也就是 $\boldsymbol{C}^{-1}$，输出结果为

$$\begin{bmatrix} 0 & 0 & 0 & -2 & 0 & 0 & -6x & -2y & 0 & 0 & -6xy & 0 \\ 0 & 0 & 0 & 0 & 0 & -2 & 0 & 0 & -2x & -6y & 0 & -6xy \\ 0 & 0 & 0 & 0 & -2 & 0 & 0 & -4x & -4y & 0 & -6x^2 & -6y^2 \end{bmatrix}$$

$$\begin{bmatrix} -\frac{3x}{4a^3}+\frac{3xy}{4a^3 b} \\ -\frac{3y}{4b^3}+\frac{3xy}{4ab^3} \\ -\frac{1}{ab}+\frac{3x^2}{4a^3 b}+\frac{3y^2}{4ab^3} \end{bmatrix}$$

输出的第 1 个矩阵给出了 $\boldsymbol{Q}$，为书写简便，这里仅给出了几何矩阵 $\boldsymbol{B}$ 的第一列。此外，根据式(7.13)，并结合式(7.57)，可以得到

$$\boldsymbol{M} = \boldsymbol{D\kappa} = \boldsymbol{DBd} \tag{7.59}$$

式中，$\boldsymbol{D}$ 是各向同性薄板的本构矩阵，由式(7.14)定义。

7.3.4 推导单元刚度矩阵和方程

我们将式(7.59)和式(7.57)代入式(7.21)，可以得到与其他单元类似的单元刚度矩阵形式：

$$\boldsymbol{K} = \iint \boldsymbol{B}^{\mathrm{T}} \boldsymbol{DB}\, \mathrm{d}x\, \mathrm{d}y \tag{7.60}$$

根据之前得到的 $\boldsymbol{B}$ 和 $\boldsymbol{D}$，可知四节点矩形单元的刚度矩阵是 12×12 的形式，在参考文献[13]中给出了 $\boldsymbol{K}$ 的具体表达式。也可以利用 Mathematica 计算单元刚度矩阵，其中输入 cell 为

```
Clear[D0]
Dp=D0{{1,v,0},{v,1,0},{0,0,(1-v)/2}};
(* D0=E0 t^3/(12 (1-v^2)); *)
Ke110=Transpose[Bm][[1]].Dp.Transpose[Bm][[1]];
Simplify[Ke11=Integrate[Ke110,{x,-a,a},{y,-b,b}],Assumptions→b>0]
```

输出结果为

```
D0(10a^4 + 10b^4 + a^2 b^2 (7-2v))
----------------------------------
            10a^3 b^3
```

这里为了简化表述，仅给出了单元刚度矩阵一个要素的求解，要得到更多要素也是容易的，读者可以练习完成，类似地，也可得到分布荷载所产生的表面力向量：

$$\boldsymbol{F}_s = \iint \boldsymbol{N}_s^{\mathrm{T}} q \mathrm{d}x \mathrm{d}y \tag{7.61}$$

对于在大小为 $2a \times 2b$ 的单元表面上作用有均布荷载 q 的情况，利用式(7.53)可得在节点 i 处产生的力和力矩为

$$\begin{bmatrix} f_{wi} \\ f_{\theta xi} \\ f_{\theta yi} \end{bmatrix} = 4qab \begin{bmatrix} 1/4 \\ -a/12 \\ b/12 \end{bmatrix}$$

节点 j, m 和 n 的表达式与之相似，节点力的积分可以利用 Mathematica 实现，其中输入 cell 为

```
Fn=Integrate[Nn[[1]]q,{x,-a,a},{y,-b,b}];
Print["4qab * ",Fn/(4qab)]
```

输出结果为

$$4qab * \left\{\frac{1}{4}, \frac{b}{12}, -\frac{a}{12}, \frac{1}{4}, \frac{b}{12}, \frac{a}{12}, \frac{1}{4}, -\frac{b}{12}, \frac{a}{12}, \frac{1}{4}, -\frac{b}{12}, -\frac{a}{12}\right\}$$

可以看出，分布载荷产生的等效节点荷载包含有剪力和力矩，这与梁单元的情况十分相似。得到了单元刚度矩阵及载荷向量后，余下的步骤，包括形成总体刚度方程、应用边界条件及求解节点自由度等，可遵循前几章介绍的标准过程。

7.4　薄板单元算例

下面给出两个薄板问题的有限元分析算例。

例 7.1　分别计算四边固支平板在均布载荷和集中载荷下的中点处横向变形和弯矩，如图 7.9 所示，薄板尺寸为 4 m×4 m，泊松比 $\nu=0.3$。

解：为方便计算求解，本问题采用 2×2 的网格形式。

首先讨论均布载荷的情况。考虑到计算几何和载荷的对称性，容易看出，对于本问题划分网格后，共有 9 个节点，但仅有中部节点 C 有非零变形，而且只有挠度变形，对于该有限元格式，计算的场变量仅有一个。

在这种情况下，如果能找到该自由度的刚度系数及载荷值，则很方便进行求解。当我们取出 1/4 模型进行问题分析时，此时第 2 个节点处有挠度变形，而对应的自由度序号为 4，从前面刚度矩阵的推导中，我们容易找到其对应的刚度系数为 K_{44}，即

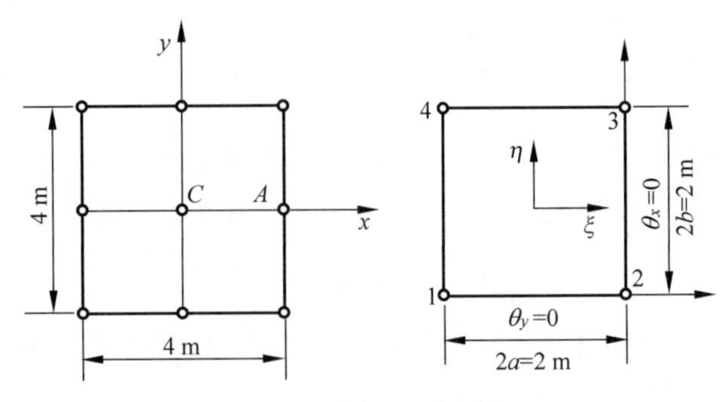

图 7.9　例 7.1 示意图

$$\frac{D_0(10a^4+10b^4+a^2b^2(7-2\nu))}{10a^3b^3}$$

同时可以找到对应的载荷为 $f_4=-qab$。这样我们就可以列出方程：

$$\frac{D_0(10a^4+10b^4+a^2b^2(7-2\nu))}{10a^3b^3}w_2=-qab$$

计算可以得到 w_2，这里利用 Mathematica 完成计算，输入 cell 为

```
Solve[Ke[[4]][[4]] w2==(-q) a b, w2]/.{a→1, b→1, v→0.3}
```

输出结果为

```
{{w2→-((0.378788q)/D0)}}
```

对于本问题有解析解，根据文献可知：

$$w_{\max}=0.00126\frac{ql^4}{D_0}$$

其中 l 为薄板边长，这里 $l=4$m，代入计算后可得

$$w_{\max}=0.32256\frac{q}{D_0}$$

下面进一步讨论集中载荷的情况。

此时我们仅需要修改前面的载荷值，即 $-P_0/4$，计算的 cell 变为

```
Solve[Ke[[4]][[4]] w2==-p0/4, w2]/.{a→1, b→1, v→0.3}
```

输出结果为

```
{{w2→-((0.094697p0)/D0)}}
```

对于本问题有解析解，根据文献[12]可知(Timoshenko，板壳理论，P229)：

$$w_{\max}=0.0056\frac{Pl^2}{D_0}$$

代入参数计算后可得

$$w_{\max}=0.0896\frac{P_0}{D_0}$$

在位移计算的基础上，根据 $\boldsymbol{M}=\boldsymbol{DBd}$，可以进一步计算单元在均布载荷下的合力，矩阵计算并代入变形值后可得

$$M_x=q[\xi(-0.284091+0.3693183\eta)+0.0852\eta]$$

$$M_y=q[\xi(-0.0852+0.3693\eta)+0.2840\eta]$$

$$M_{xy}=0.0331q(-4.0+3.0\xi^2+3.0\eta^2)$$

由此可以计算薄板中心处($\xi=1,\eta=-1$)的弯矩为

$$M_x=-0.7386q$$

薄板侧边中点处($\xi=-1,\eta=-1$)的弯矩为

$$M_x=0.5681q$$

此问题的弯矩理论解可参见 7.3 节中给出的表 7.2，则本问题中心处的值为 $-0.0231q\times16=-0.3696q$，侧边中点为 $0.0513q\times16=0.8208q$，由于载荷方向不同，查表的结果需要恰当地改变正负号。根据上面的计算，我们可以看出，对于本问题采用了十分粗糙的网格形式，但对位移还是得到了不错的结果，误差约为 17.4%，弯矩误差较大。

例 7.2　将上面例题中的边界条件变为简支边界，分别求解其在均布载荷和集中载荷两种情况下的横向变形。

解：本问题同样采用 2×2 的网格形式。

首先讨论均布载荷的情况。与例 7.1 类似，由几何和载荷的对称性，我们可取出 1/4 模型进行问题分析，但在此问题中，3，4 和 8 三个自由度处的变形不为 0，即待求量为 θ_{y1}，w_2，θ_{x3}，此时可以列出如下方程组：

$$K_{33}\theta_{y1}+K_{34}w_2+K_{38}\theta_{x3}=f_3$$

$$K_{43}\theta_{y1}+K_{44}w_2+K_{48}\theta_{x3}=f_4$$

$$K_{83}\theta_{y1}+K_{84}w_2+K_{88}\theta_{x3}=f_8$$

其中，

$$K_{33}=\frac{4D_0[5b^2-a^2(-1+\nu)]}{15ab}$$

$$K_{34}=k_{43}=\frac{D_0\left(1+\dfrac{10b^2}{a^2}-\nu\right)}{10b}$$

$$K_{38}=k_{83}=0$$

$$K_{44}=\frac{D_0[10a^4+10b^4+a^2b^2(7-2\nu)]}{10a^3b^3}$$

$$K_{48}=k_{84}=\frac{D_0\left(1+\dfrac{10a^2}{b^2}-\nu\right)}{10a}$$

$$K_{88}=\frac{4D_0\left[135a^2-19b\sqrt{b^2}(-1+\nu)\right]}{405ab}$$

(1) 对于均布载荷的情况，有

$$f_3 = -qa^2b/3$$
$$f_4 = +qab$$
$$f_8 = -qb^2a/3$$

(2) 而对于集中载荷的情况，有

$$f_3 = f_8 = 0$$
$$f_4 = P/4$$

将刚度系数和载荷分别代入前面的方程组中，可计算得到两种情况下中心点处的变形。

对于均布载荷，有

$$w_2 = 1.303\frac{q}{D_0}$$

对于集中载荷，有

$$w_2 = 0.223\frac{P}{D_0}$$

对于本问题有解析解，可以参见式(7.30)和式(7.33)，利用Mathematica完成计算，对于均布载荷，输入cell为

```
wmax[x_,y_] := (16 q0)/(Pi^2D0) Sum[(Sin[m Pi x/a]Sin[n Pi y/b])/(m n ((m Pi/a)^2+(n
Pi/b)^2)^2),{m,1,15,2},{n,1,15,2}]
a=b=4;wmax[2,2]//N
```

输出结果为

$$\frac{1.039996q0}{D0}$$

对于集中载荷，输入cell为

```
wmax[x_,y_] := (4 P0)/(a b D0) Sum[(Sin[m Pi x/a]Sin[n Pi y/b])/((m Pi/a)^2+(n Pi/b)^2)
^2 Sin[m Pi x/a]Sin[n Pi y/b],{m,1,15,1},{n,1,15,1}]
a=b=4;wmax[2,2]//N
```

输出结果为

$$\frac{0.1852P0}{D0}$$

7.5 Abaqus中的平板分析

针对例7.1，下面利用Abaqus进行分析，其中单元选用S4单元，这是一种通用的板壳单元，应用较为广泛，下面给出了该问题对应的inp输入文件，这里材料参数设置为厚度0.1，弹

性模量 10920，泊松比 0.3，由此可得平板的弯曲刚度为单位 1，对于分布载荷情况，载荷大小取为 1。

下面是四边固支薄板的受分布载荷情况，这里的网格划分与例 7.1 稍有不同，分析对象同样是 1/4 模型，但这里将 1/4 模型划分为 4 个单元。

```
*Heading
** Job name: Job-ch7-1 Model name: Model-1
*Node
      1,           0.,           0.,           0.
      2,           1.,           0.,           0.
      3,           2.,           0.,           0.
      4,           0.,           1.,           0.
      5,           1.,           1.,           0.
      6,           2.,           1.,           0.
      7,           0.,           2.,           0.
      8,           1.,           2.,           0.
      9,           2.,           2.,           0.
*Element, type=S4
1, 1, 2, 5, 4
2, 2, 3, 6, 5
3, 4, 5, 8, 7
4, 5, 6, 9, 8
*Elset, elset=allele , generate
 1,  4,  1
*Nset, nset=_PickedSet4 , generate
 3,  9,  3
*Nset, nset=_PickedSet5 , generate
 1,  3,  1
*Nset, nset=_PickedSet9
 1, 4, 7, 8, 9
*Surface, type=ELEMENT, name=_PickedSurf7
allele, SPOS
** Section: Section-1
*Shell Section, elset=allele, material=Material-1
0.1, 5
** MATERIALS
*Material, name=Material-1
*Elastic
10920, 0.3
** STEP: Step-1
*Step, name=Step-1, nlgeom=NO, perturbation
*Static
** BOUNDARY CONDITIONS
** Name: BC-1 Type: 对称/反对称/完全固定
*Boundary
_PickedSet4, XSYMM
** Name: BC-2 Type: 对称/反对称/完全固定
*Boundary
_PickedSet5, YSYMM
** Name: BC-3 Type: 对称/反对称/完全固定
```

```
*Boundary
_PickedSet9, ENCASTRE
** LOADS
** Name: Load-1   Type: Pressure
*Dsload
_PickedSurf7, P, 1.
**
** OUTPUT REQUESTS
** FIELD OUTPUT: F-Output-1
*Output, field, variable=PRESELECT
** HISTORY OUTPUT: H-Output-1
*Output, history, variable=PRESELECT
*NODE PRINT, NSET=_PickedSet5
U
*End Step
```

运行 inp 文件开始计算，计算完成后得到结果文件，打开 odb 结果文件可以给出位移云图，如图 7.10 所示，注意这里是 1/4 模型，由图可见，最大位移为 0.3138。

图 7.10 Abaqus 计算结果云图

习 题

7.1 习题 7.1 图所示矩形板单元 $ABCD$，边界 CD 固定，其余三边自由，承受的横向压力 $q=980$ Pa，计算角点 A 的最大横向位移，其中 $BC=40$ cm，$AB=20$ cm，厚度 $t=2$ cm，$E=20$ GPa，泊松比为 0.2，分别使用一个单元和两个单元计算。

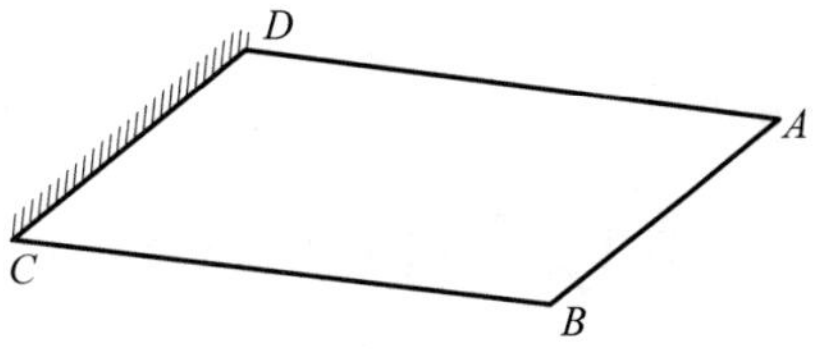

D
A
C
B

习题 7.1 图

7.2　对于例 7.1 中的平板，利用 4×4 单元，计算四边固支情况下的弯曲问题，考虑中点受到单位集中载荷。

第 8 章

动力学问题

8.1 引　　言

在前面我们讨论了结构的静力分析，也就是载荷缓慢加载的情况，当突然施加外部载荷或载荷随时间变化时，问题求解中将不能忽略惯性效应，有时还需要考虑阻尼效应。本章首先给出结构动力学分析所需的基本方程，之后推导杆、梁动力学问题的有限元基本方程，并给出一致质量矩阵和集中质量矩阵，并给出自由振动问题和瞬态问题的介绍，其中瞬态问题采用直接积分法进行求解，时间积分采用中心差分法。

8.2 动力学方程

首先考虑单自由度体系的运动方程，根据达朗贝尔原理讨论作用于质量块上全部力的平衡关系，如图 8.1 所示，此时沿着位移自由度方向的外载荷 $p(t)$和由于外载引起的三个抗力，即惯性力 $f_I(t)$、阻尼力 $f_D(t)$及弹性力 $f_S(t)$是平衡的。

三个抗力是与位移或位移的时间导数有关的，由达朗贝尔原理可知，惯性力是质量和加速度的乘积，方向则与加速度相反，即

$$f_I = m\ddot{u}(t) \tag{8.1}$$

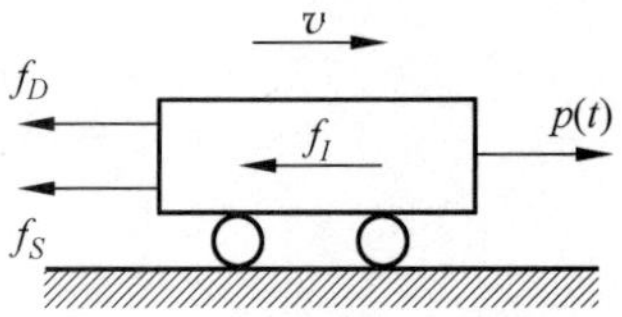

图 8.1　单自由度示意图

如果仅考虑黏滞阻尼，此时阻尼力是阻尼常数与速度的乘积：

$$f_D = c\dot{u}(t) \tag{8.2}$$

式中，$\dot{u}$，$\ddot{u}$ 分别表示位移函数对时间的一阶和二阶导数。另外，弹性力是刚度系数与位移的乘积：

$$f_S = ku(t) \tag{8.3}$$

由力的平衡可知：

$$m\ddot{u}(t) + c\dot{u}(t) + ku(t) = p(t) \tag{8.4}$$

对于多自由度系统的情况，也可以写出类似的形式：

$$\boldsymbol{M}\ddot{\boldsymbol{u}}(t) + \boldsymbol{C}\dot{\boldsymbol{u}}(t) + \boldsymbol{K}\boldsymbol{u}(t) = \boldsymbol{p}(t) \tag{8.5}$$

式中，$\boldsymbol{M}$，$\boldsymbol{C}$，$\boldsymbol{K}$ 分别称为质量矩阵、阻尼矩阵和刚度矩阵；$\boldsymbol{u}(t)$和 $\boldsymbol{p}(t)$则分别为位移和载荷

向量。

如果忽略阻尼的影响，运动方程可以简化为

$$\boldsymbol{M}\ddot{\boldsymbol{u}}(t)+\boldsymbol{K}\boldsymbol{u}(t)=\boldsymbol{p}(t) \tag{8.6}$$

如果式(8.6)中的外载荷为零，则可以进一步简化为

$$\boldsymbol{M}\ddot{\boldsymbol{u}}(t)+\boldsymbol{K}\boldsymbol{u}(t)=0 \tag{8.7}$$

这是系统的自由振动方程，由此可以求解系统的固有频率和振型，下面我们将分别讨论杆系及梁系中的振动问题，包括频域分析和时域分析。

8.3　杆件动力学问题

下面推导一维杆与时间相关的有限元方程。第 2 章和第 4 章中已经讨论了杆件与时间无关的有限元静力分析，与推导静力方程相比，这里需要考虑质量矩阵，从而完成惯性力的计算。

8.3.1　杆件动力学有限元方程

1. 单元弹性力

这里考虑基本杆单元，长为 l，截面积为 A，质量密度为 ρ，杆单元节点 1 和节点 2 受到时间相关的外部荷载 $\boldsymbol{p}(t)=[p_1\quad p_2]^{\mathrm{T}}$ 的作用，设杆沿 x 轴的线性位移函数为

$$u=a_1+a_2x \tag{8.8}$$

由第 4 章结果可知，式(8.8)可以用形函数表示为

$$u=N_1u_1+N_2u_2$$

其中，

$$\begin{cases}N_1=1-\dfrac{x}{l}\\[2ex] N_2=\dfrac{x}{l}\end{cases} \tag{8.9}$$

另外，应变-位移关系为

$$\boldsymbol{\varepsilon}_x=\frac{\partial u}{\partial x}=\boldsymbol{B}\boldsymbol{d} \tag{8.10}$$

其中，

$$\boldsymbol{B}=\begin{bmatrix}-\dfrac{1}{l} & \dfrac{1}{l}\end{bmatrix}$$

$$\boldsymbol{d}=\begin{bmatrix}u_1\\u_2\end{bmatrix}$$

对于杆系问题，已完成了弹性力 $\boldsymbol{f}_S=[f_1\quad f_2]^{\mathrm{T}}$ 的推导，即

$$\begin{bmatrix}f_1\\f_2\end{bmatrix}=\boldsymbol{K}\begin{bmatrix}u_1\\u_2\end{bmatrix} \tag{8.11}$$

其中,刚度矩阵为

$$\boldsymbol{K}=\frac{AE}{l}\begin{bmatrix}1 & -1\\ -1 & 1\end{bmatrix}$$

2. 单元惯性力与质量矩阵

对每个节点列平衡方程,在不考虑阻尼的情况下,外部载荷等于弹性力与惯性力之和,即

$$\begin{cases}p_1=f_1+m_1\dfrac{\partial^2 u_1}{\partial t^2}\\ p_2=f_2+m_2\dfrac{\partial^2 u_2}{\partial t^2}\end{cases}\tag{8.12}$$

此时如果将杆的总质量均分到两个节点上,那么可以得到

$$\begin{cases}m_1=\dfrac{\rho Al}{2}\\ m_2=\dfrac{\rho Al}{2}\end{cases}\tag{8.13}$$

方程组(8.12)可写为矩阵形式:

$$\begin{bmatrix}p_1\\ p_2\end{bmatrix}=\begin{bmatrix}f_1\\ f_2\end{bmatrix}+\begin{bmatrix}m_1 & 0\\ 0 & m_2\end{bmatrix}\begin{bmatrix}\dfrac{\partial^2 u_1}{\partial t^2}\\ \dfrac{\partial^2 u_2}{\partial t^2}\end{bmatrix}$$

进一步可以写为

$$\boldsymbol{p}(t)=\boldsymbol{K}\boldsymbol{d}+\boldsymbol{M}\ddot{\boldsymbol{d}}\tag{8.14}$$

其中,

$$\boldsymbol{M}=\frac{\rho Al}{2}\begin{bmatrix}1 & 0\\ 0 & 1\end{bmatrix}\tag{8.15}$$

这里的 $\boldsymbol{M}$ 称为集中质量矩阵,可以看出,集中质量矩阵仅对角元素非零,这将便于总体方程的计算,但解的精度通常低于利用一致质量矩阵的情况。

下面推导杆单元的一致质量矩阵。由于惯性力可以看作一种特殊的体力,利用计算体力的方法可以得到单元质量矩阵的一般表示。

考虑到单位体积的惯性力大小为 $\rho\ddot{\boldsymbol{u}}$,因此惯性力的等效节点力为

$$\boldsymbol{f}_I=\iiint_V \boldsymbol{N}^{\mathrm{T}}\rho\ddot{\boldsymbol{u}}\,\mathrm{d}V\tag{8.16}$$

此外由 $\boldsymbol{u}=\boldsymbol{N}\boldsymbol{d}$,于是对时间的一次和二次导数可表示为

$$\begin{cases}\dot{\boldsymbol{u}}=\boldsymbol{N}\dot{\boldsymbol{d}}\\ \ddot{\boldsymbol{u}}=\boldsymbol{N}\ddot{\boldsymbol{d}}\end{cases}\tag{8.17}$$

式中,$\dot{\boldsymbol{d}}$ 和 $\ddot{\boldsymbol{d}}$ 分别是节点的速度和加速度。将式(8.17)代入式(8.16)可得

$$f_I = \iiint_V \rho \boldsymbol{N}^{\mathrm{T}} \boldsymbol{N} \mathrm{d}V \ddot{\boldsymbol{d}} = \boldsymbol{M}\ddot{\boldsymbol{d}} \tag{8.18}$$

其中，

$$\boldsymbol{M} = \iiint_V \rho \boldsymbol{N}^{\mathrm{T}} \boldsymbol{N} \mathrm{d}V \tag{8.19}$$

此处的 $\boldsymbol{M}$ 称为一致质量矩阵，与刚度矩阵 $\boldsymbol{K}$ 的推导类似，这里的质量矩阵是由形函数 $\boldsymbol{N}$ 推导而来的。一般来说，由式(8.19)给出的 $\boldsymbol{M}$ 是满阵的对称矩阵。下面将杆件的形函数式(8.9)代入式(8.19)，可得到杆单元的一致质量矩阵：

$$\boldsymbol{M} = \iiint_V \rho \begin{bmatrix} 1-\dfrac{x}{l} \\ \dfrac{x}{l} \end{bmatrix} \begin{bmatrix} 1-\dfrac{x}{l} & \dfrac{x}{l} \end{bmatrix} \mathrm{d}V$$

经简单运算及积分后可得

$$\boldsymbol{M} = \frac{\rho A l}{6} \begin{bmatrix} 2 & 1 \\ 1 & 2 \end{bmatrix} \tag{8.20}$$

上面的计算可以利用 Mathematica 实现，输入与输出 cell 为

```
Nn={{1-x/L,x/L}};                  (*形函数*)
Mn=Integrate[ρ*A*Transpose[Nn].Nn,{x,0,L}];
Print[Mn]
{{ALρ/3,ALρ/6},{ALρ/6,ALρ/3}}
```

3. 总体质量矩阵

在单元质量矩阵的基础上，可以采用矩阵法来组装整体矩阵，具体过程与获得总体刚度矩阵的方法一致。

下面分别讨论杆件的自由振动和瞬态问题的求解。自由振动主要为固有频率与振型的计算，实际上是包含质量矩阵的特征值问题；而瞬态问题的计算则是在结构空间离散的同时，需要在时间上进行离散，从而得到各个时刻的结构响应。

8.3.2 杆件自由振动

根据刚度方程进行自由振动的求解，实际上就是求解矩阵的特征值问题。下面讨论图 8.2 中杆件自由振动的求解，这里杆长为 $2l$，弹性模量为 E，质量密度为 ρ，截面积为 A，计算前两阶固有频率及振型。为便于计算，此处将杆离散为两个单元，每个单元长 l，为完成求解，首先要得到问题的总体刚度方程，在计算时采用一致质量矩阵通常比集中质量矩阵复杂，这里的分析中采用集中质量矩阵。

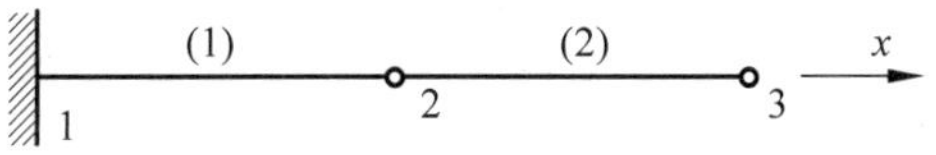

图 8.2　离散后的杆件

根据式(8.11),可以得到两个单元的刚度矩阵:

$$\boldsymbol{K}^{(1)}=\frac{AE}{l}\begin{bmatrix}1 & -1\\ -1 & 1\end{bmatrix}$$

$$\boldsymbol{K}^{(2)}=\frac{AE}{l}\begin{bmatrix}1 & -1\\ -1 & 1\end{bmatrix}$$

通过矩阵法组装,可以得到整体刚度矩阵:

$$\boldsymbol{K}=\frac{AE}{l}\begin{bmatrix}1 & -1 & 0\\ -1 & 2 & -1\\ 0 & -1 & 1\end{bmatrix}$$

根据式(8.15),分别得到两个单元的质量矩阵:

$$\boldsymbol{M}^{(1)}=\frac{\rho Al}{2}\begin{bmatrix}1 & 0\\ 0 & 1\end{bmatrix}$$

$$\boldsymbol{M}^{(2)}=\frac{\rho Al}{2}\begin{bmatrix}1 & 0\\ 0 & 1\end{bmatrix}$$

按照与总体刚度矩阵相同的组装方法可以得到总体质量矩阵:

$$\boldsymbol{M}=\frac{\rho Al}{2}\begin{bmatrix}1 & 0 & 0\\ 0 & 2 & 0\\ 0 & 0 & 1\end{bmatrix}$$

之后将总体刚度矩阵和总体质量矩阵代入式(8.14)中,并考虑到边界条件 $u_1=0$,利用消去法,可以得到方程组:

$$\left(\frac{AE}{l}\begin{bmatrix}2 & -1\\ -1 & 1\end{bmatrix}-\omega^2\frac{\rho Al}{2}\begin{bmatrix}2 & 0\\ 0 & 1\end{bmatrix}\right)\begin{bmatrix}u_2\\ u_3\end{bmatrix}=\begin{bmatrix}0\\ 0\end{bmatrix}$$

这里假设结构做简谐运动,所以方程组中考虑了:

$$\begin{bmatrix}\ddot{u}_2\\ \ddot{u}_3\end{bmatrix}=\omega^2\begin{bmatrix}u_2\\ u_3\end{bmatrix}$$

式中,ω 为固有频率。

由于自由振动的节点位移不能都为 0,所以上面方程组中的系数矩阵的行列式必须等于零,由此可以得到结构自振频率方程,即

$$\left|\frac{AE}{l}\begin{bmatrix}2 & -1\\ -1 & 1\end{bmatrix}-\omega^2\frac{\rho Al}{2}\begin{bmatrix}2 & 0\\ 0 & 1\end{bmatrix}\right|=0$$

为表述简单,进行变量代换 $\lambda=\omega^2$,$\mu=E/(\rho l^2)$,则有

$$\begin{vmatrix}2\mu-\lambda & -\mu\\ -\mu & \mu-\dfrac{\lambda}{2}\end{vmatrix}=0$$

不难得到

$$\lambda=2\mu\pm\mu\sqrt{2}$$

或

$$\lambda_1=(2-\sqrt{2})\mu\approx 0.6\mu$$

$$\lambda_2=(2+\sqrt{2})\mu \approx 3.4\mu$$

λ_1 的精确解为 0.616μ，若采用一致质量矩阵则得到 0.648μ，所以对于杆单元，集中质量法也可以得到与一致质量矩阵法一样好的结果，由此可以得到前两阶固有圆频率：

$$\omega_1=\sqrt{\lambda_1}=0.77\sqrt{\mu}$$

$$\omega_2=\sqrt{\lambda_2}=1.85\sqrt{\mu}$$

连续系统实际上有无限个固有模态和频率，当系统被离散后，只产生有限个自由度，这对于求解低阶的模态和频率是切实可行的，在许多问题中，由于高频衰减很快，一般不重点考虑。显然，随着所求频率数目的增加，结构单元也需不断细化。

在得到了杆系的固有频率后，还可以进一步计算其振型，根据自振频率方程可知：

$$\begin{cases}(2\mu-\lambda)u_2-\mu u_3=0\\-\mu u_2+(\mu-\lambda/2)u_3=0\end{cases}$$

将不同的特征频率分别代入，同时指定一个位移自由度的数值，例如，为计算第一阶振型，代入 λ_1 并取 $u_3=1$，此时可解得 $u_2=\sqrt{2}/2$。类似地，将 λ_2 代入自振频率方程并取 $u_3=1$，可以得到 $u_2=-\sqrt{2}/2$，基于这些结果可以给出图 8.3 所示的纵向振型图，其中第一阶模态表示杆完全受拉伸或压缩，第二阶模态表示杆先压缩再拉伸，或先拉伸再压缩。

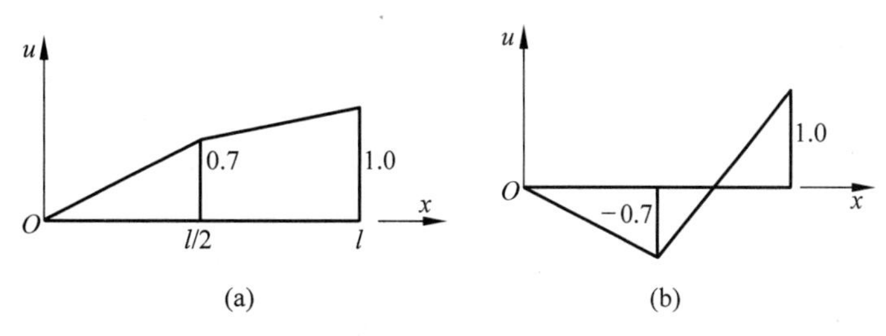

图 8.3　悬杆纵振的第一阶和第二阶振型

(a) 第一阶模态；(b) 第二阶模态

8.3.3　杆件瞬态问题

下面讨论杆件瞬态问题的求解。任意函数 $f(x)$在 x_0 附近的泰勒展开，可以写为

$$f(x)=f(x_0)+\left(\frac{\mathrm{d}f}{\mathrm{d}x}\right)_{x_0}(x-x_0)+\frac{1}{2!}\left(\frac{\mathrm{d}^2 f}{\mathrm{d}x^2}\right)_{x_0}(x-x_0)^2+\cdots+\frac{1}{k!}\left(\frac{\mathrm{d}^k f}{\mathrm{d}x^k}\right)_{x_0}(x-x_0)^k \tag{8.21}$$

基于泰勒展开，可以写出位移函数 $u(x)$关于时间的一阶和二阶导数。首先写出 $u(x)$在不同时刻的泰勒展开形式：

$$\begin{cases}u_{i+1}=u_i+\left(\dfrac{\mathrm{d}u}{\mathrm{d}t}\right)_i\Delta t+\left(\dfrac{\mathrm{d}^2 u}{\mathrm{d}t^2}\right)_i\dfrac{\Delta t^2}{2}+\cdots+\left(\dfrac{\mathrm{d}^k u}{\mathrm{d}t^k}\right)_i\dfrac{\Delta t^k}{k!}\\u_{i-1}=u_i-\left(\dfrac{\mathrm{d}u}{\mathrm{d}t}\right)_i\Delta t+\left(\dfrac{\mathrm{d}^2 u}{\mathrm{d}t^2}\right)_i\dfrac{\Delta t^2}{2}-\cdots+\left(\dfrac{\mathrm{d}^k u}{\mathrm{d}t^k}\right)_i\dfrac{\Delta t^k}{k!}\end{cases} \tag{8.22}$$

其中，

$$u_{i+1}=u(t_{i+1}),\quad u_{i-1}=u(t_{i-1}) \tag{8.23}$$

将式(8.22)中的两式相减得

$$u_{i+1}-u_{i-1}=2\left(\frac{\mathrm{d}u}{\mathrm{d}t}\right)_i\Delta t+\frac{1}{3}\left(\frac{\mathrm{d}^3u}{\mathrm{d}t^3}\right)_i\Delta t^3+\cdots \tag{8.24}$$

重新整理得

$$\left(\frac{\mathrm{d}u}{\mathrm{d}t}\right)_i=\frac{u_{i+1}-u_{i-1}}{2\Delta t}\underbrace{-\frac{1}{6}\left(\frac{\mathrm{d}^3u}{\mathrm{d}t^3}\right)_i\Delta t^2-\cdots}_{O(\Delta t^2)} \tag{8.25}$$

如果将式(8.22)中的两式相加可得

$$u_{i+1}+u_{i-1}=2u_i+\left(\frac{\mathrm{d}^2u}{\mathrm{d}t^2}\right)_i\Delta t^2+\frac{1}{12}\left(\frac{\mathrm{d}^4u}{\mathrm{d}t^4}\right)_i\Delta t^4+\cdots \tag{8.26}$$

稍加整理后得

$$\left(\frac{\mathrm{d}^2u}{\mathrm{d}t^2}\right)_i=\frac{u_{i+1}-2u_i+u_{i-1}}{\Delta t^2}\underbrace{-\frac{1}{12}\left(\frac{\mathrm{d}^4u}{\mathrm{d}t^4}\right)_i\Delta t^2-\cdots}_{O(\Delta t^2)} \tag{8.27}$$

这样我们就得到了以不同时刻位移值表示的位移的一阶和二阶时间导数，而此时在 t_i 时刻的运动方程可以写为

$$M\frac{u_{i+1}-2u_i+u_{i-1}}{\Delta t^2}+Ku_i=f_i \tag{8.28}$$

式(8.28)整理后不难得到

$$u_{i+1}=M^{-1}\left[\Delta t^2f_i-\Delta t^2\left(K-\frac{2M}{\Delta t^2}\right)\right]u_i-Mu_{i-1} \tag{8.29}$$

从中我们看到，为了开始计算($i=0$)，还需要用到 u_{-1}，该时间步称为虚拟时间步，该值的计算可从式(8.30)中得到，根据

$$\begin{cases}\left(\dfrac{\mathrm{d}u}{\mathrm{d}t}\right)_i=\dfrac{u_{i+1}-u_{i-1}}{2\Delta t}\\[2ex]\left(\dfrac{\mathrm{d}^2u}{\mathrm{d}t^2}\right)_i=\dfrac{u_{i+1}-2u_i+u_{i-1}}{\Delta t^2}\end{cases} \tag{8.30}$$

从而有

$$\begin{cases}2\Delta t\left(\dfrac{\mathrm{d}u}{\mathrm{d}t}\right)_i+u_{i-1}=u_{i+1}\\[2ex]\Delta t^2\left(\dfrac{\mathrm{d}^2u}{\mathrm{d}t^2}\right)_i+2u_i-u_{i-1}=u_{i+1}\end{cases} \tag{8.31}$$

式(8.31)中两式的左端相同，从而有

$$2\Delta t\left(\frac{\mathrm{d}u}{\mathrm{d}t}\right)_i+u_{i-1}=\Delta t^2\left(\frac{\mathrm{d}^2u}{\mathrm{d}t^2}\right)_i+2u_i-u_{i-1} \tag{8.32}$$

整理后可得

$$u_{i-1}=u_i-\Delta t\left(\frac{\mathrm{d}u}{\mathrm{d}t}\right)_i+\frac{\Delta t^2}{2}\left(\frac{\mathrm{d}^2u}{\mathrm{d}t^2}\right)_i \tag{8.33}$$

基于上面的结果可以开展各时间步的计算，包括位移、速度和加速度，可以总结计算步骤如下：

(1) 已知 $\boldsymbol{u}_0$，$\dot{\boldsymbol{u}}_0$ 和 $\boldsymbol{f}(t)$。

(2) 如果$\ddot{\boldsymbol{u}}_0$ 未知，则根据$\ddot{\boldsymbol{u}}_0=\boldsymbol{M}^{-1}(\boldsymbol{f}_0-\boldsymbol{K}\boldsymbol{u}_0)$进行计算。

(3) 在 $i=0$ 时求解 u_{-1}，即，$\boldsymbol{u}_{-1}=\boldsymbol{u}_0-\Delta t\left(\frac{\mathrm{d}\boldsymbol{u}}{\mathrm{d}t}\right)_0+\frac{\Delta t^2}{2}\left(\frac{\mathrm{d}^2\boldsymbol{u}}{\mathrm{d}t^2}\right)_0$。

(4) 由式(8.29)求解 $\boldsymbol{u}_1$，即 $\boldsymbol{u}_1=\boldsymbol{M}^{-1}\left[\Delta t^2\boldsymbol{f}_0-\Delta t^2\left(\boldsymbol{K}-\frac{2\boldsymbol{M}}{\Delta t^2}\right)\boldsymbol{u}_0-\boldsymbol{M}\boldsymbol{u}_{-1}\right]$。

(5) $\boldsymbol{u}_0$ 作为已知初始条件，$\boldsymbol{u}_1$ 由步骤(4)获得，由式(8.29)可以得到 $\boldsymbol{u}_2=\boldsymbol{M}^{-1}\left[\Delta t^2\boldsymbol{f}_1-\Delta t^2\left(\boldsymbol{K}-\frac{2\boldsymbol{M}}{\Delta t^2}\right)\boldsymbol{u}_1-\boldsymbol{M}\boldsymbol{u}_0\right]$。

(6) 由式(8.28)求解$\ddot{\boldsymbol{u}}_1$，即$\ddot{\boldsymbol{u}}_1=\boldsymbol{M}^{-1}(\boldsymbol{f}_1-\boldsymbol{K}\boldsymbol{u}_1)$。

(7) 由式(8.25)求解$\dot{\boldsymbol{u}}_1$，即$\dot{\boldsymbol{u}}_1=\frac{\boldsymbol{u}_2-\boldsymbol{u}_0}{2\Delta t}$。

(8) 重复步骤(5)～步骤(7)可得到各时间步的位移、速度和加速度。

在上述时间积分计算中，还有一个时间步长 Δt 的选取问题，由于这里讨论的中心差分法属于显示算法，在利用它进行问题求解时，时间步长须小于某个临界值，否者算法将是不稳定的，这个临界步长为

$$\Delta t_{\mathrm{cr}}=\frac{2}{\omega_n}=\frac{T_n}{\pi} \tag{8.34}$$

式中，ω_n 为系统的最高阶振动固有频率，T_n 为系统的最小固有振动周期。考虑到系统的振动周期总是大于等于最小单元的振动周期，所以结构网格中最小尺寸的单元将决定时间步长的选取。

例 8.1　利用两个单元计算悬臂杆在端部外力下的瞬时响应，见图 8.4，其中 $A=650\ \mathrm{mm}^2$，$l=2540\ \mathrm{mm}$，$\rho=7.8\ \mathrm{g/cm}^3$，$E=210000\ \mathrm{MPa}$。在杆的右端施加恒定载荷 $f_x=4450\ \mathrm{N}$。根据中心差分法计算，$0\leqslant t\leqslant 0.001$，$\Delta t=0.000255$ 时的节点位移、速度和加速度。

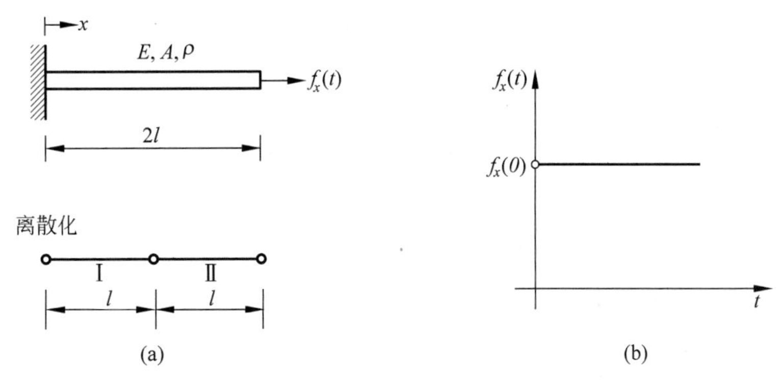

图 8.4　例 8.1 的示意图

解：(1) 采用一致质量矩阵

单元Ⅰ：

$$\frac{\rho Al}{6}\begin{bmatrix}2 & 1\\1 & 2\end{bmatrix}\begin{bmatrix}\ddot{u}_{1x}\\\ddot{u}_{2x}\end{bmatrix}+\frac{EA}{l}\begin{bmatrix}1 & -1\\-1 & 1\end{bmatrix}\begin{bmatrix}u_{1x}\\u_{2x}\end{bmatrix}=\begin{bmatrix}-R_1\\0\end{bmatrix}$$

单元Ⅱ：

$$\frac{\rho Al}{6}\begin{bmatrix}2 & 1\\1 & 2\end{bmatrix}\begin{bmatrix}\ddot{u}_{2x}\\\ddot{u}_{3x}\end{bmatrix}+\frac{EA}{l}\begin{bmatrix}1 & -1\\-1 & 1\end{bmatrix}\begin{bmatrix}u_{2x}\\u_{3x}\end{bmatrix}=\begin{bmatrix}0\\f_x(t)\end{bmatrix}$$

两个单元集成后为

$$\frac{\rho Al}{6}\begin{bmatrix}2 & 1 & 0\\1 & 4 & 1\\0 & 1 & 2\end{bmatrix}\begin{bmatrix}\ddot{u}_{1x}\\\ddot{u}_{2x}\\\ddot{u}_{3x}\end{bmatrix}+\frac{EA}{l}\begin{bmatrix}1 & -1 & 0\\-1 & 2 & -1\\0 & -1 & 1\end{bmatrix}\begin{bmatrix}u_{1x}\\u_{2x}\\u_{3x}\end{bmatrix}=\begin{bmatrix}-R_1\\0\\f_x(t)\end{bmatrix}$$

考虑在 $x=0$ 处的边界条件后，有

$$\frac{\rho Al}{6}\begin{bmatrix}4 & 1\\1 & 2\end{bmatrix}\begin{bmatrix}\ddot{u}_{2x}\\\ddot{u}_{3x}\end{bmatrix}+\frac{EA}{l}\begin{bmatrix}2 & -1\\-1 & 1\end{bmatrix}\begin{bmatrix}u_{2x}\\u_{3x}\end{bmatrix}=\begin{bmatrix}0\\f_x(t)\end{bmatrix}$$

之后根据前面给出的求解步骤，完成各时间步的计算：

① 已知 $\boldsymbol{u}_0=\boldsymbol{u}(t_0)=[0\quad 0]^{\mathrm{T}}$，$\dot{\boldsymbol{u}}_0=\dot{\boldsymbol{u}}(t_0)=[0\quad 0]^{\mathrm{T}}$，$f_x(t)=4450$。

② $\ddot{\boldsymbol{u}}_0$ 未知，由 $\ddot{\boldsymbol{u}}_0=\boldsymbol{M}^{-1}(\boldsymbol{f}_0-\boldsymbol{K}\boldsymbol{u}_0)$ 得

$$\begin{bmatrix}\ddot{u}_{2x}\\\ddot{u}_{3x}\end{bmatrix}=\left(\frac{\rho Al}{6}\begin{bmatrix}4 & 1\\1 & 2\end{bmatrix}\right)^{-1}\left(\begin{bmatrix}0\\4450\end{bmatrix}-\frac{EA}{l}\begin{bmatrix}2 & -1\\-1 & 1\end{bmatrix}\begin{bmatrix}0\\0\end{bmatrix}\right)$$

$$=\begin{bmatrix}-296190.786\\1184763.147\end{bmatrix}$$

③ $i=0$ 时，$\boldsymbol{u}_{-1}=\boldsymbol{u}_0-\Delta t\,\dot{\boldsymbol{u}}_0+\dfrac{\Delta t^2}{2}\ddot{\boldsymbol{u}}_0=\begin{bmatrix}-0.0092\\0.0370\end{bmatrix}$

④ 求解 $\boldsymbol{u}_1$：

$$\boldsymbol{u}_1=\boldsymbol{M}^{-1}\left[\Delta t^2\boldsymbol{f}_0-\Delta t^2\left(\boldsymbol{K}-\frac{2\boldsymbol{M}}{\Delta t^2}\right)\boldsymbol{u}_0-\boldsymbol{M}\boldsymbol{u}_{-1}\right]=\begin{bmatrix}-0.0092\\0.0370\end{bmatrix}$$

⑤ 根据已知初始条件 $\boldsymbol{u}_0$ 和步骤④得到的 $\boldsymbol{u}_1$，可得到

$$\boldsymbol{u}_2=\boldsymbol{M}^{-1}\left[\Delta t^2\boldsymbol{f}_1-\Delta t^2\left(\boldsymbol{K}-\frac{2\boldsymbol{M}}{\Delta t^2}\right)\boldsymbol{u}_1-\boldsymbol{M}\boldsymbol{u}_0\right]=\begin{bmatrix}-0.0018\\0.0942\end{bmatrix}$$

⑥ 求解 $\ddot{\boldsymbol{u}}_1$：$\ddot{\boldsymbol{u}}_1=\boldsymbol{M}^{-1}(\boldsymbol{f}_1-\boldsymbol{K}\boldsymbol{u}_1)=\begin{bmatrix}266644.033\\323956.951\end{bmatrix}$

⑦ 求解 $\dot{\boldsymbol{u}}_1$：$\dot{\boldsymbol{u}}_1=\dfrac{\boldsymbol{u}_2-\boldsymbol{u}_0}{2\Delta t}=\begin{bmatrix}-3.693\\188.590\end{bmatrix}$

⑧ 重复步骤⑤～步骤⑦可得到节点的位移、加速度和各阶的速度。

(2) 采用集中质量矩阵

单元Ⅰ：

$$\rho Al\begin{bmatrix}\frac{1}{2} & 0\\ 0 & \frac{1}{2}\end{bmatrix}\begin{bmatrix}\ddot{u}_{1x}\\ \ddot{u}_{2x}\end{bmatrix}+\frac{EA}{l}\begin{bmatrix}1 & -1\\ -1 & 1\end{bmatrix}\begin{bmatrix}u_{1x}\\ u_{2x}\end{bmatrix}=\begin{bmatrix}-R_1\\ 0\end{bmatrix}$$

单元Ⅱ：

$$\rho Al\begin{bmatrix}\frac{1}{2} & 0\\ 0 & \frac{1}{2}\end{bmatrix}\begin{bmatrix}\ddot{u}_{2x}\\ \ddot{u}_{3x}\end{bmatrix}+\frac{EA}{l}\begin{bmatrix}1 & -1\\ -1 & 1\end{bmatrix}\begin{bmatrix}u_{2x}\\ u_{3x}\end{bmatrix}=\begin{bmatrix}0\\ f_x(t)\end{bmatrix}$$

集成后为

$$\rho Al\begin{bmatrix}\frac{1}{2} & 0 & 0\\ 0 & 1 & 0\\ 0 & 0 & \frac{1}{2}\end{bmatrix}\begin{bmatrix}\ddot{u}_{1x}\\ \ddot{u}_{2x}\\ \ddot{u}_{3x}\end{bmatrix}+\frac{EA}{l}\begin{bmatrix}1 & -1 & 0\\ -1 & 2 & -1\\ 0 & -1 & 1\end{bmatrix}\begin{bmatrix}u_{1x}\\ u_{2x}\\ u_{3x}\end{bmatrix}=\begin{bmatrix}-R_1\\ 0\\ f_x(t)\end{bmatrix}$$

考虑边界条件后，有

$$\rho Al\begin{bmatrix}1 & 0\\ 0 & \frac{1}{2}\end{bmatrix}\begin{bmatrix}\ddot{u}_{2x}\\ \ddot{u}_{3x}\end{bmatrix}+\frac{EA}{l}\begin{bmatrix}2 & -1\\ -1 & 1\end{bmatrix}\begin{bmatrix}u_{2x}\\ u_{3x}\end{bmatrix}=\begin{bmatrix}0\\ f_x(t)\end{bmatrix}$$

随后按(1)中类似的步骤完成计算：

① 已知 $\boldsymbol{u}_0=\boldsymbol{u}(t_0)=[0\quad 0]^{\mathrm{T}}$，$\dot{\boldsymbol{u}}_0=\dot{\boldsymbol{u}}(t_0)=[0\quad 0]^{\mathrm{T}}$，$f_x(t)=4450$。

② $\ddot{\boldsymbol{u}}_0$ 未知，由 $\ddot{\boldsymbol{u}}_0=\boldsymbol{M}^{-1}(\boldsymbol{f}_0-\boldsymbol{K}\boldsymbol{u}_0)$ 得

$$\begin{bmatrix}\ddot{u}_{2x}\\ \ddot{u}_{3x}\end{bmatrix}=\left(\frac{\rho Al}{6}\begin{bmatrix}1 & 0\\ 0 & \frac{1}{2}\end{bmatrix}\right)^{-1}\left(\begin{bmatrix}0\\ 4450\end{bmatrix}-\frac{EA}{l}\begin{bmatrix}2 & -1\\ -1 & 1\end{bmatrix}\begin{bmatrix}0\\ 0\end{bmatrix}\right)$$

$$=\begin{bmatrix}0.0\\ 691111.835\end{bmatrix}$$

③ $i=0$ 时，$\boldsymbol{u}_{-1}=\boldsymbol{u}_0-\Delta t\,\dot{\boldsymbol{u}}_0+\frac{\Delta t^2}{2}\ddot{\boldsymbol{u}}_0=\begin{bmatrix}0\\ 0.0215\end{bmatrix}$

④ 求解 $\boldsymbol{u}_1$：

$$\boldsymbol{u}_1=\boldsymbol{M}^{-1}\left[\Delta t^2\boldsymbol{f}_0-\Delta t^2\left(\boldsymbol{K}-\frac{2\boldsymbol{M}}{\Delta t^2}\right)\boldsymbol{u}_0-\boldsymbol{M}\boldsymbol{u}_{-1}\right]=\begin{bmatrix}0\\ 0.0215\end{bmatrix}$$

⑤ 根据已知初始条件 $\boldsymbol{u}_0$ 和步骤④得到的 $\boldsymbol{u}_1$，可得到

$$\boldsymbol{u}_2=\boldsymbol{M}^{-1}\left[\Delta t^2\boldsymbol{f}_1-\Delta t^2\left(\boldsymbol{K}-\frac{2\boldsymbol{M}}{\Delta t^2}\right)\boldsymbol{u}_1-\boldsymbol{M}\boldsymbol{u}_0\right]=\begin{bmatrix}0.0056\\ 0.0751\end{bmatrix}$$

⑥ 求解 $\ddot{\boldsymbol{u}}_1$：$\ddot{\boldsymbol{u}}_1=\boldsymbol{M}^{-1}(\boldsymbol{f}_1-\boldsymbol{K}\boldsymbol{u}_1)=\begin{bmatrix}90127.144\\ 510857.547\end{bmatrix}$

⑦ 求解 $\dot{\boldsymbol{u}}_1$：$\dot{\boldsymbol{u}}_1=\frac{\boldsymbol{u}_2-\boldsymbol{u}_0}{2\Delta t}=\begin{bmatrix}11.265\\ 150.246\end{bmatrix}$

⑧ 重复步骤⑤～步骤⑦可得到节点的位移、加速度和各阶的速度。

8.4 梁的动力学问题

下面讨论用于梁的时间相关分析的集中和一致质量矩阵，以及固有频率的计算问题。单元方程的推导遵循 8.2 节中的一般步骤，一致质量矩阵由式(8.35)给出：

$$\boldsymbol{M}=\iiint_V \rho \boldsymbol{N}^{\mathrm{T}}\boldsymbol{N}\,\mathrm{d}V \tag{8.35}$$

或者

$$\boldsymbol{M}=\int_0^l\iint_A \rho\begin{bmatrix}N_1\\N_2\\N_3\\N_4\end{bmatrix}\begin{bmatrix}N_1 & N_2 & N_3 & N_4\end{bmatrix}\mathrm{d}A\,\mathrm{d}x \tag{8.36}$$

其中，形函数为

$$\begin{cases}N_1=\dfrac{1}{l^3}(2x^3-3x^2l+l^3)\\[2mm] N_2=\dfrac{1}{l^3}(x^3l-2x^2l^2+xl^3)\\[2mm] N_3=\dfrac{1}{l^3}(-2x^3+3x^2l)\\[2mm] N_4=\dfrac{1}{l^3}(x^3l-x^2l^2)\end{cases} \tag{8.37}$$

将形函数代入式(8.36)并进行积分，则一致质量矩阵为

$$\boldsymbol{M}=\frac{\rho Al}{420}\begin{bmatrix}156 & 22l & 54 & -13l\\ 22l & 4l^2 & 13l & -3l^2\\ 54 & 13l & 156 & -22l\\ -13l & -3l^2 & -22l & 4l^2\end{bmatrix} \tag{8.38}$$

此外，动力学计算中常采用集中质量矩阵，这种情况下单元质量的影响被平均分配到各个节点上，考虑到单元质量仅与平移自由度有关，因此梁单元的集中质量矩阵可以写为

$$\boldsymbol{M}=\frac{\rho Al}{2}\begin{bmatrix}1 & 0 & 0 & 0\\ 0 & 0 & 0 & 0\\ 0 & 0 & 1 & 0\\ 0 & 0 & 0 & 0\end{bmatrix} \tag{8.39}$$

一般来说，利用一致质量矩阵的梁单元可以有更高的计算精度，而集中质量矩阵则因其为对角矩阵而更容易计算，通常采用集中质量法计算得到的固有频率比精确值偏低。

例 8.2 计算图 8.5 所示的两端固支梁的固有频率，其中密度为 ρ，弹性模量为 E，截面积为 A，截面惯性矩为 I，长度为 $2l_1$。

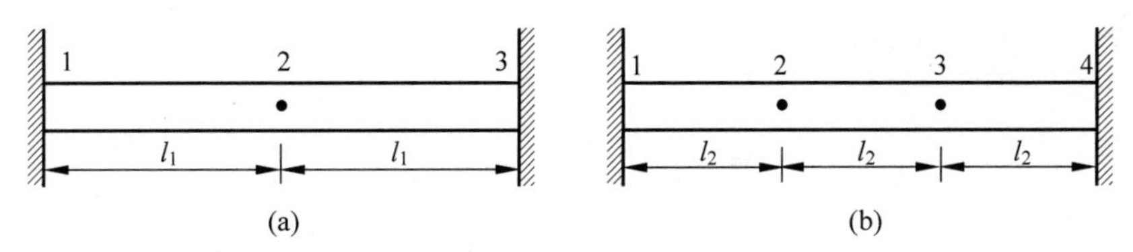

图 8.5　例 8.2 的示意图

解：为便于手工计算和结果讨论，这里分别将梁离散为长度为 l_1 的两个梁单元及长度为 l_2 的三个梁单元。

(1) 两个单元的求解过程

首先给出两个梁单元的总体刚度和质量矩阵，考虑到边界条件为 $\nu_1=\theta_1=\nu_3=\theta_3=0$，则利用代入消去法可以得到位移边界修正后的总体矩阵形式：

$$\begin{matrix} v_2 & \theta_2 \end{matrix}$$

$$\boldsymbol{K}=\frac{EI}{l_1^3}\begin{bmatrix}24 & 0\\ 0 & 8l_1^2\end{bmatrix},\quad \boldsymbol{M}=\frac{\rho A l_1}{2}\begin{bmatrix}2 & 0\\ 0 & 0\end{bmatrix}$$

此时的自振频率方程可以写为

$$\left|\frac{EI}{l_1^3}\begin{bmatrix}24 & 0\\ 0 & 8l_1^2\end{bmatrix}-\omega^2\rho A l_1\begin{bmatrix}1 & 0\\ 0 & 0\end{bmatrix}\right|=0$$

容易求解得

$$\omega_1^2=\frac{4.90}{l_1^2}\left(\frac{EI}{A\rho}\right)^{1/2}$$

对于本问题有解析解：

$$\omega_i^2=\frac{(i+1/2)^2\pi^2}{l^2}\left(\frac{EI}{A\rho}\right)$$

其中，$i=1,2,3,\cdots$，l 为梁的长度。在上式中 $i=1$，$l=2l_1$ 时，可计算一阶固有圆频率为

$$\omega_1=\frac{5.55}{l_1^2}\left(\frac{EI}{A\rho}\right)^{1/2}$$

由此可见，此时的有限元解与精确解还存在较大误差，原因在于有限元模型采用了粗网格。

(2) 三个单元的求解过程

计算每个单元的质量矩阵：

$$\boldsymbol{M}^{(1)}=\frac{\rho A l_2}{2}\begin{bmatrix}1 & 0 & 0 & 0\\ 0 & 0 & 0 & 0\\ 0 & 0 & 1 & 0\\ 0 & 0 & 0 & 0\end{bmatrix}$$

三个单元是相同的，所以 $\boldsymbol{M}^{(2)}$ 和 $\boldsymbol{M}^{(3)}$ 不具体给出。

考虑到 $v_1=\theta_1=v_4=\theta_4=0$，因此，总体质量矩阵为

$$\begin{matrix} & v_2 & \theta_2 & v_3 & \theta_3 \end{matrix}$$

$$\boldsymbol{M}=\rho A l_2\begin{bmatrix}1 & 0 & 0 & 0\\0 & 0 & 0 & 0\\0 & 0 & 1 & 0\\0 & 0 & 0 & 0\end{bmatrix}$$

计算单元(1)的刚度矩阵：

$$\boldsymbol{K}^{(1)}=\frac{EI}{l_2^3}\begin{bmatrix}12 & 6l_2 & -12 & 6l_2\\6l_2 & 4l_2^2 & -l_2 & 2l_2^2\\-12 & -6l_2 & 12 & -6l_2\\6l_2 & 2l_2^2 & -6l_2 & 4l_2^2\end{bmatrix}$$

同样地，由于三个单元是相同的，所以 $\boldsymbol{K}^{(2)}$ 和 $\boldsymbol{K}^{(3)}$ 不具体给出。

组合并消去后，可得位移边界修正后的总体刚度矩阵为

$$\boldsymbol{K}=\frac{EI}{l_2^3}\begin{bmatrix}12+12 & -6l_2+6l_2 & -12 & 6l_2\\-6l_2+6l_2 & 4l_2^2+4l_2^2 & -6l_2 & 2l_2^2\\-12 & -6l_2 & 12+12 & -6l_2+6l_2\\6l_2 & 2l_2^2 & -6l_2+6l_2 & 4l_2^2+4l_2^2\end{bmatrix}$$

$$=\frac{EI}{l_2^3}\begin{bmatrix}24 & 0 & -12 & 6l_2\\0 & 8l_2^2 & -6l_2 & 2l_2^2\\-12 & -6l_2 & 24 & 0\\6l_2 & 2l_2^2 & 0 & 8l_2^2\end{bmatrix}$$

因此可以得到频率方程：

$$\begin{vmatrix}24EI/l_2^3-\omega^2\beta & 0 & -12EI/l_2^3 & 6EI/l_2^2\\0 & 8EI/l_2 & -6EI/l_2^2 & 2EI/l_2\\-12EI/l_2^3 & -6EI/l_2^2 & 24EI/l_2^3-\omega^2\beta & 0\\6EI/l_2^2 & 2EI/l_2 & 0 & 8EI/l_2\end{vmatrix}=0$$

式中，$\beta=\rho A l_2$，计算可得两个正值：

$$\omega_1^2\beta=\frac{6.0EI}{l_2^3},\quad \omega_2^2\beta=\frac{32.4EI}{l_2^3}$$

从而可以计算得

$$\omega_1=\sqrt{\frac{6.0EI}{\beta l_2^3}}=\frac{5.51}{l_1^2}\sqrt{\frac{EI}{A\rho}}$$

$$\omega_2=\sqrt{\frac{32.4EI}{\beta l_2^3}}=\frac{12.8}{l_1^2}\sqrt{\frac{EI}{A\rho}}$$

上式中利用了 $l_2=2/3l_1$。

相比于两个单元的情况，这里离散为三个单元时，计算精度进一步提高，此外这里还计

算了二阶固有频率。上面的计算可以利用 Mathematica 实现,这里 l_3 由 L 表示,其中输入 cell 为

```
ClearAll[Ee,L,A,ρ];
β=ρ A L ;
KM={{24Ee Ii/L^3-x,0,-12Ee Ii/L^3,6Ee Ii/L^2},{0,8Ee Ii/L,-6Ee Ii/L^2,2Ee Ii/L},{-12Ee Ii/
L^3,-6Ee Ii/L^2,24Ee Ii/L^3-x,0},{6Ee Ii/L^2,2Ee Ii/L,0,8Ee Ii/L}};
( x/.Solve[Det[KM]==0,x]//N)/.{Ee->"E",Ii->"I"}
```

输出 cell 为

$$\left\{\frac{6.\mathrm{EI}}{\mathrm{L}^3},\frac{32.4\mathrm{EI}}{\mathrm{L}^3}\right\}$$

例 8.3 计算图 8.6 中悬臂梁振动的固有频率与振型,其中梁的长度为 $l=0.75$ m,弹性模量为 $E=210$ GPa,截面为正方形,边长 $a=0.0245$ m,密度 $\rho=7800$ kg/m^3,泊松比 $\nu=0.3$。

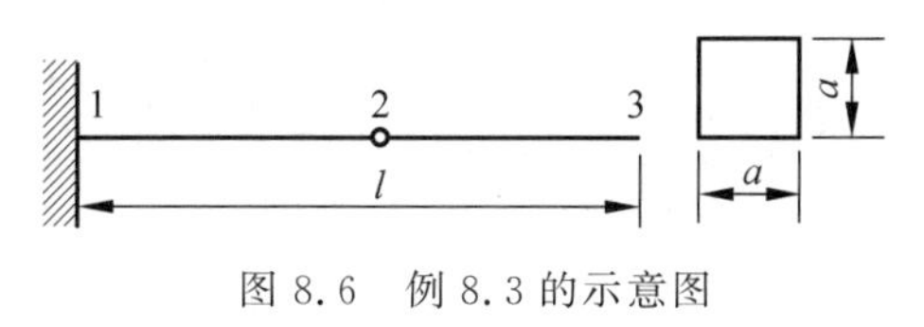

图 8.6 例 8.3 的示意图

解:如图 8.6 所示,本题也离散为 2 个单元,计算过程与例 8.2 类似,可以完成手工计算,得到的一阶和二阶固有频率为

$$\omega_1=\frac{3.156}{l^2}\left(\frac{EI}{A\rho}\right)^{1/2},\quad \omega_2=\frac{16.258}{l^2}\left(\frac{EI}{A\rho}\right)^{1/2}$$

上面的计算可以利用 Mathematica 实现,输入 cell 为

```
ClearAll[Ee,l,A,ρ];
β=ρ A l ;
KM={{24Ee Ii/l^3-x,0,-12Ee Ii/l^3,6Ee Ii/l^2},{0,8Ee Ii/l,-6Ee Ii/l^2,2Ee Ii/l},{-12Ee Ii/l^3,
-6Ee Ii/l^2,12Ee Ii/l^3-x/2,-6Ee Ii/l^2},{6Ee Ii/l^2,2Ee Ii/l,-6Ee Ii/l^2,4Ee Ii/l}};
( x/.Solve[Det[KM]==0,x]//N);
w2=x/.Solve[Det[KM]==0,x];
w=(Sqrt[w2/β] * 4//N) /.{Ee->"E",Ii->"I"}
```

输出为

$$\left\{3.156\sqrt{\frac{\mathrm{EI}}{AL^4\rho}},16.258\sqrt{\frac{\mathrm{EI}}{AL^4\rho}}\right\}$$

对于悬臂梁,其特征值的解析解为

$$\omega_i=k_i^2\sqrt{\frac{EI}{A\rho}}$$

其中，$k_1 l=1.875$，$k_2 l=4.694$，l 为梁的长度，从而不难得到，一阶和二阶固有频率的精确解为

$$\omega_1=\frac{3.516}{l^2}\left(\frac{EI}{A\rho}\right)^{1/2},\quad \omega_2=\frac{22.03}{l^2}\left(\frac{EI}{A\rho}\right)^{1/2}$$

将题目中的参数分别代入有限元解与解析解可知，一阶和二阶圆频率的有限元解为 205.9 和 1060.5，对应的角频率则为 32.8 Hz 和 168.8 Hz，相应的理论解的圆频率为 229.3 和 1436.9，角频率则为 36.5 Hz 和 228.7 Hz，有限元计算结果小于理论解，二阶频率的计算误差高于一阶。

下面给出振型的计算，可以采用矩阵变换的方法，首先将频率方程转换为特征值的标准形式，当前的形式为 $\boldsymbol{Kx}=\omega^2\boldsymbol{Mx}$，令 $\boldsymbol{A}=\boldsymbol{M}^{-1}\boldsymbol{K}$，则有 $\boldsymbol{Ax}=\omega^2\boldsymbol{x}$，这样就把问题转化为了标准特征值问题，关于该问题的求解有很多方法，这里使用 Mathematica 提供的 Eigenvalues 函数和 Eigenvectors 函数，程序的输入 cell 为

```
Ee=210 10^9;ρ=7800;L=0.75/2;A=0.0006;Ii=3 10^(-8);
K={{24Ee Ii/L^3,0,-12Ee Ii/L^3,6Ee Ii/L^2},{0,8Ee Ii/L,-6Ee Ii/L^2,2Ee Ii/L},{-12Ee Ii/L^3,
-6Ee Ii/L^2,12Ee Ii/L^3,-6Ee Ii/L^2},{6Ee Ii/L^2,2Ee Ii/L,-6Ee Ii/L^2,4Ee Ii/L}};
M=(ρ A L)/420 {{156*2,0 ,54,-13 L},{0,4 L^2*2,13 L,-3 L^2},{54,13 L,156,-22 L},
{-13 L,-3 L^2,-22 L,4 L^2}};
M1K=Inverse[M].K;
Sqrt[Eigenvalues[M1K]]
Eigenvectors[M1K]
Sqrt[Eigenvalues[{K,M}]];
Eigenvectors[{K,M}];
```

输出结果为

```
{14228.4, 4902.24, 1449.43, 229.45}
{{-0.00947917, -0.259785, -0.0374377, -0.964894}, {-0.00618684,
  0.620155, -0.06082, -0.782094}, {0.109993, -0.0882691, -0.152384,
-0.978207}, {-0.129358, -0.590836, -0.381007, -0.699294}}
```

函数计算的默认输出结果是按照降序排列的，第一阶圆频率为输出列表的最后一项，其对应的特征向量也是最后一个，此外我们这里给出的质量矩阵为一致质量矩阵，计算得到的一阶和二阶圆频率分别为 229.45 和 1449.43，通过与理论解对比，可以看出其精度进一步提高了，另外上面两个特征值问题求解函数也可以直接处理广义特征值问题，形如 $\boldsymbol{Kx}=\omega^2\boldsymbol{Mx}$，此时将 $\boldsymbol{K}$ 和 $\boldsymbol{M}$ 矩阵直接作为输入变量即可完成特征值和特征向量的计算，上面程序中的最后两行已给出，输出结果与前面的计算方法一样，为书写简单，程序中没有要求输出，读者可以练习完成。

利用 Mathematica 的画图函数 ListLinePlot 还可以根据得到的特征向量画出前两阶模态的振型图，程序输入 cell 为

```
ListLinePlot[{{{0, 0}, {1, -0.13/(-0.38)}, {2, -0.38/(-0.38)}}, {{0, 0}, {1, 0.1/(-0.38)},
{2, -0.15/(-0.15)}}}]
```

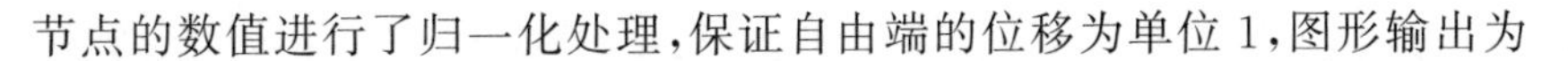

节点的数值进行了归一化处理，保证自由端的位移为单位 1，图形输出为

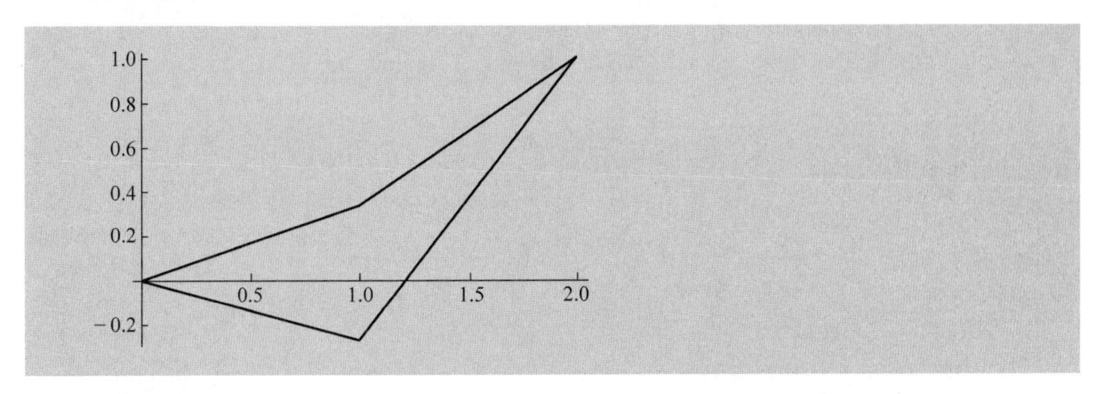

这里仅给出平移自由度的情况，第 1 个振型中梁的所有单元位移有相同的符号，第 2 个振型中有一个符号变化，在梁中某点处位移为零。

8.5　Abaqus 中的动力学分析

对于例 8.3，利用 Abaqus 进行对比计算，这里采用的仍然是平面梁单元，具体类型为 B21，也仅采用了两个单元，下面是用于计算的完整 inp 文件。对于特征值分析，这里分析步采用的关键字为 * frequency，通过计算结果查看，这里 Abaqus 给出的一阶和二阶频率分别为 36.9 Hz 和 250.27 Hz，振型与例 8.3 中十分相似。

```
*Heading
** Job name: Job-ch8-fre-1
*Node
      1,           0.,           0.
      2,        0.375,           0.
      3,         0.75,           0.
*Element, type=B21
1, 1, 2
2, 2, 3
*Nset, nset=Set-2, generate
 1,  3,  1
*Elset, elset=Set-2
 1, 2
** Section: Section-1  Profile: Profile-1
*Beam Section, elset=Set-2, material=Material-1, lumped=NO, temperature=GRADIENTS,
section=RECT
0.0245, 0.0245
0.,0.,-1.
*Nset, nset=Set-1
 1,
*Material, name=Material-1
*Density
7800.,
*Elastic
 2.1e+11, 0.3
```

```
** STEP: Step-1
* Step, name=Step-1, nlgeom=NO, perturbation
* Frequency, eigensolver=Lanczos, acoustic coupling=on, normalization=displacement
3, , , , ,
** BOUNDARY CONDITIONS
** Name: BC-1 Type: 位移/转角
* Boundary
Set-1, 1, 1
Set-1, 2, 2
Set-1, 6, 6
** OUTPUT REQUESTS
* Restart, write, frequency=0
** FIELD OUTPUT: F-Output-1
* Output, field, variable=PRESELECT
* End Step
```

Abaqus 振型计算结果如图 8.7 所示。

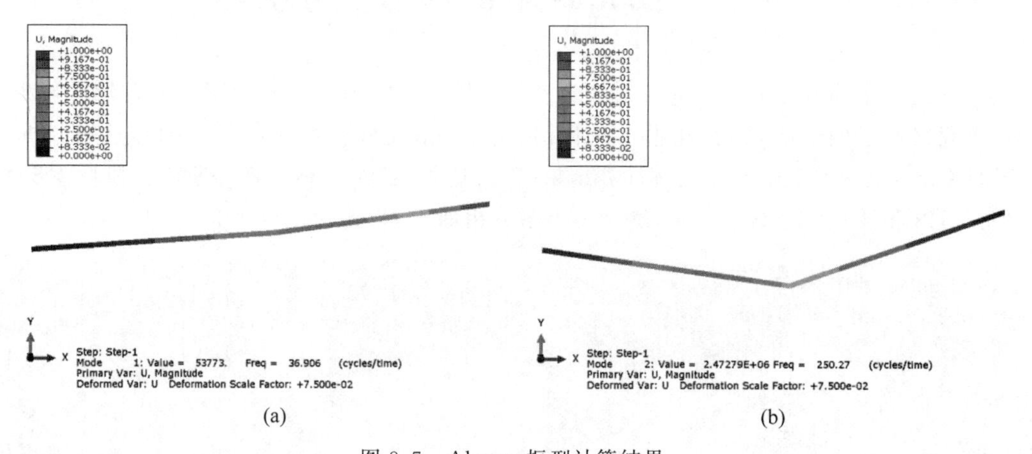

图 8.7 Abaqus 振型计算结果

习　　题

8.1 设梁的模量 E 和密度 ρ 为常数，面积 $A^{(1)}=2A^{(2)}=2A$，确定习题 8.1 图中二维杆的一致质量矩阵和集中质量矩阵，并计算其固有频率与振型。

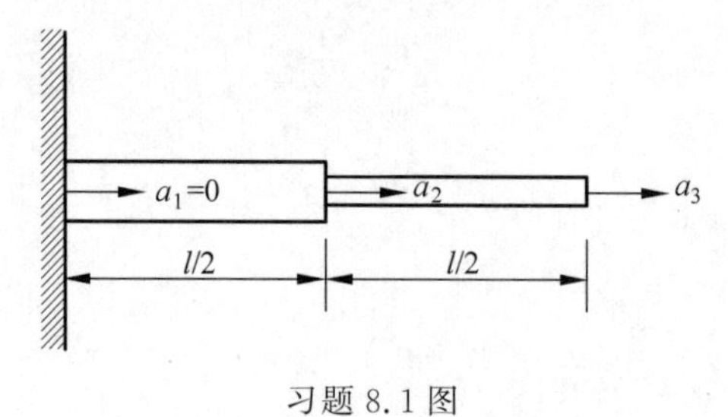

习题 8.1 图

8.2　对于习题 8.2 图中的杆，分别利用 1 个和 2 个单元计算 3 个时间步的节点位移、速度和加速度。

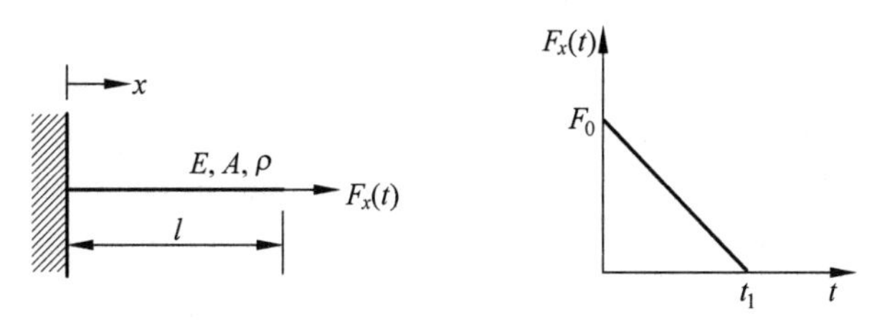

习题 8.2 图

8.3　已知梁的模量 E、密度 ρ 和截面惯性矩 I，分别用 2 个和 3 个单元计算习题 8.3 图中梁的固有频率和振型。

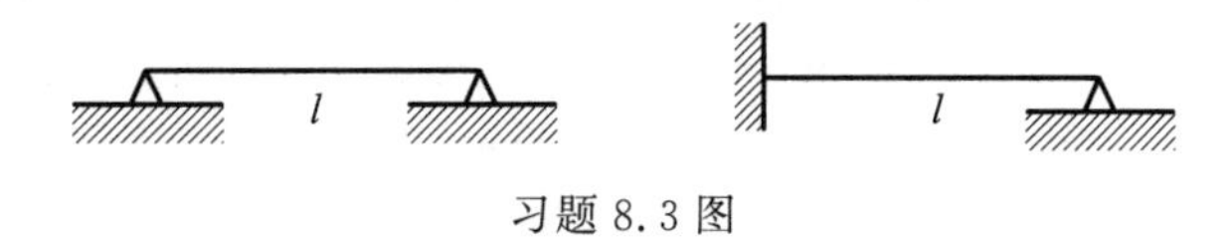

习题 8.3 图

8.4　设梁的模量 E、密度 ρ 和截面惯性矩 I，计算习题 8.4 图中梁的固有频率。

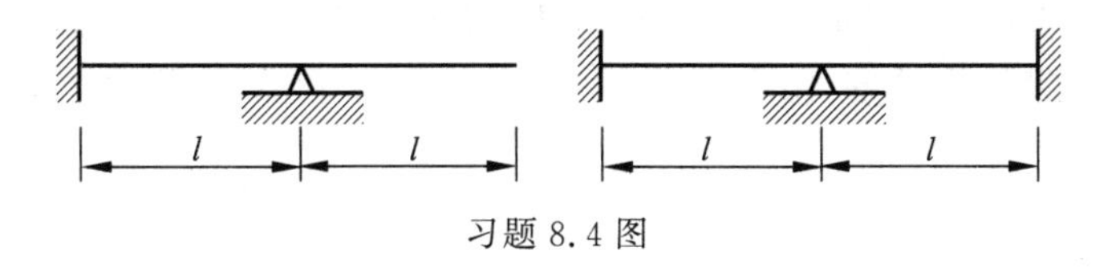

习题 8.4 图

8.5　利用商业有限元软件，输出习题 8.4 和习题 8.5 的质量矩阵(包括一致质量矩阵与集中质量矩阵)，并计算二者的固有频率与振型。

参 考 文 献

[1] 王勖成. 有限单元法[M]. 北京：清华大学出版社，2003.

[2] 朱伯芳. 有限单元法原理与应用[M]. 3 版. 北京：中国水利水电出版社，2009.

[3] 钱德拉佩特拉 T R，贝莱冈度 A D. 工程中的有限元方法：第 4 版[M]. 曾攀，雷丽萍，译. 北京：机械工业出版社，2014.

[4] 陈铁云，陈伯真. 船舶结构力学[M]. 上海：上海交通大学出版社，1991.

[5] MCGUIRE W，GALLAGHER R H. Matrix Structural Analysis[M]. New York：John Wiley & Sons，Inc.，1979.

[6] Mathematica 8.0 documentation center[Z]. Wolfram Research，Inc.，2010.

[7] 王同科，张东丽，王彩华. Mathematica 与数值分析实验[M]. 北京：清华大学出版社，2011.

[8] 庄茁，由小川，廖剑晖，等. 基于 ABAQUS 的有限元分析和应用[M]. 北京：清华大学出版社，2009.

[9] Abaqus Version 6.14 Documentation[Z]. ABAQUS，Inc.，2014.

[10] 曹金凤，王旭春，孔亮. Python 语言在 Abaqus 中的应用[M]. 北京：机械工业出版社，2011.

[11] LOGAN D L. 有限元方法基础教程：国际单位制版：第 5 版[M]. 张荣华，王蓝婧，李继荣，等译. 北京：电子工业出版社，2014.

[12] 铁摩辛柯 S，沃诺斯基 S. 板壳理论[M]. 北京：科学出版社，1977.

[13] OÑATE E. Structural Analysis with the Finite Element Method：Linear Statics[M]. Berlin：Springer Netherlands，2009.